"十四五"国家重点出版物
出版规划项目

固体废物处理与资源化技术进展丛书

Technologies for Advanced Treatment of Landfill Leachate

垃圾渗滤液深度处理
关键技术

王 辉　楼紫阳　牛 静　等 编著　　　　赵由才　主审

化学工业出版社
·北京·

内容简介

本书以生活垃圾渗滤液处理关键技术为主线，主要介绍了渗滤液的来源、特性、危害以及管理现状，渗滤液处理发展阶段及常见工艺，好氧梯度压力处理技术开发，微电解、膜分离深度处理技术，膜滤浓缩液特征识别、风险评估以及 E^+-微纳米臭氧关键技术开发等，旨在从渗滤液整个处理流程角度总结和开发"高效低耗"渗滤液处理技术。

本书具有较强的技术应用性和针对性，可供从事垃圾处理处置及污染防控、渗滤液处理等的工程技术人员、科研人员及管理人员参考，也可供高等学校环境科学与工程、市政工程、再生资源工程及相关专业的师生参考。

图书在版编目（CIP）数据

垃圾渗滤液深度处理关键技术/王辉等编著. —北京：化学工业出版社，2022.12

（固体废物处理与资源化技术进展丛书）

ISBN 978-7-122-41752-7

Ⅰ.①垃… Ⅱ.①王… Ⅲ.①滤液-垃圾处理-研究

Ⅳ.①X705

中国版本图书馆 CIP 数据核字（2022）第 110546 号

责任编辑：卢萌萌　刘兴春　　　文字编辑：王文莉
责任校对：边　涛　　　　　　　装帧设计：王晓宇

出版发行：化学工业出版社
　　　　　（北京市东城区青年湖南街 13 号　邮政编码 100011）
印　　装：中煤（北京）印务有限公司
787mm×1092mm　1/16　印张 17½　彩插 8　字数 398 千字
2024 年 1 月北京第 1 版第 1 次印刷

购书咨询：010-64518888
售后服务：010-64518899
网　　址：http://www.cip.com.cn
凡购买本书，如有缺损质量问题，本社销售中心负责调换。

定　　价：148.00 元　　　　　　　　版权所有　违者必究

固体废物处理与资源化技术进展丛书

编委会

主　任：戴晓虎

副主任：赵由才　王凯军　任连海　岳东北

其他委员（姓氏笔画排序）：

王　琪　王兴润　王艳明　闫大海　宇　鹏　苏红玉

李秀金　吴　剑　邹德勋　张　辰　陆文静　岳欣艳

周　涛　袁月祥　钱光人　徐　亚　郭　强　曹伟华

鲁嘉欣　楼紫阳　颜湘华

前言

我国 2020 年生活垃圾清运量已高达 2.35 亿吨，年均增幅达到了 10% 以上，人年均生活垃圾产量达到 500 kg 以上。"垃圾围城"问题日益凸显，生活垃圾的无害化处理处置成为环境领域的研究要点之一。尽管生活垃圾处置由填埋向焚烧转型，但我国 1955 个填埋场中已堆填生活垃圾仍高达 17.04 亿吨。无论填埋还是焚烧处置，生活垃圾处理过程中均会产生大量的渗滤液。

垃圾渗滤液是垃圾中污染物向液相转移产生的二次污染物，目前我国渗滤液年产量高达 7600 万吨，1 吨渗滤液相当于 100 吨城市污水所含污染物的浓度。为了降低其排放对环境造成的风险，2008 年国家环保部更新了《生活垃圾填埋场污染控制标准》（GB 16889—2008），不仅要求原地处理，渗滤液排放条件也更为严苛。开发成套的符合"高效低耗"处理标准的渗滤液处理工艺仍然是垃圾产业化进程的重要"瓶颈"。

本书较为系统地总结了国内外渗滤液的研究现状和取得的关键技术成果，内容包括渗滤液的来源、特性、危害以及管理现状，渗滤液处理发展阶段及常见工艺，好氧梯度压力处理技术开发，微电解、膜分离深度处理技术，膜滤浓缩液特征识别、风险评估以及 E+-微纳米臭氧关键技术开发等，可供从事垃圾渗滤液处理处置及污染管控等的工程技术人员、科研人员和管理人员参考，也可供高等学校环境科学与工程、市政工程及相关专业的师生参考。

本书由王辉、楼紫阳、牛静等编著，其中，第 1 章由王辉、楼紫阳、成兆文编著，第 2～4 章由牛静、王辉、楼紫阳、黄秋杰、杨常富编著，第 5～9 章由王辉、楼紫阳、袁志航、刘伟编著，全书最后由同济大学赵由才教授主审。另外，本书的编著和出版得到了国家自然科学基金委、上海交通大学重庆研究院的部分资助。

限于编著者水平及编著时间，书中不足和疏漏之处在所难免，欢迎广大同行批评、指正。

编著者

第3章
纳米铁粉-活性炭微电解深度处理技术　　　070

第9章
电化学协同微纳米臭氧降解浓缩液有机物效能 　　201

第1章
概论

△ 渗滤液来源特性
△ 渗滤液管理现状
△ 渗滤液处理发展阶段及常见工艺

1.1 渗滤液来源特性

1.1.1 渗滤液来源

据住房和城乡建设部 2021 年 12 月 31 日发布的数据，我国 2020 年的生活垃圾清运量已高达 2.35 亿吨，人年均生活垃圾产量超过 500 kg。垃圾处理处置，已经成为从中央到地方都非常关注的重要民生问题，事关一个城市甚至是整个国家的可持续发展。我国有长期的"垃圾围城"历史。为解决垃圾污染环境问题，党的十八大以来，我国将固废污染治理提到了前所未有的高度。在此背景下，"垃圾围城"、固废污染等环境问题开始逐步得到解决。

我国处理城市生活垃圾的主要方式有焚烧、卫生填埋和堆肥，历年生活垃圾处理处置情况及占比见表 1-1。

表 1-1　历年生活垃圾处理处置情况及占比　　　　单位：万吨

年份	生活垃圾清运量	无害化处理量	卫生填埋		焚烧		其他	
			处理量	比例	处理量	比例	处理量	比例
2003	14856.5	7544.7	6413.0	85.0%	528.1	7.0%	603.6	8.0%
2004	15509.3	8088.7	6956.3	86.0%	566.2	7.0%	566.2	7.0%
2005	15576.8	8051.1	6601.9	82.0%	1046.6	13.0%	402.6	5.0%
2006	14841.3	7872.6	6298.1	80.0%	1180.9	15.0%	393.6	5.0%
2007	15214.5	9437.7	7455.8	79.0%	1510.0	16.0%	471.9	5.0%
2008	15437.7	10306.7	8245.3	80.0%	1649.1	16.0%	412.3	4.0%
2009	15733.7	11232.4	8648.9	77.0%	2246.5	20.0%	337.0	3.0%
2010	15804.8	12317.8	9238.4	75.0%	2709.9	22.0%	369.5	3.0%
2011	16395.3	13089.6	9555.4	73.0%	3010.6	23.0%	523.6	4.0%
2012	17080.9	14489.6	10577.4	73.0%	3622.4	25.0%	289.8	2.6%
2013	17283.6	15394.0	9390.3	61.0%	4156.4	27.0%	1847.3	12.0%
2014	17860.2	16393.7	9836.2	60.0%	4918.1	30.0%	1639.4	10.0%
2015	19141.9	18013.0	10807.8	60.0%	5764.2	32.0%	1441.0	8.0%
2016	21500.5	19631.8	11779.1	60.0%	7460.1	38.0%	392.6	2.0%
2017	21520.9	21034.1	8463.3	40.2%	12037.6	57.2%	533.2	2.6%
2018	22801.8	22565.3	10184.9	45.1%	11706.0	51.9%	674.4	3.0%
2019	24206.2	24012.8	10948.0	45.6%	12174.2	50.7%	890.6	3.7%
2020	23511.7	23452.3	7771.5	33.1%	14607.6	62.3%	1073.2	4.6%

注：数据来自中国统计年鉴。

我国垃圾年收运量从 2003 年至 2019 年呈逐年上升的趋势，由 14856.5 万吨显著增加至 24206.2 万吨，以 2005 年为例，卫生填埋处置比例高达 82%，而焚烧仅占比 13%。自 2015 年，焚烧处置工艺开始兴起，2017 年数据，焚烧处置占比超过 50%，填埋处置占比 40% 以上。然而，由于垃圾尤其是湿垃圾中含有较多的水分，无论是采用焚烧处理还是填埋处置，均会产生相当于生活垃圾重量 10%~30% 的垃圾渗滤液（焚烧厂为 5%~28%，平均 15%；

填埋场为 15%～30%，平均 20%），以此推算，全国垃圾渗滤液的年产生量超过了 7600 万吨，产生量很大，若考虑生活垃圾焚烧厂渗滤液 COD_{Cr}、TN 通常高达 50000 mg/L 与 2000 mg/L，大多垃圾填埋场 COD_{Cr} 和 TN 分别为 5000～30000 mg/L、500～2000 mg/L，1 t 渗滤液的污染负荷相当于 100 t 城市污水，因此，垃圾渗滤液的安全处理对保证环境安全而言十分重要。

1.1.2　渗滤液特性

生活垃圾渗滤液是一种含有高浓度有机物、高氨氮的废水，其水质水量受填埋场填埋期、气候、降水等因素影响较大，所含污染物种类复杂多变，主要体现出以下污染特性。

（1）水质、水量变化大

焚烧厂渗滤液受到垃圾组分、季节变化等因素影响。填埋场渗滤液则会受到填埋场年限、填埋的方式、生活垃圾的组成、填埋场当地的水文地质条件等因素影响，季节、天气及填埋场地理位置等因素也会一定程度上影响渗滤液水质和水量，部分地区的干雨季差别较大，存在填埋场防洪系统不完善、雨污分流不精细、填埋作业管理粗放等问题。例如重庆某山谷型填埋场，大量雨水进入填埋场中，使得渗滤液产量剧增。部分生活垃圾焚烧厂与填埋场的渗滤液水质指标见表 1-2 和表 1-3，性质解析见表 1-4。

表1-2　部分生活垃圾焚烧厂渗滤液主要水质特征

性质	无锡惠联	徐州保利协鑫	天津滨海大港	上海金山	漳州蒲姜岭
垃圾量/(t/d)	1200	2000	1500	1000	1050
渗滤液量/(t/d)	100～200	120～300	110～250	80～230	100～200
COD_{Cr}/(mg/L)	25000～55000	50000～70000	46000～75500	50000～60000	62000～75000
BOD_5/(mg/L)	13000～33600	22500～31000	21000～28900	21000～28000	25000～38000
NH_4^+-N/(mg/L)	980～1500	1400～1780	1200～1490	1500～1900	1300～1800
TN/(mg/L)	1210～1620	1500～1920	1350～1600	1720～2100	1450～2200
pH 值	5.0～6.5	4.0～5.8	5.0～6.8	4.0～6.1	4.6～6.5

表1-3　部分生活垃圾填埋场渗滤液主要水质特征

填埋场地	填埋时间	COD_{Cr}/(mg/L)	BOD_5/(mg/L)	NH_4^+-N /(mg/L)	pH 值	BOD_5/COD_{Cr} 值
北京阿苏卫	10	9640	7200	1577	8.3	0.74
合肥龙泉山	NA	10000	7000	1500	NA	0.7
上海老港	16	69850	698.5	1550	7.7	0.01
武汉流芳	11	3511	646	941	8.0	0.18
重庆长生桥	4	4867	1011	2701	8.2	0.21
四川成都	NA	10000	3000	3000	NA	0.3
福建宁德	20	6000	3000	1200	6.0～9.0	0.5
广西河池	20	>8000	>2500	>2000	6.0～9.0	0.31
广东中山	8	5517	945	1615	8.0	0.17

注：NA 表示暂无。

表1-4　生活垃圾焚烧厂与填埋场渗滤液水质比对

水质性质	生活垃圾焚烧厂	生活垃圾填埋场
渗滤液来源	生活垃圾自身含有的水分以及在储存堆放过程中自然发酵产生的水分	主要来源于5个方面： ①降水的渗入； ②地下水的渗入； ③地表径流和地表灌溉的流入； ④生活垃圾自身的水分； ⑤有机物质分解产生的水分
水质成分	腐植类高分子碳水化合物、中等分子量的灰黄霉酸类物质、高浓度的挥发性污染物、低碳醇以及碳原子数小于7的挥发性有机酸	主要含有杂环类、酚类、醇类、胺类、酮类、酯类、芳烃类、烷烯烃类和酸类物质，生物降解难度大，难生物降解有机物质约占渗滤液有机物质的60%以上
COD_{Cr}/(mg/L)	25000 ~ 75000	600 ~ 10000
BOD_5/(mg/L)	13000 ~ 38000	600 ~ 7000
NH_4^+-N/(mg/L)	980 ~ 1900	941 ~ 3000
pH 值	5.0 ~ 6.5，甚至更低	6.0 ~ 9.0，填埋龄越长，pH 值越高
BOD_5/COD_{Cr} 值	> 0.3	填埋龄越长，可生化性越低，一般 < 0.3

（2）有机污染物种类繁多、水质复杂

焚烧厂渗滤液属于新鲜渗滤液，COD_{Cr} 一般在 25000~100000 mg/L 之间（大多在 50000~70000 mg/L 之间），其有机物浓度较高，可生化性较高；填埋场渗滤液可分为新鲜渗滤液和老龄渗滤液，老龄渗滤液因长时间的微生物作用，有机质含量大幅度削减，COD_{Cr} 在 5000~30000 mg/L 之间。但是渗滤液均表现为有机物种类多，水质复杂，含量较多的有烃类及其衍生物、酸酯类、酮醛类、醇酚类和酰胺类等。广州市环境卫生研究所对广州市大田山填埋场渗滤液中有机物的分析研究表明，渗滤液中含有机物 69 种，其中芳烃 29 种，烷烃、烯烃类 18 种，酯类 5 种，醇酚类 6 种，酮醛类 4 种，酰胺类 2 种，其他 5 种。这 69 种有机物中，可致癌物质 1 种、辅致癌物质 5 种，被列入我国环境优先污染物"黑名单"的有机物 5 种以上。上述 69 种有机化合物仅占渗滤液中 COD_{Cr} 的 10%左右。

（3）氨氮含量高，营养比例失衡

氨氮（NH_4^+-N）浓度高是填埋场渗滤液中重要水质特征之一，且随着填埋场年数逐步增加，最高可达 3000 mg/L，渗滤液中的氮多以 NH_4^+-N 形式存在，占 TN 70%~90%。当 NH_4^+-N（尤其是游离氨）浓度过高时，会影响生物活性，降低生物处理效果，是后续生物处理的关键难点。渗滤液中磷含量较低，而有机物和氨氮浓度较高，其中 BOD_5：N：P = 1000：30：1，而一般微生物生长所需要的 BOD_5：N：P = 300：5：1。

（4）重金属种类繁多

相关研究表明，渗滤液中含有十多种重金属离子，主要包括 Fe、Zn、Cd、Cr、Hg、Mn、Pb、Ni 等。以杭州某垃圾焚烧厂为例，其渗滤液中铅的浓度有 12.3 mg/L，铁含量达

到 2050 mg/L，锌的浓度为 130 mg/L。这些重金属进入水体中会影响生态平衡，进入人体中更会引起中毒、病变。生活垃圾中的重金属含量与所在城市的工业化水平和工业废弃物的掺入比例紧密相关。单独填埋时，重金属含量较低，渗滤液中重金属的浓度基本与市政污水中重金属的浓度相当；但与工业废物或污泥混埋时，重金属含量会较高。影响渗滤液中重金属含量的另一个因素是酸碱度。在微酸环境下，渗滤液中重金属溶出率偏高，一般在 0.5%～5.0%，在水溶液中或中性条件下溶出量较低且趋于稳定。

（5）高盐度污染

渗滤液中无机盐离子种类繁多且含量很高，其盐度可达 2%，电导率（EC）高达 8000～36000 μS/cm。Ca^{2+}、Mg^{2+}、K^+、Na^+、Cl^-、SO_4^{2-} 等无机盐离子浓度可高达几百甚至上千毫克每升。高盐度可导致微生物细胞的内外渗透压发生巨大改变，使微生物胞内水大量渗出，从而导致微生物活性降低甚至死亡。这为渗滤液的生物法预处理带来很大难度。另一方面，高盐度也使得渗滤液经过纳滤或是反渗透膜的压力增大，增加了膜处理的能耗。

（6）污染物形态随填埋龄变化而改变

渗滤液还原性物质（贡献 COD_{Cr} 物质）中有机碳类物质与非碳类物质并重，N、P 分别以氨氮和正磷酸盐形态为主，且随填埋时间的延长，渗滤液中有机碳类物质、氨氮和正磷酸盐在还原性物质、TN 和 TP 中的比例逐渐下降。渗滤液中绝大部分污染物位于可溶性物质部分（分子量 < 1000），且随填埋时间的延长，其分布逐渐向其他中小分子量范围（1000～10000）扩散；一般新鲜渗滤液可溶性物质含量在 80% 以上，而经 10 年降解后的含量降低至 30% 左右。渗滤液中贡献 COD_{Cr} 最大的是一些碳类的还原性物质（且主要为非挥发性有机碳）。在渗滤液的亲疏水性物质组成中，碳物质主要位于疏水酸性物质中，且随填埋时间的延长，从填埋初期的 50%～60% 降到 40%；而亲水性部分主要位于亲水酸性和亲水碱性部分，其中亲水酸性物质在 23% 左右，而亲水碱性物质则随填埋时间的延长有增加趋势。

渗滤液中氮主要以氨氮形式存在，且随填埋时间延长，氨氮含量从填埋初期的 97% 降到 55% 左右；而渗滤液的氨氮及 TN 主要位于可溶性物质部分，胶体态中含量也相对较多，但悬浮物（SS）部分含量很少。渗滤液中 P 主要以正磷酸盐形式存在，且随填埋时间的延长，从填埋初期的 98.2% 降低到 30% 左右；P 主要位于悬浮物部分，大都在 50% 以上。渗滤液中包含 13%～39% 的低碳数、沸点小于 60 ℃ 的烃类化合物。渗滤液中氯、溴、氟含量较高，且随填埋时间变化不大；而金属含量总体较少，且在组分中分布不同。

渗滤液性质受垃圾组成影响较大，特别是渗滤液中的重金属含量及其在不同组分间的形态分布；填埋场第一阶段（垃圾填埋龄 0～4 年）产生的渗滤液中碳主要来源于易腐性物质，以物理冲刷过程为主；第二阶段（垃圾填埋龄 5～7 年）渗滤液的部分碳融合了较多微生物降解的中间产物和最终产物；而第三阶段（垃圾填埋龄 > 8 年）渗滤液的有机碳含量很低（TOC < 500 mg/L），主要为垃圾降解产物——类腐殖质贡献。

从粒径/分子量分布规律来看，经过长时间的降解，稳定化后的垃圾与渗滤液总体来说是以中小颗粒物、中小分子量物质为主，其中垃圾中小颗粒物（< 10 mm）从新鲜垃圾时

的 <10% 增加到 70%,而渗滤液中的中小分子量 (1000~10000) 物质则从填埋初期的 24.5% 逐渐增加到 70%~80%。

渗滤液中 (特别是填埋龄较长的样品) 绝大部分难降解物质直接来源于垃圾的淋洗过程,主要有饱和烷烃类及苯系物,同时还含有酚类、单宁、可溶性脂肪酸及其他一些持久性有机污染物 (POPs)。从元素组成来看,填埋场垃圾中的元素在开始的 2 年时间内流失较多,但大部分是以填埋气 (landfill gas, LFG) 形式进入大气,从初期的 40% 降低到 10% 左右。

渗滤液中金属的形态主要以碳酸盐、碳酸氢盐、溶解性有机物 (DOM) 等为主,且无机态的碳酸盐形式所占比例较大。金属在溶解态渗滤液中的分布受金属性质、垃圾组成和填埋时间影响较大。As 与 Fe 的分布较为杂乱;Cr、Ca 和 Cu 主要分布在悬浮物 (>0.45 μm) 和可溶性物质 (分子量 <1000) 部分,而胶体态物质含量 (分子量 >1000,<0.45 μm) 较少;Ni、Mg、B 和 Zn 主要位于可溶性物质部分;Pb 和 Al 则主要位于悬浮物部分,分别占到 46%~100% 和 32%~94%。在疏水性物质中占主导的金属有 As、Cu、Ni、Cr、Mg 和 Al;在亲水性物质中占主导的有 Zn;亲疏水分布较为平均的有 Ca、Fe、B。

(7) 渗滤液毒性大

对渗滤液生态毒性效应的研究结果表明,渗滤液对大麦生长、遗传的毒性作用与其 COD_{Cr} 值有直接的关系,相关系数 R 在 0.82~0.99 之间;就某一特定处理工艺而言,其出水对大麦各生物学指标的毒性作用均存在 COD_{Cr} 阈值,且工艺不同,阈值不同;综合分析不同工艺渗滤液出水对大麦各生物学指标产生毒效应可知,经过有机膨润土和曝气处理后的渗滤液对植物的毒性较低,而活性炭处理出水对植物的毒性较大,渗滤液原水或经过厌氧处理后的出水的毒性介于二者之间。

垃圾渗滤液对鲫鱼和老鼠肝脏中的 CAT (过氧化氢酶) 和 SOD (超氧化物歧化酶) 活性的作用效果存在着对渗滤液 COD_{Cr} 浓度和染毒时间的双重依赖性。因此,通过动物肝脏 CAT 和 SOD 活性的变化,可以反映垃圾渗滤液对水生生态系统的污染程度和作用机理。亚急性和亚慢性试验结果表明,垃圾渗滤液能诱发小鼠骨髓嗜多染红细胞微核的形成,且呈现明确的浓度 (COD_{Cr})-效应关系。在亚急性染毒条件下,其 COD_{Cr} 阈值为 10 mg/L;在亚慢性染毒条件下,其阈值降至 5 mg/L。说明垃圾渗滤液与机体接触的时间越长,引起细胞遗传损伤所需的浓度就越低,且此效应存在性别差异。结果提示,人们长期饮用受低浓度垃圾渗滤液污染的水,有引起体内靶组织和靶细胞遗传物质损伤的可能。

1.1.3 渗滤液危害

生活垃圾渗滤液来源复杂,生物毒性极大,其中的有机物种类也复杂多样,主要组成包括腐殖质、有机酸、络合物和螯合物、无机盐和有机盐、各种氮混合物、芳香族化合物、氯代芳香化合物、醚、邻苯二甲酸酯、卤代脂肪烃、醇、氨基酸-芳香化合物、硝基芳香化合物、酚、杂环化合物、农药、硫代芳香化合物、多环芳烃、多氯联苯以及有机磷酸盐等。含氯、含苯环有机物和一些含氮的难降解有机物的存在极大地降低了生活垃圾渗滤液的可生化性,又因其极强的生物毒性,往往导致渗滤液的生物处理效果不佳。

渗滤液对水源地污染途径主要有两种：a.垃圾填埋场外排渗滤液，处理不适当易污染地表水；b.填埋场底部渗流入含水层，污染地下水。渗滤液环境污染事件时有发生，例如兰州东盆地雁滩-西盆地马滩水源地垃圾渗滤液污染，导致水体环境破坏，有毒有害物质严重超标；广东珠海茂盛围因渗滤液污染，导致水体中鱼虾等生物死亡、农作物失收等后果。

1.2　渗滤液管理现状

1.2.1　国外渗滤液管理现状

1.2.1.1　美国

在美国，填埋场渗滤液处理及排放水平主要系统的法规，如《清洁水法》(*Clean Water Act*，CWA)，要求所有污染物排放到美国规定水体中的点源水污染都必须拥有许可证。联邦规章第 40 CFR258.27 规定城市固体废弃物填埋场（MSWLF）排入地表水的污染物必须遵守《国家污染物排放消除体系》(*National Pollutant Discharge Elimination System*，NPDES)的相关规定，并对 MSWLF 非点源污染物做了相关限制。美国环保署于 1991 年颁布的《城市固体废弃物填埋标准》(MSWLC) 要求所有填埋场的运营必须保证不会释放出违反 CWA 的污染物，以保护地表水，允许渗滤液回流（浸出物或者气体凝结物，以液体形式循环回流至填埋场）。

1.2.1.2　欧盟

2005 年 7 月欧盟颁布的填埋导则也对地下水保护和渗滤液管理做出了规定，并且规定危险废物填埋场渗滤液禁止回灌。同时规定所有的垃圾填埋场都必须达到《地下水指令》(*Groundwater Directive*) 的基本要求，除非填埋场没有任何潜在危害，否则渗滤液都要予以收集、处理并达到合适的标准。其中也规定渗滤液都要予以收集并处理，达到合适的标准后才可排放。

1.2.1.3　英国

英国环境机构根据欧盟指令制定了填埋场渗滤液处理的技术导则。该导则详细介绍了排放到下水道和地表水之前所采用的渗滤液处理技术及其效果。该导则建议采用"技术的最佳组合"来实现关键物质可以达到的排放浓度和排放速率。

1.2.1.4　澳大利亚

澳大利亚塔斯马尼亚州填埋导则对填埋场的渗滤液管理提出渗滤液可以在填埋场内回用或回灌以促进降解，也可以经处理或不处理直接排入污水厂。但是在排入污水厂之前必须要达到一定的标准。

1.2.1.5 欧盟各国填埋场渗滤液管理运行的实践

（1）奥地利

渗滤液通过污水管道排入污水处理厂。

（2）比利时

渗滤液通过物理化学反应预处理后，排入污水处理厂。受污染的地表径流直接排入污水处理厂，未污染的径流收集起来再用。

（3）丹麦

所有渗滤液经过现场去除重金属以后排入附近城市污水处理厂。

（4）芬兰

所有污水送入废物处理中心处理，然后排入调蓄池，最后导入城市污水处理厂。

（5）法国

渗滤液存放于装有曝气装置的集水池里曝气以后，排入污水厂进行负压蒸发和反渗透处理。

（6）德国

一部分渗滤液在填埋场回灌至暂未进行覆盖的区域内，剩余部分经曝气池和沉淀池处理后，进行回灌或排入污水处理厂。

（7）爱尔兰

渗滤液循环回灌，或罐装运至当地污水处理厂。

（8）意大利

渗滤液储存于罐体中（由强化纤维玻璃以及第 2 层强化水泥制成）运至污水处理厂。

（9）卢森堡

渗滤液在现场处理厂（由调蓄池和好氧 SBR 组成）处理以后，排入公共污水处理厂。

（10）荷兰

渗滤液通过一个连续的活性污泥系统处理。

（11）葡萄牙

渗滤液经絮凝和中和处理以后排入污水处理厂。

（12）西班牙

渗滤液首先经过过滤和调节 pH 值，然后又经过三段反渗透处理，最后出水脱臭并泵入循环水储蓄塘。

（13）瑞典

渗滤液排入当地污水处理厂处理。

1.2.2　国内渗滤液管理现状

目前，我国《生活垃圾填埋场污染控制标准》（GB 16889—2008）已代替了《生活垃圾填埋场污染控制标准》（GB 16889—1997）。

GB 16889—2008 对生活垃圾填埋场的渗滤液处理排放提出了更为严苛的要求，标准规定：2011 年 7 月 1 日前，现有生活垃圾填埋场无法满足 GB 16889—2008 中表 2 规定的排放要求的，满足一定条件后可将渗滤液送至城市二级污水处理厂进行处理；但从 2011 年 7 月 1 日起，现有的和新建的全部生活垃圾填埋场应自行处理生活垃圾渗滤液，并执行标准中表 2 规定的水污染物排放浓度限制。2008 年更新的排放标准对照 1997 年的标准，不仅增加了对更多指标的控制，还对各类污染物提出更高的排放要求（见表 1-5）。以化学需氧量（chemical oxygen demand，COD_{Cr}）为例，新标准中规定 COD_{Cr} 的排放要求为小于 100 mg/L，即满足 1997 年标准中的一级水质要求。

表 1-5　对比 2008 年和 1997 年渗滤液排放要求

污染物	GB 16889—1997			GB 16889—2008
	一级	二级	三级	
化学需氧量(COD_{Cr})/(mg/L)	100	300	1000	100
生化需氧量(BOD_5)/(mg/L)	30	150	600	30
悬浮物/(mg/L)	70	200	400	30
粪大肠菌群数/(mg/L)	10000～100000	10000～100000		10000
氨氮/(mg/L)	15	25		25
总氮/(mg/L)				40
色度(稀释倍数)				40
总磷/(mg/L)				3
总汞/(mg/L)				0.001
总镉/(mg/L)				0.01
总铬/(mg/L)				0.1
六价铬/(mg/L)				0.05
总砷/(mg/L)				0.1
总铅/(mg/L)				0.1

因此，为满足新标准的排放要求，现有许多生活垃圾渗滤液处理场都面临着旧工艺改造的难题。新建渗滤液处理厂也面临着既要满足达标排放又要投资运营成本合理的工艺选择难题。新标准的颁布和实施既为渗滤液的达标排放处理带来新的挑战，同时也为渗滤液处理新工艺的研发和发展带来新的机遇。

1.3　渗滤液处理发展阶段及常见工艺

1.3.1　渗滤液处理发展阶段

受到经济发展水平的限制，我国卫生填埋起步较晚，真正意义上的卫生填埋场从 20 世纪 80 年代末才开始建设。渗滤液处理厂的建设就更晚。纵观国内垃圾渗滤液的处理工艺，从时间上划分渗滤液的处理主要经历了三个阶段。

（1）第一个发展阶段

该发展阶段发生在 20 世纪 90 年代初期。在这个阶段，垃圾渗滤液处理工艺未考虑垃圾渗滤液的水质的特殊性，而是把处理城市生活污水的方法直接应用于垃圾渗滤液处理，如好氧生物法等。杭州天子岭采用了两段活性污泥法处理工艺，处理规模为 300 m^3/d，但该阶段的工程实例在处理填埋初期渗滤液，由于其有机物、氨氮浓度均较低，因此可满足排放标准。北京阿苏卫的厌氧+好氧法也是这个时期典型的代表性工程实例。随着垃圾填埋时间的延长，渗滤液的性质表现为污染物浓度越来越高，成分越来越复杂，可生化性较差，且水质、水量变化幅度大等，导致运行情况很不稳定，出水水质不能稳定达标。

（2）第二个发展阶段

这个阶段发生在 20 世纪 90 年代中后期。该阶段考虑到渗滤液具有的独特性质，如高浓度有机物、高浓度氨氮等，采取的处理工艺为"氨吹脱厌氧好氧处理"，运行效果良好。例如深圳下坪采用的是氨吹脱厌氧复合床处理工艺，其处理规模为 800 m^3/d。该工艺的处理方法仍以生化为核心，其处理目标大多进入城市污水处理厂，即满足《生活垃圾填埋场污染控制标准》（GB 16889—1997），排入设置城市二级污水处理厂的生活垃圾渗滤液，其排放限值执行该标准中的三级指标值，COD_{Cr} < 1000 mg/L。我国香港新界西等地也是该时期代表性工程实例。

（3）第三个发展阶段

2000 年以后，由于经济的飞速发展，新建的渗滤液处理厂一般距离城区较远，导致其没有办法排入城市污水管网，因此处理要求也相应提高，一般需要处理到二级甚至一级排放标准，2008 年国家提出了新的渗滤液排放标准，渗滤液仅靠生物处理无法满足排放要求。2014 年国家发布实施了新修订的《生活垃圾焚烧污染控制标准》（GB 18485—2014），生活垃圾渗滤液可送至生活垃圾填埋场处理，满足 GB 16889—2008 中表 2 要求可直接排放，或将其在焚烧厂内处理后进一步通过污水管网或采用密闭输送方式运送至采用二级处理方式的城市污水处理厂处理。环保部于 2010 年 4 月发布了《生活垃圾填埋场渗滤液处理工程技术规范（试行）》（HJ 564—2010），其中对垃圾渗滤液处理提出了明确的指导性意见，垃圾渗滤液宜采用"预处理+生物处理+深度处理和后处理"的组合工艺，代表性的工程实例有广州新丰、重庆长生桥等。

1.3.2　渗滤液处理常用生物工艺

经过几十年的发展，传统硝化反硝化工艺作为成熟脱氮工艺，被广泛应用于垃圾渗滤液的处理。生物法处理垃圾渗滤液主要包括厌氧生物处理、好氧生物处理、好氧厌氧相结合的生物处理，如 UASB（upflow anaerobic sludge blanket）反应器、EGSB（expanded granular sludge bed）反应器、ABR（anaerobic baffled reactor）反应器、UAF（upflow anaerobic filter）反应器、MIC（modified internal circulation reactor）反应器、Anammox 工艺、AnMBR 反应器、SBR 反应器以及 A²/O 工艺等。

1.3.2.1　厌氧生物技术

1950 年厌氧接触反应器应运而生，其应用已有近百年的历史。19 世纪 60 年代末，Young 和 MaCarty 发明了厌氧滤器（anaerobic filter，AF），成为厌氧反应器的第一个突破性的发展。1977 年，荷兰瓦格宁根农业大学环境系 Lettinga 等发明了上流式厌氧污泥床（upflow anaerobic sludge blanket，UASB）反应器，成为厌氧处理另一个重大突破。作为第二代厌氧反应器，研究的重点在于使污泥停留时间与水力停留时间分开。但是由于在进水阶段进水没有办法实现快速水力搅拌，出水水质并不好。例如，在温度低、负荷也低的情况下，反应器内混合强度太低，根本不能弥补短流效应带来的影响，故第二代反应器的实际负荷和产气量受到严重限制。基于第二代厌氧生物反应器，第三代厌氧生物反应器在结构上做了调整，不但能保证较高的微生物量，且非常注重反应器内部混合效应，固液两相混合均匀，形成了很大的基质势，反应推动力大，从而达到高浓度有机废水高效处理的目的。

但直到近 20 年，随着微生物学、生物化学等学科发展和工程实践的积累，不断开发出新的厌氧处理工艺，克服了传统工艺的水力停留时间长、有机负荷低等特点，才使其在理论和实践上有了很大进步，在处理高浓度（$BOD_5 > 2000$ mg/L）有机废水方面取得了良好效果。厌氧生物处理工艺的发展见表 1-6。

表 1-6　厌氧生物处理工艺的发展

形式	时间	工艺名称	工艺简介
混合式	1881	Mouras 净化器	Mouras 运用厌氧生物活性污泥法处理废水中的沉淀物
	1895	化粪池	英国建造了首座可处理生活污水的厌氧反应池
	1897	集气式化粪池	印度投建了装有集气器的化粪池，首次进行生物能源回收
	1899	分隔式化粪池	W. Clark Harry 第一次提出把沉淀和污泥发酵分开来
分隔式	1903	Travis 双层沉淀池	英国 Travis 建成了首座将沉淀池和污泥发酵用隔板分隔开的双层沉淀池
	1906	Imhoff 双层沉淀池	Imhoff 改进了 Travis 双层沉淀池，并将污泥发酵池体积加大，使污泥可以实现完全消化
	1912	敞开式消化池	英国伯明翰出现了大规模室外贮泥池，污泥排入其中发生厌氧反应，直到 1920 年，Kremer 首次提出了密闭型消化池
独立式	1920～1926	密闭式消化	德国和美国分别于 1925 年和 1926 年建造了能加热和集气的消化池，避免了敞开式消化池散发臭气的弊病，塑造了当代消化池的原型

形式	时间	工艺名称	工艺简介
独立式	1935～1955	现代高速搅拌式消化池	Torpey 建议在消化池内添加搅拌装置，为现代高速消化池奠定了基础
	1955	厌氧接触工艺	Schroepfer 等最先提出与好氧活性污泥法相似的厌氧接触池
	1955～1967	厌氧生物滤池	Coulter 于 1955 年对"厌氧生物滤池"提出初步构思和评价；在这一基础上，Young 和 MaCarty 于 1967 年开发了厌氧生物滤池，这是厌氧生物膜法的初步尝试
	1971	两相厌氧生物处理工艺	Pholand 和 Ghosh 根据产酸菌和产甲烷菌的习性不同，将酸发酵与甲烷发酵分别在两个罐内单独进行，开辟了一个新的厌氧处理工艺
	1974	上流式厌氧污泥床	Lettinga 开发了至今应用最为广泛的新一代厌氧反应器，成为厌氧生物处理技术的一大突破
	1975	厌氧生物转盘	Pretoerious 开发了厌氧生物转盘工艺，将厌氧微生物围绕在转盘上，能保持较高的污泥浓度，污泥不易流失；后由 MaCarty 对其进行改造，出现了挡板式反应器
	1978	厌氧附着膜膨胀床	厌氧微生物固定在粒状挂膜介质上，介质处于半悬浮状态
	1979	厌氧流化床	厌氧微生物固着在粒状挂膜介质上，通过回流产生上升流速，造成污泥床的流化
	1980 至今	组合式厌氧反应器	根据废水特点，对各种处理工艺进行优化组合

1979 年 M. P. Bryant 通过研究分析产氢产乙酸菌和产甲烷菌，提出了厌氧消化三阶段。

1) 水解发酵阶段

厌氧消化步骤进行得很快，产酸细菌的最小细胞停留时间只有几个小时。而水解过程进行缓慢，水解反应的速度往往对产甲烷的速度产生决定性的影响，是发酵阶段的"限速步骤"。沼气发酵系统中，发酵细菌主要以纤维素、淀粉、脂肪和蛋白质为基质。这些复杂的有机物首先是在水解酶的作用下分解为水溶性的乙酸、丙酸等简单化合物。经过水解作用后进入微生物细胞，参与细胞内的生物化学反应。

2) 产氢产乙酸阶段

水解产物进入微生物细胞后，由产氢细菌、产乙酸细菌在胞内酶的作用下，将水解阶段分解的物质进一步分解成小分子化合物。水解阶段和产酸阶段是一个连续过程，可统称为不产甲烷阶段。这个阶段是在厌氧条件下，经过多种微生物的协同作用，将原料中碳水化合物（主要是纤维素和半纤维素、蛋白质、脂肪等）分解成小分子化合物，同时产生二氧化碳和氢气，这些都是合成甲烷的基质。因此，水解阶段和产酸阶段可以被看成是原料的加工阶段，是将复杂的有机物质转化成可供产甲烷细菌利用的基质，这个阶段为产生大量甲烷奠定了雄厚的物质基础。

3) 产甲烷阶段

这一阶段中，产氨细菌大量繁殖和活动，氨氮浓度增高，挥发酸浓度下降，为产甲烷菌创造了适宜的生活环境，产甲烷菌大量繁殖。产甲烷菌的任务是以不产甲烷阶段发酵产生的乙酸、二氧化碳、氢等为底物，代谢生成甲烷、二氧化碳，完成沼气发酵。沼气发酵过程理论虽分为三个阶段，然而在实际的沼气发酵过程中，这三个阶段是不能完全孤立分开的，各类细菌相互依赖、相互制约，主要表现在以下几点：a.不产甲烷菌为产甲烷菌提供生长、代谢所必需的底物；b.产甲烷菌为不产甲烷菌的生化反应解除反馈抑制；c.不产甲烷菌为产甲烷菌创造一个适宜的氧化还原条件，为产甲烷菌消除部分有毒物质；d.不产甲烷菌与产甲烷菌共同维持适宜的环境。因此，不产甲烷菌通过其生命活动为沼气发酵提供基质与能量，而产甲烷菌则对整个发酵过程起到调节和促进作用，使系统处于稳定的动态平衡中。

同年，J. G. Zerku 提出了四种群说理论（四阶段理论）。该理论认为除水解发酵菌、产氢产乙酸菌和产甲烷菌外，还有同型产乙酸菌种群参与了厌氧消化。四阶段理论如图 1-1 所示。

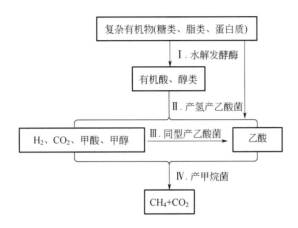

图 1-1　厌氧消化四阶段理论示意

参与这一过程的主要细菌有发酵菌（产酸菌）、产氢产乙酸菌以及产甲烷菌。

1）发酵菌

在发酵过程中只有一部分乙酸直接生成，大部分的乙酸形成于共生反应。然而直到现在，仅分离出少量的具有这种功能的微生物。发酵菌属于异养菌，需要依赖外界有机物生存，可以主动利用水中的蛋白质、脂肪以及碳水化合物，先将其分解为可溶于水的小分子化合物。水解后的产物在发酵细胞体内最终转化为有机酸和醇类物质，且生成二氧化碳、硫化氢、氨气以及氢气等物质。基质的组成以及操作条件不同会形成不同种类的发酵菌，而不同性质的基质会改变有机物的转化路径以至于改变整个反应系统。

2）产氢产乙酸菌

参与厌氧反应的第二阶段的微生物，其中已被发现且被命名的细菌种类很多，其中比较常见的是沃尔夫互营单胞菌（*Syntrophomonas wolfei*）、S 菌株、梭菌属（*Clostridium*）、沃氏互营杆菌（*Syntrophobacter wolinii*）以及暗杆菌属（*Pelobacter*）等。

3）产甲烷菌

利用甲烷通过无氧呼吸作用将产酸阶段以及产氢产乙酸阶段生成的所有乙酸和氢气转化为甲烷和二氧化碳，此过程是厌氧反应完成的标志，且甲烷气体转化率的高低也成为厌氧反应是否反应彻底的指标。并且所有的产甲烷菌均可以归于原核生物中的广古菌门

（Euryarchaeota）。产甲烷菌属于专性的严格厌氧菌，对氧气十分敏感，且不同的氧气浓度会对厌氧菌有不同的抑制效应。由于产甲烷菌生长非常缓慢，即使在人工培养条件下都需要经过数十天才会长出菌落；在自然条件下，其生长需要更长的时间，所以临床上很难分离出。如果以形态作为划分标准，产甲烷菌可划分为球状菌、螺旋状菌、杆状菌以及甲烷八叠球菌四大类。不同类型的细菌形态上有明显的特征：例如已经被发现且命名数量并不多的螺旋状产甲烷菌，通常呈较规则的弯曲杆状；杆状产甲烷菌的形态分为短杆状、长杆状或丝状；球状产甲烷菌的形状为球形或椭球形，成对出现或以链状排列，其中最著名的是八叠状产甲烷菌，虽然菌体也为典型的球状细胞，但是经常以堆积体的形式存在。在消化过程中和自然界其他地方形成的甲烷，70%是由乙酸生成的。

厌氧生物处理有许多优点，最主要的是能耗少，操作简单，因此投资及运行费用低。而且由于产生的剩余污泥量少，所需的营养物质也少。如其 BOD_5 与 P 含量之比只需为4000∶1，虽然渗滤液中 P 含量通常少于 1 mg/L，但仍能满足微生物对 P 的要求。采用常规的厌氧消化 [35 ℃、负荷为 1 kg COD_{Cr}/($m^3 \cdot d$)，停留时间 10 d]，渗滤液中 COD_{Cr} 去除率可达 90%。

（1）上流式厌氧污泥床反应器

上流式厌氧污泥床反应器（upflow anaerobic sludge blanket，UASB）是荷兰瓦格宁根农业大学 Lettinga 教授于 1977 年发明的厌氧消化反应装置，该工艺在废水厌氧生物处理方面发挥了日益重要的作用。2002 年，全世界大约有 100 台 UASB 应用于污水处理，2008 年后超过 200 台全规模的 UASB 反应器应用于生活污水和工业废水处理。UASB 反应器由两部分组成：圆柱体或长方体结构的外壳和固-液-气三相分离器（GLS）。其原理如图 1-2 所示。

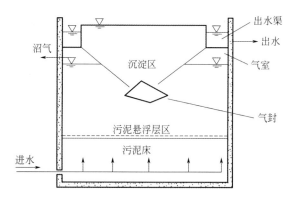

图 1-2　UASB 原理图

渗滤液从反应器底部流入，经过接种的活性污泥床，轻的、分散性的微粒上升被冲洗掉，重的组分保留在反应器内。最终，接种污泥逐渐形成由有机物质、无机物质及小的细菌群组成的颗粒污泥。有机物质就被污泥床上的高浓度的微生物分解。有机碳转化为沼气，包括甲烷和二氧化碳。污水和沼气气泡一起上升，加强了废水与微生物的接触面积。反应器底部生成稠密的颗粒污泥床，上方区域形成污泥悬浮层，浓度较污泥床小，两者共同构成 UASB 的反应区。污泥中的微生物分解有机物，产生微小沼气气泡，微小气泡上升合并形成较大的气泡，同时带动污泥的上升悬浮。GLS 由沉淀区、回流缝和气封组成，上升的各种物质就在 GLS 区域分离：沼气进入气室；污泥在沉淀区进行沉淀，并经回流缝回流到反应区；经沉淀澄清后的废水作为处理水排出反应器。该反应器在运行过程中实现了污泥和废水的有效分离，维持了反应器内较高的活性微生物水平，在常规厌氧消化的基础上实现了有机负荷和去除效率的大幅度提高，在垃圾渗滤液、啤酒废水、屠宰废水、食品废水等处理领域得到了广泛应用。

相比其他厌氧反应器，UASB 提高了抗有机污染物冲击的负荷能力和污染物去除效率，但受温度影响较大。当温度为 20~23 ℃时，UASB 对 COD_{Cr} 的平均去除率高于 70%；当温度为 35 ℃时，COD_{Cr} 去除率可提升至 80%。Kennedy 和 Lentz 发现在低中有机负荷率[6~19.7 g COD_{Cr}/(L·d)]条件下，UASB 对 COD_{Cr} 的去除率可提高至 92%。关于低温条件（11~23 ℃）下 UASB 的研究较少。Kettunen 和 Rintala 在填埋场现场 13~23 ℃条件下，考察了当有机负荷率为 2~4 kg COD_{Cr}/(m^3·d)时 UASB 对 COD_{Cr} 和 BOD_5 的处理效果，发现 COD_{Cr} 去除率为 65%~75%时，BOD_5 去除率高于 95%。但渗滤液中的生物毒性污染物如芳烃类、卤代烃类等均会严重影响 UASB 的启动和运行，这也是在国内除温度因素外 UASB 难以启动和连续运行的主要原因。V. Singh 和 A. K. Mittal 采用 UASB 厌氧反应器处理垃圾渗滤液，反应器的有机负荷率为 3 kg COD_{Cr}/(m^3·d)，停留时间 12 h，平均 COD_{Cr} 浓度为 8880~66420 mg/L，当毒性物质在 96 h 内 LC_{50} 从 1.22 mg/L 升高至 12.35 mg/L 时，UASB 反应器对新鲜垃圾渗滤液可溶解性 COD_{Cr} 的去除率的变化为 67%~91%；对具有高毒性的老的垃圾渗滤液，COD_{Cr} 的去除率变化为 35%~90%。相比于老的垃圾渗滤液，UASB 反应器对新鲜垃圾渗滤液具有更高的去除效率，同时也说明垃圾渗滤液中的毒性物质抑制了 UASB 反应器的处理效果。

（2）厌氧颗粒污泥膨胀床

厌氧颗粒污泥膨胀床（expanded granular sludge bed，EGSB）是 20 世纪 90 年代初，由荷兰瓦格宁根农业大学率先开发的。该工艺实质上是固体流态化技术在有机废水生物处理领域的具体应用。固体流态化技术是一种能改善固体颗粒与流体间接触并使其呈现阶段流体形状的技术，其工艺特点见表 1-7。

表 1-7　EGSB 工艺特点

项目	特点
结构	（1）高径比大，占地面积大大缩小； （2）均匀布水，污泥床处于膨胀状态，不易产生沟流和死角； （3）三相分离器工作状态和条件稳定
操作	（1）反应器启动时间短，COD_{Cr} 有机负荷率可以高达 40 kg/(m^3·d)，污泥不易流失； （2）液体表面上升流通常为 2.5~6.0 m/h，最高可达 10 m/h，液固混合状态好； （3）反应器设有出水回流系统，更适合于处理含有悬浮性固体和有毒物质的废水； （4）上升流速 v_{up} 大，有利于污泥与废水间充分混合、接触，因而在低温、低浓度有机废水处理时有明显的优势； （5）以颗粒污泥接种，颗粒污泥活性高，沉降性能好，粒径较大，强度较好

项目	特点
适宜范围	(1) 适合处理中、低浓度有机废水; (2) 对难降解有机物、大分子脂肪酸类化合物、低温、低基质浓度、高含盐量、高悬浮性固体的废水有相当好的适应性

根据载体流态化原理，EGSB 中装有一定量的颗粒污泥，当有机废水及其所产生的沼气自下而上地流过颗粒污泥床层时，污泥床层与液体间会出现相对运动，导致床层不同高度呈现出不同的工作状态。在此条件下，一方面可保证进水基质与污泥颗粒的充分接触和混合，加速生化反应进程，另一方面有利于减轻或消除静态床（如 UASB）中常见的底部负荷过重的状况，从而增加了反应器对有机负荷，特别是对毒性物质的承受能力。EGSB 通过采用出水循环回流获得较高的表面液体升流速度，使颗粒污泥床层处于膨胀状态，提高了传质效率，有利于基质和代谢产物在颗粒污泥内外的扩散、传送，保证了反应器在较高的容积负荷条件下正常运行。EGSB 反应器可以在 1～2 h 的水力停留时间下取得，传统UASB 工艺需要 8～12 h。

叶杰旭等利用 EGSB 反应器对城市生活垃圾焚烧厂渗滤液进行处理，中温条件下，在进水 COD_{Cr} 浓度为 55000 mg/L 左右时，反应器的有机负荷率可达到 22.8 kg COD_{Cr}/($m^3 \cdot d$)，COD_{Cr} 去除率可达 94.2%，EGSB 对垃圾渗滤液的处理具有较高的处理效率和良好的运行稳定性；当进水 COD_{Cr} 浓度为 72000 mg/L 左右时，为保证反应器的稳定运行，有机负荷率降至 18.2 kg COD_{Cr}/($m^3 \cdot d$)，EGSB 反应器出水 COD_{Cr} 平均值为 9103 mg/L，COD_{Cr} 去除率达到 88%左右。经检测发现，经过 EGSB 反应器处理后的垃圾渗滤液均以小分子量有机物为主，其中分子量小于 4000 的有机物分别占 76.5%和 74.4%。实验结果表明，溶解性有机物经 EGSB 反应器处理后得到了良好的去除效果。

（3）厌氧序批式反应器

厌氧序批式反应器（anaerobic sequencing batch reactor，ASBR）是 20 世纪 90 年代出现的新一代厌氧反应器，序批式反应器（SBR）广泛应用于好氧活性污泥法处理工艺中，具有沉淀效率高、操作灵活、运行管理方便、结构简单等优点。美国 Dague 教授等发现ASBR 中的厌氧颗粒污泥，不但泥水分离效果好，且污泥浓度大，沉降速度快，污泥龄长，水力停留时间短。运行上，ASBR 与厌氧接触法类似，区别在于 ASBR 在反应器内实现固液分离，不用另设真空脱气装置和二沉池。

ASBR 工艺以间歇式的运行模式得名，遵照一定的时间顺序操作运行，其过程在一个反应器内就可以全部完成。所谓序批式有两种含义：对于每一个 ASBR 来说，时间上遵循一定的操作步骤间歇式运行，包括进水、反应、沉淀、排水和闲置，五个操作步骤共同组成了一个完整的运行周期。为了有更好的出水水质，多个 ASBR 串联操作时，操作流程在空间上也按照一定的顺序，具体表现为一个运行周期接着一个运行周期，反复间歇式进行反应。厌氧序批式反应器的具体操作过程有以下 4 个阶段，分别是进水、反应、沉淀和排水。某些情况下会设置有闲置阶段，其中闲置阶段是指当周期出水结束后再到下一个周期进水开始之间的时间间隔，如图1-3所示。

1）进水阶段

进水这个阶段主要作用是确定实验反应器水力特征。若进水时间很短，反应器的特征就像瞬时工艺负荷。这样的反应器系统和多级串联构型连续流处理工艺是非常相似的。这种实验工况下，实验废水流入ASBR反应器的同时采用生物气体、液体相互混合后进行再循环搅拌，或者采用机械进行搅拌。此时的基质浓度将会迅速增加。根据莫诺动力学概念，此时微生物的代谢速率也会相应增大。这样的过程直到进水完毕后达到了最大值。与此相反，若进水时间长，瞬时负荷相应会小，系统性能则类似于一种完全混合式的连续流废水处理工艺。这也就是说微生物接触到了浓度较低且成分相对稳定的废水。这个流程中进水的体积主要由有机负荷率（OLR）、设计水力停留时间（HRT）以及预料污泥床的沉降特性等因素决定。

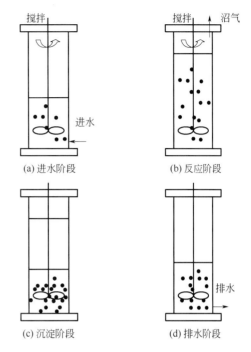

图1-3　ASBR基本操作模式

2）反应阶段

这个阶段是反应器内废水中有机物转化成生物气体的一个关键的环节，反应器中的微生物在这个阶段会与废水中有机物质进行生物反应。这个反应过程就是反应器内的微生物的生长与反应器内的基质被利用的过程。此时进水也同步进行，所以这个进水阶段可以被看作是进水与反应阶段。反应过程也将在进水阶段之后继续进行。所需要的时间主要是由下列的参数来决定：出水质量的要求、基质的特征以及浓度、污泥浓度，还有反应环境温度等因素。值得说明的是反应过程中搅拌对于COD_{Cr}去除率和甲烷产量的影响，在颗粒的成长和固化过程中有着非常重要的作用。

3）沉淀阶段

静止条件下，菌胶团在重力作用下沉降，使上清液中的悬浮固体浓度降低。此时，反应器成为二沉池，沉降时间由菌胶团的性能确定，通常10～30 min。沉淀时间并不是越长越好，太长会因为反应继续生成生物气而重新使沉降颗粒悬浮。进料量与生物团量之比（F/M）、混合液悬浮固体（MLSS）浓度均是排除液清澈程度及生物团沉降速率不可忽视的变量。

4）排水阶段

微生物在静止条件下下沉至池底，此时反应器中液固分离完成，打开排水阀，排出上清液，排水的体积与进水的体积相等。待上清液到达一定液位，排水结束。

5）闲置阶段

保留闲置阶段是为了提高每个运行周期的灵活性。对于多池SBR系统，闲置阶段尤为重要，它可以协调多个反应池以达到最佳处理效果。根据处理要求以及工艺目的确定是否进行曝气和混合。

经研究发现，在常温条件下，厌氧序批式反应器对低浓度有机废水的处理也具有良好的去除效果。该反应器已应用于生活污水、餐厨垃圾、乳浆废水、啤酒废水、垃圾渗滤液等。不需提前处理，也不需额外调节 pH 值的条件下，ASBR 能够高效处理垃圾渗滤液。例如，Timur 曾采用 ASBR 处理进水 COD_{Cr} 浓度高达 3800～159000 mg/L 的垃圾填埋场的渗滤液，设定的有机负荷率范围为 0.2～1.9 kg COD_{Cr}/(m³·d)，中温条件下 COD_{Cr} 去除率可达到 65%～85%，其中转化为甲烷的有机物占 83%。且当 COD_{Cr} 负荷增加时，产甲烷速率随之上升，当负荷达到最大时，产甲烷率为 1.85 L_{CH_4}/(L·d)。而且此进水中还含有浓度为 1120～2500 mg/L 的氨氮，但 ASBR 中的厌氧消化没有受到影响。Timur 等还应用 ASBR、上流式污泥床、复合厌氧滤器对另一个正在运行成熟的填埋场所产生的渗滤液进行处理，并把它们的处理效果进行比较。结果显示，当有机负荷率为 10 kg COD_{Cr}/(m³·d)时，三者处理效果均不错，其中 UASB 与 ASBR 的最大 COD_{Cr} 去除率可达到 90%。岳秀萍等采用 ASBR 厌氧序批式反应器进行垃圾渗滤液的处理，运行温度控制在 30～35 ℃，反应器启动运行一个月后 COD_{Cr} 去除率稳定在 85%，有机负荷率达到了 2 kg COD_{Cr}/(m³·d)，并在反应器内实现了反硝化脱氮和厌氧产甲烷的同步进行，亚硝态氮去除率达到 99%。

ASBR 相对于其他厌氧反应器来说有如下优点：

① 固液分离效果好，出水 SS 低；

② 运行操作灵活，处理效果稳定；

③ 工艺简单，占地面积少；

④ 耐冲击负荷，适应性强；

⑤ 受温度影响小，适应范围广；

⑥ 污泥活性好，具有较强的处理能力。

（4）厌氧流化床反应器

厌氧流化床反应器（anaerobic fluidized bed reactor，AnFBR）沿用了化工中的固体颗粒流态化技术，采用固体颗粒流态化，通过在反应器内设置微生物附着的载体（流化床反应器一般以砂粒、塑料、活性炭、沸石、玻璃等作为填料），可为厌氧微生物生长提供比表面积为 2000～3000 m²/m³ 的附着面，提高微生物与污水之间的接触面积，强化传质过程，促进微生物的新陈代谢，从而提高厌氧流化床的有机物净化能力。

AnFBR 的主要特点有：

① 由于流态化生物膜的存在，能够与渗滤液实现最大限度的接触；

② 可以实现污水在系统内有较短的水力停留时间，提高了处理效率，这主要是因为生物膜与流体接触充分，且产生摩擦，使得液膜扩散阻力小，从而阻止了过厚生物膜的形成，使得生化过程加快，实现了污水的高效率处理；

③ 反应器内载体的流态化能够克服滤器堵塞和沟流问题，与此同时短的水力停留时间可以提高反应器的容积负荷，这样在处理同样量的废水时既能缩小反应器的体积又能减小反应装置占地面积。

AnFBR 由于实现了生物膜在系统中的流化状态而使得反应基质能够与厌氧微生物发

生充分的接触，这一点优于传统的活性污泥法和生物膜法，所以有很多研究是关于用厌氧流化床技术处理有毒难降解废水，以期达到理想的处理效果，达到国家的污水排放标准，以减小对于环境的污染与影响。A. Eldyasti 等采用固液循环流化床反应器处理垃圾渗滤液，在碳氮比为 3∶1，有机负荷率分别为 2.15 kg COD_{Cr}/(m³·d)、0.70 kg N/(m³·d) 和 0.014 kg P/(m³·d) 的条件下，COD_{Cr}、N 和 P 的去除率分别达到了 85%、80% 和 70%，出水指标为 BOD≤35 mg/L、NH_4^+-N<35 mg/L、PO_4^{3-}-P<1.0 mg/L，而上流式厌氧污泥床反应器（UASB）和移动床反应器（MBBR）对 COD_{Cr} 和 N 的去除率分别为 60%～77% 和 0～79%；污泥龄为 31 d、38 d 和 44 d 时，污泥产率均较低，分别为 0.13 g VSS/g COD_{Cr}、0.15 g VSS/g COD_{Cr} 和 0.16 g VSS/g COD_{Cr}。

AnFBR 在处理效率方面优势明显，与此同时也存在着几个有待研究解决的问题。首先，要实现流态化的稳定比较困难，这是因为在载体流化过程中生物膜附着其上且在不断生长，所以污泥颗粒的密度时刻在发生变化，而想要保持膨胀度的稳定以及确保微生物不易流失是需要解决的问题；其次，流态化的形成需要大量的回流水，这就需要回流泵提供较大动力，所以造成整体系统能耗的增加，致使运行成本升高。基于以上两点原因，再加上对于厌氧流化床的研究多数在实验室中完成，使得厌氧流化床反应器目前为止还没有大规模地投入实际工程中。

1.3.2.2 好氧生物技术

垃圾渗滤液原水含有高浓度的有机物质，经过厌氧生物处理后大部分有机物质得到降解，而厌氧处理后氨氮浓度却比原水的浓度高，因此，厌氧生物处理后的垃圾渗滤液具有明显的低碳氮比特性，含有较高浓度的氨氮，而 COD_{Cr} 浓度却比较低，因此，如何经济、高效、稳定地去除渗滤液中的氮是后续好氧生物处理工艺的首要问题。

（1）活性污泥法

活性污泥法是以活性污泥为主体进行微生物的新陈代谢活动，进而达到污水处理的技术。在人工提供适宜氧气的条件下，培养和驯化生物群体，形成具有生物降解功能的絮凝体，利用活性污泥的新陈代谢作用分解去除废水中的胶体和溶解的有机物质，使废水的水质得到净化，达标排放。活性污泥上栖息着以细菌、菌胶团、原生动物、后生动物为主的微生物群落，具有很强的吸附和氧化有机物的能力。活性污泥法对有机物的降解主要为两个阶段：一为吸附阶段，活性污泥比表面积较大，且存在大量含多糖类的黏性物质，并黏附废水中大分子有机物；二为稳定阶段，反应系统内的好氧或厌氧微生物氧化分解前阶段所黏附的有机物。

传统活性污泥法亦被称为普通活性污泥法，其是在污水处理事业中应用最早的活性污泥法处理工艺，并一直沿用至今，主体工艺包括曝气池、二沉池以及污泥回流系统，工艺流程见图 1-4。在运行过程中，污水从曝气池前端进入曝气池，与此同时从二沉池回流而来的部分活性污泥和原水以推流式运动状态流入曝气池的后端，进入二沉池，在二沉池进行泥水分离，清水流出，污泥沉淀于池底部，部分回流，部分剩余污泥排放。对于传统活性污泥法处理技术，由于其理论发展较早，工艺较为成熟，管理方便，易于操作，运行效果稳定、出水水质偏好，对 BOD_5 的去除率达 90%以上，但其对水质、水量适宜性较差，曝气池容积偏大、投资偏高，且对氮、磷的去除效果不佳，现如今传统活性污泥法已不使用。

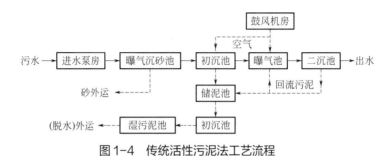

图1-4 传统活性污泥法工艺流程

1980 年 Irvine 教授等将某污水厂成功改建为世界上第一座序批式活性污泥法（SBR）污水处理厂，1985 年我国的第一座 SBR 污水处理厂在上海投产使用。

与传统活性污泥法相比，曝气池与沉淀池合二为一，由于时间的差异导致了空间上的独立，即污水处理的生化反应阶段和沉降静止阶段在同一反应器内进行，废水分批进入反应池，然后按工艺流程进行生化阶段、沉淀阶段、上清液排放阶段、闲置阶段，从而完成了一个周期，其工作原理如图 1-5 所示。

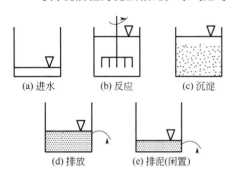

(a) 进水　(b) 反应　(c) 沉淀

(d) 排放　(e) 排泥(闲置)

图1-5　SBR 工艺工作原理示意

SBR 的优势在于：

① 工艺简单，运行费用较低，一般情况下，SBR 只有一个间歇运行反应器，在反应器内完成一系列的工序，与传统活性污泥法相比，省去了二沉池和污泥回流系统；

② SBR 在污水处理中可实现同步脱氮除磷，由于其单池构造，其投资可减少 25%以上。由于其运行方式灵活，较为简单地提供了厌氧、缺氧、好氧等条件的替换；

③ 与完全混合式曝气池相比，SBR 以其推流式流动的曝气池耐冲击负荷以及对水质的抵抗力较弱，但是 SBR 法对于时间而言是一个理想的推流，其只有一个生物反应器，其本身就是典型的完全混合式，因此对负荷和水质有较好的适应性。

（2）膜生物反应器（membrane bioreactor，MBR）

MBR 是将生物反应器技术和膜分离技术结合而成的一种新型污水处理与回用工艺。1966 年，美国的 Dorr-Oliver 公司首先将 MBR 用于废水处理的研究；1969 年，Smith 等将好氧活性污泥法与超滤膜相结合的 MBR 用于处理城市污水。研究证明，该工艺具有减少活性污泥产量、维持较高污泥浓度、减少污水处理厂占地面积等优点。20 世纪 70 年代初期，好氧 MBR 处理城市污水的实验研究进一步扩大，日本由于污水再生利用的需要，MBR 的研究工作有了较快的进展。1983～1987 年，日本有 13 家公司使用好氧 MBR 处理大楼废水，处理后的水用作中水回用，处理水量达 50～250 m^3/d。90 年代以后，国际上对 MBR 在生活污水处理、工业废水处理、饮用水处理方面进行了大量的研究，对 MBR 机理、特性、膜通量的影响因素及操作条件等方面也进行了大量的研究工作，MBR 已进入实际应用阶段，并得到了快速的推广。

　　MBR 主要由生物反应器和膜组件两个单元设备组成，渗滤液首先进入生物反应器，其中污染物在生物反应器中被微生物同化和异化，异化产物多为无害的二氧化碳和水，同化物质主要成为微生物的内部组成部分。膜组件主要用于进一步截留微生物和过滤出水，由于膜的截留过滤作用，微生物可以被有效地截留在反应器中，从而控制微生物在反应器中的停留时间（污泥龄）以及有效地对出水进行消毒。按膜组件和生物反应器的位置，将 MBR 分为分置式 MBR、一体式 MBR 和复合式 MBR 三种，如图 1-6 所示。

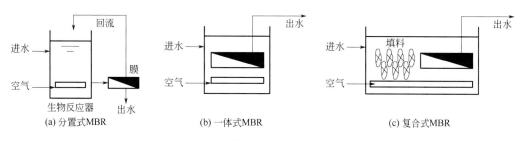

图 1-6　膜生物反应器装置示意

　　分置式 MBR 膜组件和生物反应器分开设置，生物反应器中的混合液由泵增压后进入膜组件，在压力作用下膜过滤液成为系统处理出水，活性污泥、大分子物质等则被膜截留，并回流到生物反应器中。分置式 MBR 的优势是运行稳定可靠，操作管理容易，易于膜的清洗、更换和增设，而且膜通量普遍较大。但因循环泵提供的料液流速很高，为此动力消耗较高，同时泵的高速旋转产生的剪切力会使某些微生物菌体产生失活现象。

　　一体式 MBR 直接将膜组件置于生物反应器内，通过真空泵或其他类型的泵抽吸得到过滤液。为减少膜面污染，延长运行周期，一般泵的抽吸是间断运行的。一体式 MBR 利用曝气时气液向上的剪切力来实现膜面的错流效果，也有采用在一体式膜组件附近进行叶轮搅拌和膜组件自身的旋转来实现膜面的错流效果。与分置式相比，一体式的最大特点是运行能耗低，占地更为紧凑，近年来在水处理领域受到了特别关注。但其膜通量相对较低，容易发生膜污染，不容易清洗和更换膜组件。

　　复合式 MBR 不同之处在于生物反应器内加装填料，从而改变了膜生物反应器的某些性状，使生物反应器内既有悬浮相的活性污泥又有附着相的生物膜，从而提高了反应器内污泥浓度，增强了处理废水的能力，提高了运行的稳定性。填料可采用常规填料或其他如泡沫塑料、颗粒活性炭等。

　　MBR 反应器采用膜组件代替传统的二沉池，可实现固液的高效分离，解决了传统工艺污泥易膨胀、出水水质不够稳定的问题，相比其他的生物处理工艺有着明显的优势，主要包括：

　　① 系统结构较为紧凑，大大降低了占地面积，尤其是一体式 MBR 在同一个反应器中可同时实现生物降解和泥水分离，占地面积可节省 1/2～2/3；由于构筑物少，系统结构紧凑，容易加工成套设备，便于运输和安装，可大大缩短施工期。另外，自动化程度高，可

实现无人值班看守，因此大大节省了人工费；

② MBR 对有机物的去除一方面为生物反应器中微生物对有机物的降解，另一方面是膜的截留作用，可稳定实现有机物的高效去除；

③ MBR 采用膜过滤几乎可以截留水中所有悬浮物，选择性膜还可以截留混合液中的大分子物质和细菌、病毒等，使得出水水质较好，从根本上杜绝了污泥膨胀现象对出水水质和生物处理系统的影响；

④ 由于膜的存在，微生物可完全停留在反应器中，实现了水力停留时间和污泥停留时间的完全分离，反应器中可保持高浓度的污泥浓度，使得整个反应体系具有较大的容积负荷，抗冲击能力强；

⑤ 从理论上讲，MBR 能将污泥完全截留在生物反应器内，实现不排泥操作，减少了污泥处理的工作量。目前剩余污泥的处理与处置已成为污水处理厂能否正常运行的制约因素之一，它的费用占到污水处理厂总运行费用的 25%～40%，有的甚至高达 60%，从源头减少污泥的产生量就显得非常必要和关键；

⑥ MBR 中长的污泥停留时间有利于增殖慢的细菌（如硝化细菌等微生物）生长。

Cote 等研究者发现当污泥龄由 10 d 增加为 50 d 时，氨氮去除率由 80%增加到 99%；另外，MBR 中污泥浓度高，因而易在污泥絮体中形成表面好氧、内部缺氧的状态，所以可在同一反应器中实现硝化和反硝化，使 MBR 在去除 COD_{Cr} 的同时具有良好的脱氮效果。

（3）移动床生物膜反应器（moving bed biofilm reactor，MBBR）

MBBR 是在 20 世纪 90 年代中期得到开发和应用的，它结合了活性污泥法和生物膜法的优点，是一种新型高效的污水处理方法。其原理就是将密度接近水的悬浮填料投加到曝气池中作为微生物的载体，依靠曝气池内气流和水流的作用使填料处于流化状态，进而形成悬浮生长的活性污泥和附着生长的生物膜，利用悬浮污泥和生物膜的共同作用去除水中的有机污染物。

MBBR 法兼具活性污泥法和生物膜法两者的优点：

① 与活性污泥法相比，占地面积小；

② 系统生物量大且生物种类丰富，耐冲击负荷，出水水质稳定；

③ 微生物附着在载体上随水流流动，污泥龄长，有利于硝化细菌的生长繁殖；

④ 填料上的生物膜可以形成好氧、缺氧的微环境，有利于硝化反硝化反应的进行；

⑤ 载体生物膜不断脱落，避免了堵塞；

⑥ 填料传质效果好，水头损失小、动力消耗低，运行简单，操作管理容易，适用于改造工程等。

马贺孟研究了 MBBR 对垃圾渗滤液厌氧出水的处理效能，完成了好氧 MBBR 工艺启动、运行参数优化，其次考察了进水负荷对污染物去除效能的影响、长期稳定运行过程中对污染物的去除效果及污染物在反应器内部发生的转化，最后对反应器内部的生物量、生物活性、微生物群落和形态做相关研究。通过对好氧 MBBR 工艺运行参数优化，确定了好氧 MBBR 的最佳运行条件为 HRT = 8 d，A/O 池容比为 1∶3，硝化液回流比为 300%。好氧 MBBR 在最佳参数下运行，微生物与污染物的接触充分，出水 COD_{Cr}、氨氮浓度能满足下一工艺进水水质要求。好氧 MBBR 在低进水 COD_{Cr} 负荷下运行，微生物处于饥饿状态，影响系统对 COD_{Cr} 和氨氮的去除效果，但基本可以保证出水水质；在高进水 COD_{Cr} 负荷下运行，C/N 比升高，有助于微生物的生长代谢，对 COD_{Cr} 的平均去除率为 73%，对氨氮的平均去除率为 95%。好氧 MBBR 在不同进水 COD_{Cr} 负荷下都能保证出水水质，在工程应用中具有重要意义。S.Chen 等利用厌氧/好氧 MBBR 工艺处理垃圾渗滤液，组合工艺 COD_{Cr} 去除率可达到 90% 以上，其中厌氧 MBBR 对 COD_{Cr} 的去除率在 80% 以上，好氧 MBBR 主要去除氨氮。好氧 MBBR 的水力停留时间影响氨氮去除效果，当 HRT 超过 1.25 d 时氨氮去除率大于 97%，当 HRT 为 0.75 d 时氨氮去除率仅为 20%。厌氧-好氧两级 MBBR 工艺处理垃圾渗滤液，容积负荷高，对进水冲击负荷有很强的耐受范围。郭耀文采用好氧 MBBR 处理晚期垃圾渗滤液，可实现 COD_{Cr} 和氨氮的去除率为 86% 和 68%，并且随着氨氮负荷的增加，氨氮去除效果增加。总之，厌氧 MBBR 能够去除垃圾渗滤液中大部分的 COD_{Cr}，好氧 MBBR 可以有效去除氨氮，实现垃圾渗滤液中有机物的高效降解。W. Liu 等利用好氧 MBBR 工艺处理成熟垃圾填埋场渗滤液，当反应器中溶解氧浓度（DO）=2.0～4.0 mg/L，pH=7.5，HRT=16 h，进水有机负荷率为 0.6～0.8 kg $COD_{Cr}/(m^3 \cdot d)$，氨氮负荷为 0.2～0.25 kg NH_4^+-N $/(m^3 \cdot d)$ 时，能够实现较高的亚硝化速率，并保持低硝态氮浓度快速硝化的稳定性，实现垃圾渗滤液高效脱氮。

1.3.2.3　缺氧-好氧联合生物技术

传统的硝化-反硝化（如 anoxic oxic，A/O）工艺广泛应用于污水处理过程，该工艺由硝化与反硝化两个部分组成。硝化过程是指在好氧条件下，氨氧化细菌（ammonia-oxidizing bacteria，AOB）将废水中的氨氮转化为亚硝态氮，然后由亚硝酸盐氧化菌（nitrite-oxidizing bacteria，NOB）将生成的亚硝态氮氧化为硝态氮 [式（1-1）～式（1-3）]。反硝化过程发生在厌氧或缺氧条件下，反硝化菌（denitrifying bacteria，DNB）利用废水中的有机物和生成的硝态氮作为底物反应生成 N_2 和少量 NO 及 N_2O [式（1-4）～式（1-6）]，从而达到无害化处理。硝化-反硝化工艺具有操作简单、处理效率高、运行效果稳定等优点。目前以该方法为核心已经形成多种工艺类型，如 A^2/O 工艺、MBR 工艺、SBR 工艺等。但是该工艺在硝化阶段需要补充碱度，在反硝化阶段需要投加有机碳源。在处理污泥消化液和垃圾渗滤液这类低 C/N 比、低碱度的废水时，碱度和有机碳源投加量巨大，运行成本高。

亚硝化反应：
$$2NH_4^+ + 3O_2 \longrightarrow 2NO_2^- + 2H_2O + 4H^+ \tag{1-1}$$

硝化反应：
$$2NO_2^- + O_2 \longrightarrow 2NO_3^- \tag{1-2}$$

硝化总反应：
$$NH_4^+ + 2O_2 \longrightarrow NO_3^- + H_2O + 2H^+ \tag{1-3}$$

反硝化反应：
$$3NO_3^- + CH_3OH \longrightarrow 3NO_2^- + CO_2 + 2H_2O \tag{1-4}$$

$$2NO_2^- + CH_3OH \longrightarrow 2OH^- + N_2 + CO_2 + H_2O \tag{1-5}$$

$$6NO_3^- + 5CH_3OH \longrightarrow 6OH^- + 3N_2 + 5CO_2 + 7H_2O \tag{1-6}$$

孙洪伟等采用缺氧/厌氧 UASB-SBR 组合工艺处理实际垃圾填埋场渗滤液。研究结果表明，在进水 COD_{Cr} 浓度平均 11950.2 mg/L、NH_4^+-N 浓度为 982.7 mg/L 的条件下，COD_{Cr} 和 NH_4^+-N 去除率分别为 96.7% 和 99.7%。两级 A/O，即前置 A/O 和后置 A/O 工艺，是现阶段一种应用广泛的硝化反硝化工艺，由两个 A/O 串联在一起。第一步，渗滤液进入一级 A/O 系统，在前置缺氧池内回流混合液中的硝态氮和原污水中的有机质相互作用，发生反硝化反应，在将硝态氮还原为氮气降解总氮的同时部分有机物被氧化。出水进入前置好氧池后，含氮的有机物被氨化、剩余可被生物降解的有机质被全部氧化、氨氮发生硝化作用，同时前置反硝化产生的 N_2 在此好氧池经曝气吹脱释放。经过一级 A/O 处理后，只有少部分氨氮及部分硝态氮未被降解。第二步，一级 A/O 系统的出水混合液进入二级 A/O 系统，在二级缺氧池中，未被降解的硝态氮通过外加碳源及内源呼吸被反硝化菌降解。在二级好氧池中，过量的碳源及氨氮被氧化。经过多次的碳氧化-硝化-反硝化过程，废水中大量的有机物被转化为无机物，从水中排出，剩余小部分转化为细胞物质，通过污泥处理从系统中排出。

生物法由于操作简便，运行费用较低，且技术成熟，因而具有广泛的应用，但是对于可生化性低、难降解的有机物以及毒性高的废水，生物法处理效果较差。另外，由于垃圾渗滤液水质与一般污水有较大差异，且不稳定，所以单纯的生物处理技术难以满足达标的要求。要使垃圾渗滤液生物处理技术应用前景广阔，许多问题还有待深入研究。生物处理的处理效果严重依赖于渗滤液的可生化性，针对可生化性差的渗滤液或者后期的好氧段，还是需要另外投加碳源，需要进一步改善工艺及参数性能优化。

相比于单级 A/O 工艺，两级硝化反硝化工艺在脱氮效率上有非常明显的提高。由于垃圾渗滤液中组成成分复杂，现今国内对垃圾渗滤液的处理工艺绝大多数均为将物化法与生物法进行结合，这样能够达到很好的互补效果。这在处理渗滤液脱氮方面同样适用，将两级硝化反硝化与超滤进行结合，组合成"两级 A/O+超滤"工艺。与传统工艺相比，两级 A/O+超滤工艺用膜分离技术代替了传统泥水分离技术，膜分离技术的高效性决定了该工艺相对传统生化工艺拥有较大的优势。

1.3.2.4　矿化垃圾生物反应床处理技术

赵由才在对上海老港垃圾填埋场稳定化进程的二十余年研究中，首次提出了"矿化垃圾"这一名词，并创新性地将之运用到垃圾渗滤液的处理上。

矿化垃圾是在长期填埋过程中，历经好氧、兼氧和厌氧等复杂环境而逐渐形成的一种微生物数量庞大、种类繁多、水力渗透性能优良、多相多孔的自然生物体系。由于渗滤液的长期洗沥、浸泡和驯化，矿化垃圾各组分之间不断发生着各种物理、化学和生物作用，其中尤以多阶段降解型生物过程为主，这使其成为具有特殊新陈代谢性能的无机-有机复合生态系统。矿化垃圾作为一种性能优越的生物介质，具有较强的降解垃圾渗滤液（或其他高浓度有机废水）及抵抗高浓度重金属和其他有毒有害物质的能力。

矿化垃圾能够处理废水的原因如下。

① 它不仅具有丰富的生物相，而且对废水中的污染物有与生俱来的亲和性，经驯化启动后，流经填料层的污染物即被矿化垃圾吸附、截留，并在微生物的作用下进行生物降解，使其对有机物的吸附能力得到再生，如此循环下去，达到较好的净化效果。

② 相对于新鲜垃圾而言，矿化垃圾是一类多孔松散、比表面积较大、富含腐殖质的特殊物质，在废水处理中，腐殖质所表现出的物理吸附作用以及其中活性基团的离子交换、

络合或螯合作用，对废水中的悬浮物质和金属离子有显著的净化作用。

③ 相对于一般土壤，矿化垃圾微生物生物量大、呼吸作用强、微生物熵和代谢熵高，而且其上附着有大量的活性酶（如过氧化氢酶、脱氢酶、转化酶、多酚氧化酶、纤维素酶、漆酶、磷酸酶等），这些氧化还原酶或水解酶活性高、适应性强，能迅速酶促降解污染物，加速各种生化过程顺利进行。

李华用 ϕ1000 mm×1000 mm 柱形反应床对矿化垃圾处理渗滤液进行了小试研究，垃圾装填量为 300 kg，粒径<5 mm。采用间歇进水方式对三种渗滤液进行了处理，通过对 COD_{Cr} 和 NH_4^+-N 的去除效果显著，可以发现渗滤液的可生化性与进水水质显著相关，这说明生物降解在污染物去除中起着主导作用。

吴军在上海老港垃圾填埋场现场用两级串联矿化垃圾生物反应床对渗滤液进行了中试处理。反应床呈长条堆状（横截面为梯形，底宽 6.5 m，顶宽 3.5 m，高 3.0 m，长 30 m），采用 10 年填埋龄、未经筛分的矿化垃圾直接堆砌而成。采用间歇进水方式对渗滤液在不同的工况下进行了处理。结果表明，本工艺适用于进水 COD_{Cr}≤13000 mg/L、NH_4^+-N ≤1500 mg/L、BOD/COD 值≥0.20 的渗滤液的处理，在合理控制水力负荷和灌水间隔时间的基础上，二级处理系统冬季运行时也可以保持相对稳定的 COD_{Cr}（≥80%）和 NH_4^+-N （≥70%）去除率。典型工况如下：在配水周期为 24 h、一级配水 77 mm/d、二级配水 60 mm/d 时，当进水 COD_{Cr} 和 NH_4^+-N 的浓度分别为 10700 mg/L 和 1570 mg/L 时，一级出水 COD_{Cr} 和 NH_4^+-N 的浓度分别为 1780 mg/L 和 729 mg/L，二级出水 COD_{Cr} 和 NH_4^+-N 的浓度分别为 525 mg/L 和 281 mg/L，两级 COD_{Cr} 和 NH_4^+-N 的总去除率分别为 95.1%和 82.1%。

老港垃圾填埋场矿化垃圾生物反应床处理垃圾渗滤液示范工程在 400 t/d 的处理规模下，吨投资费用为 1.32 万元，吨处理成本为 0.8 元。8 年来，运行效果良好、水质适应性强，三级出水的 NH_4^+-N、TSS、BOD_5、TP、色度、嗅味、重金属含量等污染指标均低于原来的渗滤液二级排放标准，COD_{Cr} 全年可满足三级纳管排放标准。目前矿化垃圾生物反应床处理垃圾渗滤液技术已经得到大规模的工程应用。

1.3.3　渗滤液处理常用物化工艺

物理法可以去除垃圾渗滤液中的悬浮固体（suspend solid，SS）、色度、氨氮及难生物降解的有机物，保证后续生物处理工艺的正常运行。垃圾渗滤液处理的物化方法主要有混凝法、吸附法、吹脱法、离子交换技术和膜分离技术等。

1.3.3.1　混凝法

化学混凝法分为混合和絮凝两个阶段，主要是将废水中难以沉淀的微小悬浮颗粒与胶体物质脱稳、互相聚合、增大至自然沉淀，去除其中的微小悬浮物和胶体杂质。在混合阶段以异向絮凝为主，Fe 盐和 Al 盐等絮凝剂迅速分散到水中，以利于垃圾渗滤液中胶体、SS、重金属离子及难生物降解有机物的水解、聚合；在絮凝阶段以同向絮凝为主，胶体、SS、重金属离子及难生物降解有机物在压缩双电层、电中和、卷扫及吸附架桥作用下脱稳，产生絮凝沉淀，经固液分离从垃圾渗滤液中分离出来。目前，混凝机理总结起来主要有 4 个方面的作用。

（1）压缩双电层理论

水中胶体颗粒之所以能维持稳定的分散悬浮状态，主要是由于胶粒ζ电位。当混凝剂投加到水中时，大量的正离子会进入胶体的扩散层甚至吸附层，中和带负电荷的黏土胶粒，导致扩散层减薄，此时ζ电位降低或消除，胶体颗粒受到电位影响而脱稳，并相互碰撞发生聚结。当扩散层完全消失时ζ电位为零，胶粒间的静电斥力消失，最易发生聚结。

（2）吸附电中和理论

指选用铁盐或铝盐作为混凝剂处理废水时，高价金属离子以水解聚合离子状态存在，随着水样值的变化而产生不同的水解产物，这些产物由于氢键、范德华力或共价键的作用，对胶体颗粒具有吸附能力，从而将胶体颗粒从废水中去除。这种吸附不受电性的影响，只要有空位便会产生吸附作用。

（3）网捕作用

三价铝盐或铁盐等在水解时生成的沉淀物在沉降过程中，能集卷、网捕水中的胶体微粒，使其黏结并脱稳，从而沉降去除。

（4）吸附架桥理论

指胶体颗粒与高分子物质的吸附桥连作用。高分子混凝剂由于具有线性结构，含有的某些化学基团能与胶体颗粒表面相互吸附，形成大颗粒的絮凝体。例如，三价铝盐、铁盐或其他高分子混凝剂经水解和缩聚反应形成的高分子聚合物可被胶体微粒吸附。由于其线性长度较大，当一端吸附胶粒后，另一端也吸附胶粒，于是在两胶体颗粒间进行吸附架桥，使颗粒逐渐增大，形成粗大的絮凝体。

不同混凝剂对废水处理的效果是不同的。目前常用的无机混凝剂有明矾、氯化铝、硫酸铝、氯化铁、硫酸亚铁、硫酸铁等；常用的无机高分子混凝剂有聚合氯化铝、聚合氯化铝铁等；常用的有机高分子混凝剂有聚丙烯酰胺、阳离子聚丙烯酰胺等。

在混凝过程中，速度梯度、沉降时间、pH值对促进胶体颗粒的沉降起到重要作用。近年来，有报道指出，将混凝与其他技术进行结合处理垃圾渗滤液，可以达到更好的效果。Wu等将混凝剂与芬顿（Fenton）试剂结合，共同处理垃圾渗滤液中的腐殖酸和COD_{Cr}，渗滤液中难降解的有机物被有效降解，对有机物去除率的提高起到了显著的作用。Li等将混凝剂与活性炭吸附剂联合协同预处理垃圾渗滤液，不仅可以有效去除渗滤液中的色度、浊度和COD_{Cr}，还可以去除部分重金属，降低生物毒性。Mariam等运用混凝剂结合纳滤膜处理垃圾渗滤液，经过比较发现，该结合方法与单独使用混凝剂处理时相比，TOC和浊度的去除率分别提高了82%和34%。此外，化学混凝法还和其他多种技术相结合，对处理垃圾渗滤液起到了促进作用。

申丽芬以天津某垃圾填埋场的垃圾渗滤液为研究对象，采用复合混凝剂混凝法、Fenton氧化混凝法、混凝-吸附法对垃圾渗滤液的预处理进行了研究。复合混凝剂混凝预处理垃圾渗滤液，采用聚合氯化铝（PAC）和聚丙烯酰胺（PAM）作混凝剂，考察了PAC的投加量、PAM的投加量、PAM的投加时间对试验的影响，通过单因素试验和正交试验确定了其最佳试验条件：混凝剂（PAC）投加量为1050 mg/L，助凝剂（PAM）投加量为0.8 mg/L，且 PAM 的投加时间为距离 PAC 投加之后 7 min。在最佳试验条件下，垃圾渗滤液 COD_{Cr} 的值由原水的 4876 mg/L 降低到 2402 mg/L，COD_{Cr} 的去除率达到 50.74%，并且混凝后垃圾渗滤液的色度得到了一定的去除。Fenton 氧化混凝法预处理垃圾渗滤液，通过单因素试验和正交试验可以得知：H_2O_2 的投加量、pH 值、$FeSO_4 \cdot 7H_2O$ 的投加量和反应时间是影响 Fenton 氧化的主要因素。Fenton 氧化处理垃圾渗滤液的最佳试验条件为：H_2O_2 的投加量为 8 mg/L，分 3 次投加；初始 pH 值为 3.0；$FeSO_4 \cdot 7H_2O$ 的投加量为 0.8%；反应时间为 2.5 h。通过 Fenton 氧化处理后 COD_{Cr} 的浓度平均值为 1707 mg/L，通过计算得 COD_{Cr} 的去除率为 65%，上清液的色度也由原水的 4000 降低为 2000 倍。在吸附阶段，采用粉末活性炭作吸附剂，试验表明：粉末活性炭能对 COD_{Cr}、NH_4^+-N、TP 有一定的去除率。通过混凝-吸附试验得出：粉末活性炭的最佳投量为 12 g/L，吸附时间为 5 h，在此条件下粉末活性炭对 COD_{Cr} 和 TP 的去除率分别为 69.2% 和 38.4%，对 NH_4^+-N 的去除作用不明显。通过 Fenton 氧化-吸附试验得出：活性炭的最佳投量为 4 g/L，最佳吸附时间为 3 h，但是，当 pH 值为 4.0 时 COD_{Cr} 和 TP 的吸附效果最好，此时，COD_{Cr} 和 TP 的去除率分别为 73.8% 和 45.1%；当 pH 为 8.0 时能使 NH_4^+-N 的去除率达到最高，最高去除率为 32.5%。

化学混凝法可以有效脱除废水中的悬浮物质和胶体物质，对降低废水中的污染物起着重要作用，同时可以去除水中的细菌和病毒。通过混凝净化，一般能将废水中的微生物与病毒一并转入污泥中，使得后续处理废水的消毒和杀菌更加容易。但利用混凝法处理垃圾渗滤液的缺点是：

① 大多数有机高分子混凝剂本身或其水解、降解产物有毒，且合成价格较高，运行成本高，因此其开发和利用受到一定的限制；

② 低分子混凝剂处理废水时，出现成本高、设备腐蚀性大、某些时候净水效果不够理想等问题，反应后产生的剩余污泥含量大，需进一步处理，为后续处理带来难度。

有针对性地开发廉价、实用、无毒或低毒高效混凝剂是今后混凝剂的发展方向，特别是开发无毒、高效、易降解、无二次污染的天然或天然改性高分子混凝剂及生物混凝剂。

1.3.3.2　吸附法

（1）活性炭吸附

活性炭发达的孔隙结构和表面积使其拥有十分优秀的吸附能力，常用的活性炭有粉末活性炭（powdered activated carbon，PAC）和颗粒活性炭（granular activated carbon，GAC）。活性炭在针对垃圾渗滤液的色度和重金属离子的去除上具有较好的效能，对浊度和有机污染物也具有好的去除效能，在渗滤液处理方面具有较好的应用前景。活性炭的高吸附性归功于其具有发达的孔隙结构和巨大的比表面积，按孔隙的直径可以将活性炭分为大孔、中孔和微孔三类。直径大于 50 nm 的是大孔，常作为催化剂载体；直径为 2～50 nm 的为中孔，在液相吸附中起着至关重要的作用。一般来说，大孔和中孔的表面积不超过活性炭总表面积的 5%，剩下的大部分面积都由微孔构成。微孔直径小于 2 nm，是活性炭吸附作用的主要部分，也是活性炭区别于其他吸附剂的首要特征。

活性炭对液相中溶质的吸附主要分为物理吸附、化学吸附和交换吸附三类。其中物理吸附又称作范德华吸附，是由吸附剂和吸附质分子间的范德华力引起的，结合能力相对较弱，吸附热相对较小，属于可逆吸附。化学吸附是吸附质和吸附剂发生分子或电子的转移、共用或交换的过程，吸附质与吸附剂之间形成化学键，吸附质分子无法在活性炭表面自由移动。化学吸附具有选择性，且大多数属于不可逆吸附。一种吸附剂只能吸附某种或特定的几种物质，一般属于单分子层吸附。交换吸附是指吸附质的离子在静电力作用下聚集在吸附剂表面的带电点上，置换出固定在这些带电点上的其他初始离子的过程。

武丹玲以污泥和玉米秸秆为原料制备活性炭，并将活性炭应用于对垃圾渗滤液的吸附实验研究中，当活性炭的投加量为 36 g/L、吸附时间为 4 h、溶液 pH 值为 10.0、吸附温度为 40 ℃时，制备的 $A_4B_1C_1$ 污泥秸秆基活性炭对垃圾渗滤液中高浓度的 COD_{Cr}、NH_4^+-N 和 DOC 去除率分别达到 72.06%、72.81% 和 82.91%，优于市售活性炭的吸附净化效率，其中 Langmuir 和 Freundlich 等温方程式拟合结果表明，活性炭对渗滤液中 COD_{Cr} 的吸附为多层吸附反应，通过 GC-MS 分析得知，渗滤液在吸附前后，其有机物种类发生了较大的变化。$A_4B_1C_1$ 活性炭对渗滤液中有机物去除率达到 50% 以上的物质有 23 种，说明污泥秸秆基活性炭对于渗滤液中大多数有机物有较好的吸附效果，适于渗滤液的前期处理。

活性炭对多种废水中的长链烃、卤代物和多环芳烃等难降解有机物具有良好的吸附效果，但活性炭价格昂贵，运行费用高，吸附饱和后需要替换新炭或进行再生，因此在实际应用中具有较大的局限性。

（2）生物活性炭吸附

随着活性炭吸附技术的发展，人们发现生物炭表面极易被微生物附着并生长繁殖，生物炭技术是在这个基础上产生的。生物炭利用活性炭发达的孔隙结构和巨大的表面积为载体，对水中的有机物和溶解氧进行强效吸附，为微生物富集营养物质，使其在活性炭表面形成一层生物膜。生物活性炭充分发挥了活性炭与微生物的协同作用，利用微生物的降解作用为活性炭恢复吸附容量，延长使用寿命并强化吸附处理效果。相比普通活性炭吸附，生物活性炭对 COD_{Cr} 的去除能力较好，能高效去除废水中的溶解性有机物、氨、铁、锰等。

生物活性炭去除污染物机制有以下几种可能。

① 活性炭吸附和微生物降解的简单叠加。在生物炭研究初期，研究者认为生物炭对废水中的污染物是由表面附着的生物膜的新陈代谢作用造成的，但随着研究的进展，活性炭吸附这类物质时存在被微生物再生的可能性，因此认为生物炭的作用机制为活性炭吸附与微生物降解的简单叠加。

② 活性炭吸附与微生物降解二者的协同作用。其中包括浓度梯度假说、胞外酶假说以及浓度差-胞外酶同时作用假说。浓度梯度假说即通过微生物的降解作用，使溶液和活性炭表面的污染物浓度低于活性炭内部，形成浓度梯度，从而使污染物扩散至生物膜表面，被微生物降解。从活性炭的物理吸附特性和生物降解作用分析，活性炭表面生长的微生物群不仅可以降解水中的有机物，也可以降解活性炭内吸附的有机物。由于炭表面微生物膜内的有机污染物浓度最低，水中的有机物借助液相中的浓度差推动力和活性炭对有机物的吸附势能，使有机物扩散至活性炭表面被生物膜降解；同时，活性炭内已吸附的有机物由于

活性炭内外的浓度差，也向活性炭表面的微生物膜扩散。在水和活性炭两个方面的有机物扩散供给下，活性炭表面的微生物膜生物活性高，对有机物的降解能力较好。胞外酶假说即微生物分泌的胞外酶的体积比微生物小得多（直径约为 1 nm），可扩散至活性炭的微孔内。胞外酶与有机物反应可形成复合体并发生解吸，使活性炭的吸附能力得到恢复。

③ 先叠加后协同作用。英国 Belfast 皇后大学与新西兰 Canterbury 大学联合研究结果表明，生物炭工艺在运行过程中有两个阶段：在运行初期，水体中的有机物阻塞了活性炭的大孔及缝隙，生物炭处理效果较为低下；后期生物炭工艺的高效是由活性炭吸附、微生物降解及生物吸附三方面组成。

金云杰针对生物活性炭与 SBR 处理垃圾渗滤液进行了对比实验研究，单独的 SBR 工艺每周期对 COD_{Cr} 的去除率为 10%～15%，BAC 工艺对垃圾渗滤液中 COD_{Cr} 的去除率为 35%～45%，去除效果明显好于单独的 SBR 工艺，说明生物活性炭工艺在去除有机废水方面优于单独的 SBR 工艺。稳定运行后生物活性炭工艺每周期对垃圾渗滤液中 COD_{Cr} 的去除率可以达到 45%，相同质量的颗粒活性炭（GAC）吸附实验每周期对垃圾渗滤液的去除率为 32%，BAC 生物活性炭工艺比单独的活性炭吸附工艺对垃圾渗滤液的处理效果好，且出水水质稳定。GAC（300 g）的 BAC 工艺在运行一段时间之后，每周期对垃圾渗滤液中 COD_{Cr} 的去除效果为 45%，与单独的 SBR 法和 GAC 吸附法之和即 42%（10%+32%）相近，但趋势线揭示生物活性炭工艺优于 SBR 和 GAC，显示生物活性炭工艺处理垃圾渗滤液的优越性。

郭焱通过比较不同反应器长期运行的 COD_{Cr} 去除率，检验进水 COD_{Cr} 浓度、活性炭投加量和种类对生物活性反应器处理垃圾渗滤液效果的影响，得到 SBR 的平均 COD_{Cr} 去除率为 12.2%，活性炭投加量分别为 30 g 活性炭 a、100 g 活性炭 a、300 g 活性炭 a 和 100 g 活性炭 b 的四个生物活性炭反应器的 COD_{Cr} 去除率分别为 13.3%、16.3%、22.7%和 15.5%。对生物活性炭去除垃圾渗滤液中有机物机制进行分析认为，废水进入反应器后，易降解有机物被微生物降解，还有一部分有机物被活性炭吸附，剩下的随出水流出。活性炭的吸附作用与吸附容量和有机物浓度有关。积累在活性炭上的一部分有机物可在微生物作用下降解，发生生物再生。积累作用使微生物可降解一部分 SBR 不能降解的有机物，从而提升有机物去除总量，生物再生是生物活性炭反应器能够部分去除难降解有机物和长期稳定运行的本质原因。

1.3.3.3　吹脱法

吹脱法已被证明是对氨去除和回收十分有效的方法，其作用机理为：空气被鼓入液体中将自由氨带入气相中，然后被吸收剂截获。已有实验证明最迅速的去除反应发生在高温、高气流速和高 pH 值的条件下。这些参数的重要性可以用 pH 平衡和相转变理论解释：pH 通过改变自由氨、挥发态氨和非挥发态的铵盐之间的平衡，在化学基础上优化了氨去除反应。温度也能改变平衡关系，温度上升会使自由氨的密度增大，同时，通过物理作用使自由氨的饱和蒸气压增大，从而增大氨挥发进入气相的驱动力。气流对自由/离子氨的平衡没有化学作用，但却能通过吹脱系统改变液相、气相间的接触面积，气流的增加会使得反应速率增大。

实际上是一个废水对所吹脱物质的吸收与解吸的动态平衡过程，当吸收速率等于解吸速率时，水中的气体浓度不再变化，气液平衡是吸收或解吸所达到的平衡。根据亨利定理，对于稀溶液，当气液达平衡时气体组分在液体中的浓度与其液面上的分压成正比：

$$c = \frac{P_{分}}{E} \tag{1-7}$$

式中　c——气体在液体中的溶解度；

　　　$P_{分}$——气体在液面上的分压；

　　　E——亨利系数。

根据道尔顿分压定理，气体混合物中任一气体的分压都等于分子分数和混合气体总压力的乘积，即：

$$P = ZP_{总} \tag{1-8}$$

式中　Z——某气体在混合气体中的分子比例；

　　　$P_{总}$——混合气体总压力。

结合式（1-7）和式（1-8）得：

$$Z = \frac{P_{分}}{P_{总}} = \frac{Ec}{P_{总}} = Kc \left(K = \frac{E}{P_{总}} \right) \tag{1-9}$$

当液面上的操作压力维持不变时，$P_{总}$为定值，对于一定的溶解气体，E 是常数，故 K 为常数。

对于渗滤液而言，在一定的 pH 值下，NH_3 在废水中的溶解度主要取决于温度和 NH_3 在液面上的分压。另外，NH_3 溶解在水中呈下列反应：

$$NH_3 + H_2O \xrightleftharpoons{\quad} NH_4^+ + OH^- \tag{1-10}$$

NH_3 在上述含氮组分中的质量分数为：

$$w_{NH_3} = \frac{[NH_3]}{[NH_3] + [NH_4^+]} \tag{1-11}$$

反应的平衡常数为 K_b：

$$K_b = \frac{[NH_3][NH_4^+][OH^-]}{[NH_3]} \tag{1-12}$$

以水的溶度积关系 $K_w = [H^+][OH^-]$ 代入，得到：

$$w_{NH_3} = \frac{1}{1 + \dfrac{K_b[H^+]}{K_w}} \tag{1-13}$$

K_b 及 K_w 均为温度的函数，但 K_b 受温度的影响较大，总的来分析，NH_3 的质量分数主要受[H^+]的影响，即受水的 pH 值的影响。

氨吹脱主要利用氨氮的气相浓度和液相浓度之间的气液平衡关系进行分离。以浓度为 x 的氨水为例，当温度一定时，其平衡分压为 P'（或平衡气相 NH_3 浓度为 Y'），设氨-空气混合气体中 NH_3 的分压为 P（或氨在气相中的浓度为 Y），则：

$P > P'$（或 $Y > Y'$）时，气相中的 NH_3 溶入液相，常称此过程为氨的吸收过程；

$P < P'$（或 $Y < Y'$）时，溶液中的氨从溶液中释出进入气相，此过程为氨的解吸过程；

$P=P'$（或 $Y=Y'$）时，气、液两相的氨处于平衡状态。

空气与含 NH_3 的废水相接触，使溶解于废水中的 NH_3 从废水中传递到空气的解吸过程又称为吹脱过程，利用吹脱原理来处理废水的方法被称为吹脱法。在吹脱过程中由于不断地排除气体，改变了气相中的氨气浓度，从而使其实际浓度始终小于该条件下的平衡浓度，也使废水中溶解的氨不断地转入气相，废水中的 NH_3 得以脱除。

曾晓岚等借助响应曲面法，利用吹脱技术对生活垃圾渗滤液的去除影响因素进行了研究，主要考察吹脱时长、气液比例、初始 pH 值以及温度对其的影响。以渗滤液中的氨氮作为目标污染物，分别采用单因素法和响应曲面法对重要因素进行筛选，并对模型进行了试验验证，结果表明：响应曲面法中的预测值同试验值具有较好的拟合性，在最佳的工艺条件下（吹脱时长为 6.5 h，pH 值为 11.5，气液比例为 3000），垃圾渗滤液中氨氮的去除可高达 90% 以上。

吴方同等利用化工、冶金行业较为常见的规整填料塔对城市垃圾渗滤液中的氨氮进行去除，其中渗滤液中氨氮含量为 1500～2500 mg/L，在初始 pH 值为 10.5～11.0、气液比例为 2900～3600、温度为 25 ℃时，氨氮吹脱效能可达 95% 以上。

1.3.3.4　离子交换技术

离子交换树脂是一类带有活性基团的网状结构高分子化合物，其分子构成主要包括大分子骨架、固定离子和可交换离子组成的活性基团。离子交换树脂的功能主要包括交换、选择、吸附和催化等。

Bashir 等将树脂用于渗滤液污染物离子交换研究，结果表明：阳离子交换树脂对渗滤液中氨氮的去除率高达 92.0%，阴离子交换树脂不仅可以显著降低渗滤液的色度（96.8%），还能去除约 87.9% 的 COD_{Cr}。张志鹏采用静态、动态两种方式，对阴阳离子交换树脂处理垃圾渗滤液效果进行试验，结果发现：阳离子交换树脂主要去除带正电荷的阳性污染物，例如氨氮、盐离子等，而阴离子交换树脂则主要降低渗滤液的色度、COD_{Cr} 和 TP 浓度，且动态交换效果明显优于静态交换，进水负荷、交换顺序、交换级数以及树脂投加比例等参数是影响离子交换技术的重要因素，当进水负荷为 4 mL/min、阴/阳树脂投加比为 1.4：1.0、渗滤液依次自下而上通过阴阳树脂柱进行一级交换时，出水色度、COD_{Cr}、NH_4^+-N、TN、TP 和全盐量的去除率分别可达 100.0%、92.7%、99.5%、96.6%、59.8%、98.3%，且一级出水进行二级交换后出水水质可达到渗滤液污染排放标准。

离子交换纤维的研究开始于 20 世纪 50 年代，交换纤维作为一种新型的交换材料，同离子交换树脂相比，具有统一性，也有其优越性。与离子交换树脂一样，它们都含有固定离子及与固定离子对应的符号相反的活动离子，活动离子能与溶液中符号相同的离子进行交换。纤维特性主要分为物理特性和化学特性两类。物理特性主要有外形、粒径、机械强度等；化学特性主要有交换容量、交换选择性、化学稳定性、可再生性等。离子交换纤维的交换容量是交换纤维的一大特性，其主要决定于交换纤维自身所带交换基团的多少。大部分离子交换纤维的总交换容量可以达到 2～5 mmol/g，有些高交换容量的纤维甚至可以达到 10 mmol/g。而又根据交换纤维自身所带的离子交换基团性质的不同，不同纤维对同种离子的选择交换能力也不尽相同。一般来说离子交换纤维都有足够的化学稳定性，经历几十次的交换吸附和酸碱再生后仍能保持基本性能。

与离子交换树脂相比，离子交换纤维的优势为：

① 比表面积大，吸附容量高，吸附和脱附的速率快，再生容易；

② 应用形式多样，例如有短纤维、网状物、织物、无纺布等；

③ 可以深度净化气体，例如对 SO_2、HF、Cl_2、HCl 等有害气体的吸附；

④ 可以吸附、分离有机大分子物质；

⑤ 具有抑菌除臭作用，某些功能型纤维还拥有氧化还原的能力。

离子交换纤维分为强酸性 H 型阳离子交换纤维和强碱性 Cl 型阴离子交换纤维两种。强酸性 H 型阳离子交换纤维带有强酸性基团，能在水中电离出 H^+ 而呈酸性，其交换原理与强酸性阳离子交换树脂中的离子交换原理在本质上是相同的，因此强酸性 H 型阳离子交换纤维的交换反应式如下：

$$NH_3 + H_3O^+ \rightleftharpoons NH_4^+ + H_2O \tag{1-14}$$

$$R—SO_3H + NH_3 \longrightarrow R—SO_3NH_4 \tag{1-15}$$

$$R—SO_3H + NH_4^+ \longrightarrow R—SO_3NH_4 + H^+ \tag{1-16}$$

（R 代表离子交换纤维的骨架部分）

式（1-15）与式（1-16）为强酸性离子交换反应，纤维的负电基团能与溶液中的阳离子吸附结合，即纤维中的活动离子 H^+ 易与垃圾渗滤液中的 NH_4^+ 进行交换，从而产生阳离子交换作用，达到去除渗滤液中氨氮的效果。

强碱性 Cl 型阴离子交换纤维带有强碱性基团，能在水中电离出 OH^- 而呈碱性，其交换原理与强碱性阴离子交换树脂中的离子交换原理在本质上是相同的。因此强碱性 Cl 型阴离子交换纤维的交换反应式如下：

$$R—N^+(CH_3)_3OH^- + HCl \longrightarrow R—N^+(CH_3)_3Cl^- + H_2O \tag{1-17}$$

$$R—N^+(CH_3)_3Cl^- + A^- \longrightarrow R—N^+(CH_3)_3A^- + Cl^- \tag{1-18}$$

式（1-17）为离子交换纤维的预处理反应，用 5%～10%盐酸浸泡纤维 3h 或反复淋洗纤维 10 min，即可将纤维转变为强碱性 Cl 型阴离子交换纤维；式（1-18）为强碱性离子交换反应，纤维的正电基团能与垃圾渗滤液中带负电的有机物吸附结合，从而产生阴离子交换作用，同时，纤维骨架上的憎水部分还可以通过范德华力吸附垃圾渗滤液中的有机碱，从而达到去除 COD_{Cr} 的效果。

陈明月以南宁市某县生活垃圾填埋场提供的经磁混凝预处理后的垃圾渗滤液作为研究对象，利用离子交换纤维法对垃圾渗滤液进行深度处理研究，结果表明："强碱性 Cl 型阴离子-强酸性 H 型阳离子"纤维组合工艺对渗滤液的深度处理有较好效果，该工艺在静态研究中的最优条件为阴离子纤维用量 7.5 g/L、阳离子纤维用量 12.5 g/L、反应时间 30 min、反应温度 30 ℃、初始 pH 9.0、振荡强度 150 r/min，氨氮和 COD_{Cr} 的去除率分别达到了 92.8% 和 78.1%，剩余浓度分别为 13.9 mg/L 和 51.5 mg/L。研究结果表明离子交换纤维法对渗滤液的深度处理有较好的效果，此时渗滤液中的氨氮和 COD_{Cr} 均能够达到国家规定的排放标准。

1.3.3.5 膜分离技术

目前我国针对渗滤液的处理均采用以厌氧和好氧结合的生化处理为基础，但由于渗滤液水质的复杂性、水量的波动性以及有机物的难生化降解性，基本的生化反应远远不能满足渗滤液的达标排放。国内大多数的垃圾填埋场采用"预/物化处理模块+生化处理模块+深度处理模块"的技术路线，其中膜分离技术被推荐作为深度处理。原理为通过机械截留、筛分和静电作用分离渗滤液中高浓度有机物，与其他处理工艺相比，具有较多优势：

① 工艺简单、节省用地；

② 运行平稳、高效分离；

③ 投资和运行成本低。

目前，国内市场上应用最多的为一种分体式的膜生物化学反应器——纳滤/反渗透处理装置，已经在上海老港、深圳老虎坑等几十家渗滤液处理厂建成并投入使用。典型处理流程主要包括前期调节池、膜生物反应器、膜深度处理工艺等。前期调节池、配水池主要目的是去除渗滤液中的不溶有机物、不溶无机物以及提高其可生化性能。膜生物反应器处理对象主要是渗滤液中容易生化降解的有机物以及氮磷等。膜深度处理工艺针对其中悬浮物、胶体以及大分子难降解有机物进行靶向拦截、阻挡。具体膜分离技术将会在后续章节详细介绍。

1.3.4 渗滤液处理存在的问题

目前，由于我国的城市生活垃圾未分类收集，垃圾渗滤液成分复杂、浓度高，渗滤液处理存在的问题主要表现如下。

（1）常规渗滤液处理工艺运行效果不佳

主要原因如下。

① 抗冲击负荷能力差。生物法处理污水一般要求相对稳定的污水水量及水质，而在垃圾处理设施中，在雨季丰水期，调节池的容量相对不足，势必造成对生物处理系统负荷的冲击，影响处理效果；在枯水期，渗滤液量极少，而氨氮等污染物浓度高，抑制了微生物生长。

② 处理工艺重启较为困难。冬季后渗滤液量很少，单元反应器再启动相对困难。

③ 工艺适应性差。随填埋时间的延长，营养元素严重失调，渗滤液碳氮比下降，可生化性降低。

④ 脱盐率偏低。我国垃圾中由于含有大量餐厨垃圾，使得渗滤液中含盐量偏大，但生物法脱盐相当困难。

⑤ 生物法脱色相当困难。渗滤液中含有大量难降解发色物质，生物法对于后期尾水的脱色效果基本为零。

（2）水质指标处理难达标

主要原因如下。我国垃圾渗滤液存在 COD_{Cr}、BOD_5、NH_4^+-N、悬浮物含量高，成分复杂，可生化性差，水质和水量波动性大等特点，常规的工艺处理很难达标，而膜技术深度处理的投资大、运行成本高，无法长期稳定运行，造成投资效率低、浪费严重等问题。高浓度的氨氮的问题尤其突出。高浓度的氨氮是渗滤液的水质特征之一，根据填埋场的填埋方式和垃圾成分的不同，渗滤液氨氮浓度一般从几十至几千毫克每升不等。随着填埋时间的延长，垃圾中的有机氮转化为无机氮，渗滤液的氨氮浓度有升高的趋势。与城市污水相比，垃圾渗滤液的氨氮浓度高出数十甚至数百倍。一方面，由于高浓度的氨氮对生物处理系统有一定的抑制作用；另一方面，由于高浓度的氨氮造成渗滤液中的 C/N 比失调，生物脱氮难以进行，导致最终出水难以达标排放。因此，在高氨氮浓度的渗滤液处理工艺流程中，一般采用先氨氮吹脱，再进行生物处理的工艺流程。目前，氨吹脱的主要形式有曝气池、吹脱塔和精馏塔。国内用得最多的是前两种形式，曝气池吹脱法由于气液接触面积小，吹脱效率低，不适用于高氨氮渗滤液的处理，吹脱塔的吹脱法虽然具有较高的去除效率，但具有投资运行成本高、脱氨尾气难以治理的缺点。以深圳下坪为例，氨吹脱部分的建设投资占总投资的 30% 左右，运行成本占总处理成本的 70% 以上。这主要是由于在运行过程中，吹脱前必须将渗滤液 pH 值调至 11.0 左右，吹脱后为了满足生化的需要，需将 pH 值重新调至中性，因此在运行过程中需加大量的酸碱用以调整 pH 值，为了提供一定的气液接触面积，还需要风机提供足够的风量以满足一定的气液比，造成渗滤液处理成本偏高。另外，空气吹脱法对于年平均气温较低的地区，存在低温条件下吹脱无法正常运行和冬季吹脱塔结冰的问题，在我国北方地区，其应用受到一定的限制。

2008 年渗滤液排放新标准的实施，为渗滤液达标处理技术的选择带来许多难题。到目前为止，国内排放的渗滤液处理场均采取了"二级 A/O+MBR+RO/NF"，基本满足 GB 16889—2008 标准。2009 年的《生活垃圾填埋场渗滤液污染防治技术政策》也鼓励和引导渗滤液处理采取"二级 A/O+MBR+RO/NF"联合工艺。但是，渗滤液污染特性具有由地域、季节、垃圾组分和填埋时间等环境因素导致的差异，一刀切的处理技术往往带来更大的隐患。

（3）膜处理是目前实际运行过程中运用相对较多的技术，但也存在以下一些较大问题

膜浓缩液难处理，渗滤液通过纳滤膜和反渗透膜产生了浓度更高、处理更难的膜浓缩液。到目前为止，膜浓缩液仍未找到较好的处理方法。一部分填埋场采用浓缩液直接回灌至填埋堆，这直接导致了产生的渗滤液盐度更高、生化性更差；另一些填埋场采用强氧化法处理浓缩液，效果并不理想。现在，浓缩液的多级高效蒸发（MVC）处理引起了许多关注，但由于渗滤液中 Ca、Mg 等无机盐含量极高，且含有腐蚀性的有机物，易导致设备结垢和腐蚀，到现在为止，此类问题仍未解决。出水清液量低，通过反渗透膜的出水清液率理论上应大于 70%，但在现场运行过程中，由于膜的堵塞和更换成本的限制，导致出水清液率往往 < 70%。膜分离技术处理渗滤液实际上并没有从根本上解决渗滤液污染，只是通过物理分离手段，使得污染物浓度浓缩和二次转移。

第2章
高浓度渗滤液好氧梯度压力处理技术

2.1 深井曝气高效生物技术概述

2.1.1 深井曝气高效技术发展历程

在生化法的好氧处理中，空气供给一直是能耗的主要部分，而空气用量在有机物浓度不变的情况下，很大程度上取决于氧的转移效率。传统曝气氧转移效率一般在 10%～25%。因此，提高氧的利用率，降低能耗，长期以来一直是水处理工作者的奋斗目标。在整个污水处理实践过程中，从穿孔管布气，发展到倒盆式、射流曝气、双螺旋式等，其目的就是使气泡与液体的接触面积更大，增加氧的利用率。也有的通过加大曝气池的深度，增加氧的分压而提高氧的转移效率。这些发展过程，总目标都是增加氧的利用率。

深井曝气技术的开发与发展，正是适应废水处理的需要，从 ICI（英国帝国化学公司）生产单细胞蛋白（single-cell protein，SCP）充氧技术中移用而来的。1975 年 4 月 ICI 首次发表了深井曝气工艺的使用成果。它的运行满意度达到了英国环境保护方面的严格出水要求，且显示出运行稳定、占地少等优点。随后，联邦德国建造了生产规模的淀粉废水处理设施，该技术在日本、加拿大等国得到了广泛的应用，并取得了较好的处理效果。其中，荷兰 Multireactor B.V.公司将深井分为多室并用泵作为循环动力来源，这种新式深井当时在荷兰进行了大量试验，并取得了较好的效果。第二代深井的构造是在 CLL（加拿大林业有限公司）所属 ECO 技术部开发的 VERTEAT™。其主要不同是消除了头部水箱至下降管布气点间的缺氧段以及改变了上升管和下降管的进气比例，保证水流在稳定状态下工作，杜绝了水流倒流的可能性，消除了进水的短路现象。VERTEAT™ 工艺在进水上相比普通深井曝气有如下几点优势：a.生化池改成了中部进水、底部出水，更好地利用了溶解氧，避免短流的发生；b.生化池底部溶解氧浓度大，底部出水中溶解氧随水流上升时压力减小而释放，产生小气泡，使混合液通过气浮固液分离；c.生化反应产生及污水中溶解的废气通过深井曝气池顶部排气装置及时排出，减小循环阻力；d.深井曝气池内设置同轴回流管，使曝气池内混合液保持循环状态；e.将曝气池分为深度氧化区、混合区和氧化区三部分，更加合理地利用了溶解氧；f.深度氧化区溶解氧浓度最高，且水力停留时间较长，可以更彻底地降解有机物，提高出水水质。

深井曝气废水处理技术由于其在废水处理过程中显示极佳的效能，引起世界各国的普遍重视。世界各地相继建成了中型、大型的废水和污水处理装置用于处理各种工业废水和城市生活污水，均取得了较佳的经济技术效果。20 世纪 70 年代各国就对该方法进行了试验研究。世界各国建设的一批污水处理生产性试验装置实例，如在英国的蒂林汉姆、德国的李尔、加拿大的帕里斯和日本的原田以及美国的纽约伊萨卡等地相继建立了不同深井尺寸、污水停留时间和处理水量的试验工程实例，多次的试验研究为后续建立的大型深井曝气污水处理厂提供了理论基础和实践经验。由于该法的优点较多且应用范围较广，世界各地相继建成了规模不同的污/废水处理装置，用于处理各种工业废水、城市生活污水和其他有机废水，并取得了很好的经济技术效果。

我国的深井曝气法处理技术起步较晚，在 1980 年才开始研究该技术，但是发展较为迅速。沈阳东北制药厂于 1983 年首先建成深井曝气工艺并试验运行成功，起到了良好的示范作用。采用深井曝气工艺的污/废水处理工程在我国落地开花。在 1984 年，我国首座气提循环式深井曝气废水处理工程由上海环境科学院设计建成，并用于处理食品工业废水，且取得了一定的成果。1986 年我国首座气体循环的深井曝气试点工程在上海建成，并被授权了国家专利，后来深井曝气工艺在全国各地进行了试验，在处理印染、啤酒、制药、建材、皂化等工业废水中都表现出了良好的运行效果，尤其对高浓度有机废水呈现出较好的处理效果。1989 年，成都市真正把深井曝气工艺投入到了实际工程中，用于全兴酒厂的啤酒废水处理，并取得了良好的效果。此技术具有占地少、能耗低、处理效果好、投资省、耐冲击负荷性能好、受气温影响小、无污泥膨胀问题、运行稳定、操作管理方便等优点。国内关于深井曝气技术的研究发展主要集中在 20 世纪 80 年代中期至 90 年代早期，在这段时间内我国建成的深井曝气污水处理厂多达数十座。可是在深井的施工、运行、管理过程中出现了一系列诸如钻井、井筒渗漏、氧转移效率不高等问题。正是由于这些关键的核心问题没有得到妥善研究处理，其在国内的推广普及受到了严重阻碍，因此从 90 年代中期开始很少采用深井曝气工艺。直到 2002 年深圳中兴环境工程技术有限公司与 NORAM 公司签订了双威工艺（VT 与 VD）的代理合同才在国内重新推广该项技术。现如今也在处理食品污水和化工制药废水的工艺中有一定的应用。深井曝气活性污泥法在实际中应用成功的实例也有许多，尤其在小城镇处理生活污水、处理制药类含有大量化学物质的废水和印染类废水中取得了极大的成功。具体实例如陕西省兴平市城市污水处理厂在国内首次引进了加拿大 VERTEAT™（简称 VT）深井曝气工艺、温州啤酒厂引进的废水处理工程等。

2.1.2　深井曝气技术原理

深井曝气是以一种利用地下深竖井构筑物为曝气装置的高效活性污泥工艺，深井的直径一般为 0.5～6.0 m，深度在 50～150 m 之间。深井反应器的纵向空间被分隔成上升管、下降管两个部分，当污水及污泥进入深井以后，随同原污水和回流污泥的混合液一起在下降管和上升管内循环反复地转动，并且在此连续运转过程中得到稳定净化处理。

深井曝气的构筑物根据结构分为同心圆型、U 形管型、隔板型 3 种。其 3 种结构示意如图 2-1 所示。3 种构筑物结构组成相同，均分为顶槽、下降管、上升管三部分。其主要

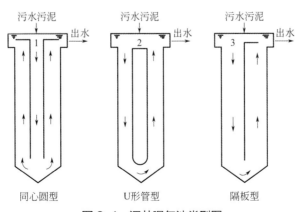

图 2-1　深井曝气池类型图

区别在于所适用的规模不同，同心圆型适用小规模，而隔板型则适合大规模。深井中水流自上升管中向上流动，在下降管中向下流动，其循环动力来源主要有水泵循环和气体循环两种，其中气体循环因较水泵循环更节省能耗而被普遍采用。

不同于其他曝气方式，深井曝气的氧转移效率要高得多，归因于如下几个方面：

① 深井反应器内的液体流态为紊流，而普通曝气池则是螺旋形进流。紊流通常十分激烈，会促使 K_{La} 值增大；

② 气泡和液体的接触时间更持久；

③ 因处在平衡状态的气泡 C_s 值（氧饱和溶解浓度）会随着水深变深而逐渐增大，所以当深井中的气泡位于高静水压力时，其 C_s 值就会成倍地增加，同时 C_{s-c}（氧向水中转移推动力）值也会大幅度提高。除此之外，深井曝气方式的充氧动力效率会很高。通过上述分析可知深井曝气法与其他方法相比能够拥有更高的充氧性能，具体各项参数比较如表 2-1 所列。

表 2-1　各种曝气法充氧性能

方法		氧传递量 /[kg O$_2$/(m^3·h)]	氧利用率 /%	动力效率 /[kg O$_2$/(kW·h)]
常规曝气法		0.05～0.1	5～15	0.5～1.0
纯氧曝气法		0.25	90	1.0～1.5
深井曝气法（130 m）	直径 3～10 m	0.25	60	2.0～6.0
	直径 2 m	2	80	6.0
	直径 1 m	3	90	3.5

深井曝气工艺在应用过程中不断得到完善，工艺相较于传统活性污泥法，优势不断显现。

① 启动时间短，常规好氧生化处理工艺调试时间一般为 1～2 个月，深井曝气工艺只需 3～7 d。

② 深井曝气工艺充氧能力强，可以达到常规活性污泥工艺的 10 倍，动力效率高，更能适应高负荷工作条件，其能耗较传统工艺大大减小，节省能耗可达 20%～40%。

③ 深井曝气池深度增加，水中溶解氧浓度升高，高溶解氧状态和有机物浓度梯度能够很好地抑制丝状菌的生长繁殖，有效减少污泥膨胀的发生概率，深井曝气法污泥产量比普通活性污泥法减少 20%。

④ 受气温变化影响小，由于深井垂直置于地下，池中的水温受气候影响很小，在全年时间里能维持稳定的处理效率。

⑤ 深井曝气属于完全混合型流态，生化池进水与池内循环混合液混合，在污水入口处与几十倍的回流水瞬时混合稀释并以较高的流速流动，同时高压条件下氧在水中的溶解度和穿透能力都大幅增加，大大增强了微生物的活性，强化了对污水中 COD_{Cr} 的降解能力，可以有效应对水力和有机冲击负荷。

⑥ 深井曝气工艺可以维持较高的污泥浓度，高溶解氧状态下可以承受较高的污泥负荷。因此在相同污水进水量和污染物浓度条件下，设计深井曝气池所需的有效容积较污泥浓度为 3000～4000 mg（MLSS）/L 的传统工艺减少 75%～85%。另外，由于深井曝气池向地

下需要空间，其深度是一般生物反应池的 10 倍以上，故其占地面积较传统工艺可减少 90%以上。

⑦ 深井曝气工艺构筑物构造简单，空气管不易发生堵塞，便于维修和管理。

⑧ 混合液溶解氧浓度较高，池内曝气均匀，不易产生厌氧区，故很少出现恶臭气味。

⑨ 由于深井处于地下，池内混合液受外界环境变化影响小，一年四季均可稳定运行。

2.2 梯度压力装置设计与运行

2.2.1 概述

梯度压力高效好氧处理技术是借鉴深井处理的基本原理提出的，其装置剖面如图 2-2 所示。装置包括同心圆梯度压力曝气井、脱气池和沉淀池。污水经污水泵提升至梯度压力曝气设备对污水进行好氧生物处理，由于装置深度大、静水压力高、溶解氧浓度大、氧化能力强，可快速、高效、低耗地将污水中的有机物降解为 CO_2 和 H_2O，深井流出液进入脱气池，脱除黏附在污泥上的微气泡后入二沉池进行固液分离，沉淀污泥用污泥泵回流入深井，多余污泥排入污泥浓缩池，浓缩脱水后外运；经处理后，可达到排放要求，最终实现污水处理净化的目的。

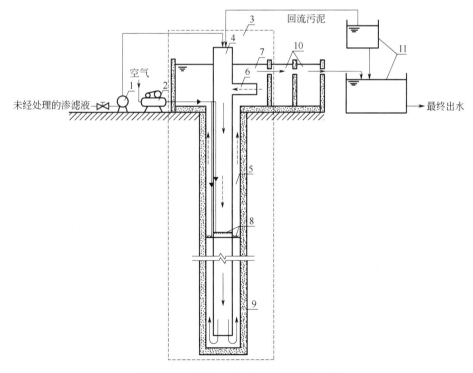

图 2-2 梯度压力高效好氧装置剖面图

1—潜污泵；2—空压机；3—深井主体；4—下降管；5—上升管；6—支管；
7—头部水箱；8—曝气管；9—防渗墙；10—脱气池；11—污泥沉淀池

2.2.2 设计原理

2.2.2.1 循环动力源

由图 2-3 可知，随着压力的增大（即随着水深的增加，水的静压力增大），溶解氧逐渐增大，同时也受到温度的影响。本研究的梯度压力主体装置深 110 m，根据静水压力公式 $P=P_0+\rho gh$ 计算，则底部的最大静水压力接近 12 atm（1 atm=1.01325×10⁵ Pa），标准理论溶解氧为 108 mg/L。

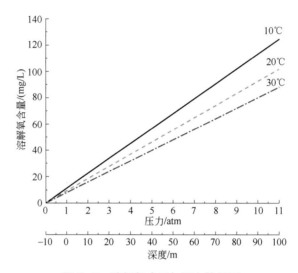

图 2-3　溶解氧含量与压力的关系

梯度压力装置主要通过外接 7.5 kW 空气压缩机向超深层曝气管（地下 50 m 处）中注入压缩空气，既是维持渗滤液水体循环的动力，又是供给装置内微生物降解基质所需要的氧气。这种方式具有能耗低、设备简单、操作便宜、运行费用低等优点。

在上升管和下降管内部都设有进气管。通过压缩空气，装置内液体维持循环流动。井内流速一般为 1～2 m/s，而气泡上升流速为 0.3 m/s。在下降管中，气泡随水流一起向下移动。气体越往下，则水静压力越大，气泡逐渐压缩，充氧速率也越大。到达井底后又进入上升管，压力减小，气泡释放，体积增大。形成上升管和下降管的空隙率差异，其差值即是液体循环的推动力。

2.2.2.2 水力学特征

图 2-4 为水深 H 与空隙率 ε 的曲线。该设计梯度压力装置循环动力为气提式，在平均单位动力下，气提循环式的氧转移速度比泵提循环式大。对于气提循环深井，通入不同的空气量，将形成不同的循环流速。只要能求出循环流速和空气量的对应关系，当确定循环流速时，就可通过阻力计算过程中的空隙率，也就可以求出其对应的空气量。因此，我们从气液两相流的阻力计算来解决空气量的计算问题。

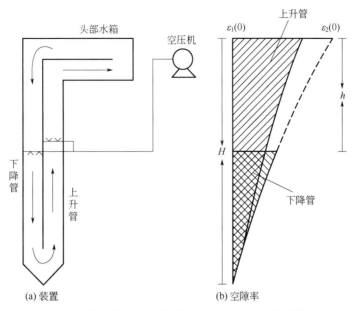

图 2-4　气提循环式动力水深 H 与空隙率 ε 的曲线图

梯度压力装置的运转是一个包括气、液、固三相流并伴有能量转化的生化过程。如果忽略固相，正常的超深层流态属于以液体为连续相、气体为分散相的气液两相流。其运转所需要的总驱动力也就是超深层的总阻力（Y），是由水力阻力（F_1）和气浮阻力（ΔJ）两部分组成的。水阻随循环流速的增加而增加，气阻则随循环流速的增加而减少。当空隙率一定时，存在深井阻力为最小的循环流速，这亦是计算经济循环流速的理论基础。

（1）水力阻力

梯度压力装置中的水力阻力主要是下降管和上升管的沿程摩阻、上升管和下降管中布气装置处产生的局部阻力损失、井底和头部水箱的局部阻力损失。这些阻力可用一般的水力学公式（2-1）表示，水力阻力 H_t（N/m^2）为：

$$H_t = K\lambda\frac{Hv_1^2}{d_1 2g} \tag{2-1}$$

$$K = 1 + \frac{1}{(n-1)(n^2-1)^2} \tag{2-2}$$

$$n = D/d_1 \tag{2-3}$$

式中　H——井深，m；

　　　K——系数；

　　　D——深井直径，m；

　　　v_1——下降管流速，m/s；

　　　d_1——下降管直径，m；

　　　n——深井断面几何参数；

　　　λ——摩阻系数；

　　　g——重力加速度，m/s²。

深井运转中实测结果表明，沿程阻力局部损失可忽略不计。λ 取一般铸铁管系数为 0.25，则由式（2-1）～式（2-3）可计算出水力阻力 H_t 为 15.36 N/m²。而在实际使用中 H_t 乘以 1.2～1.4 的安全系数是必要的。因此，梯度压力装置的水力阻力为 18.43～21.50 N/m²。

（2）气浮阻力

气体上浮时产生的阻力就是气阻。下降管中气泡上升的速度与液体流动的方向相反，故该管中气泡移动的速度慢，而上升管中两者流动的方向相同，其移动速率比液体快。所以在同一水深，上升管中的空隙率比下降管中的空隙率小。

深井下 x 米处的水静压力为 $P=A+rx$，根据气体等温压缩方程式，可求得梯度压力井下 x 米处的空隙率 $\varepsilon(x)$ 为：

$$\varepsilon(x) = \frac{\varepsilon(0)}{1+\dfrac{rx}{A}} \tag{2-4}$$

式中　A——大气压力（相当于 1.01325×10^5 Pa）；

　　　r——液体密度；

　　　$\varepsilon(0)$——井体头部空隙率。

2.2.2.3　充氧特征

（1）梯度压力装置中充氧特征

有学者利用 U 形管测得的三种不同深度 30 m、60 m、103 m 与溶解氧（DO）浓度之间的变化关系见图 2-5。在充气量为 15% 及 25% 时，曲线的 DO 以 60 m 深度为分界，表明在 40～60 m 处是充氧的有利深度。采用的气水比主要是考虑到理论上空隙率不大于 0.2 是保持气泡在液体中不相互聚合的界限值。考虑到上述情况，将梯度压力井的曝气装置设置在井深 50 m 处，为环形曝气管。

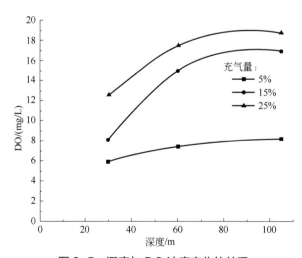

图 2-5　深度与 DO 浓度变化的关系

（2）液体流速对溶解氧的影响

图 2-6 为液体流速变化对溶解氧的影响。由图 2-6 可知，流速在 1.0～2.0 m/s 之间，对溶解氧无影响。过低的流速会造成因气体上浮而引起下降管中气泡的上升聚合，破坏井的正常工作。故此，梯度压力装置正常工作时，保持 1.2 m/s≤渗滤液流速≤1.8 m/s。

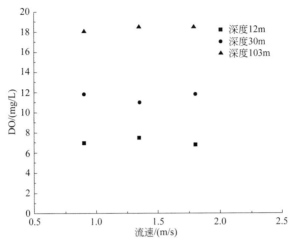

图 2-6　液体流速对 DO 的影响（充气量为 25%）

（3）温度对溶解氧的影响

图 2-7 为温度的影响。温度对氧转移存在两种相反的影响，水温低，则氧的转移系数小，但饱和氧浓度高。二种影响相互消除的结果，总的还是水温低对溶解氧有利。但水温过低（$T < 10\ ℃$）时，不利于微生物的活动，也不利于梯度压力装置的运行。

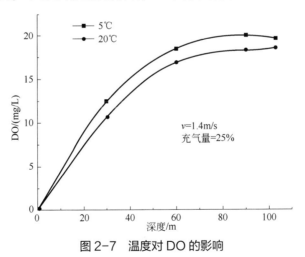

图 2-7　温度对 DO 的影响

（4）空气量

对空气量的需要可通过去除有机物量计算求得，也可按气提原理计算求得，经验表明 $BOD_5 = 500$ mg/L 浓度的废水可作为一个界限，低于此浓度，空气量由气提循环的需要量决定。这也表明梯度压力井适宜处理高浓度废水。

井体进水的稀释倍数，可按下式确定：

$$\frac{Q_\text{进}}{Q_\text{循环}} = \frac{2H}{3600tv} \tag{2-5}$$

式中　$Q_\text{进}$——废水进水量，m³/h；

　　　$Q_\text{循环}$——废水循环量，m³/h；

　　　H——井深，m；

　　　t——停留时间，h；

　　　v——井内流速，m/s。

梯度压力井深 110 m，每天进水 20 t，则停留时间为 1 h，$v=1.2$ m/s，需要稀释 20 倍。说明梯度压力井曝气能承受冲击负荷。

2.2.2.4　氧传递情况

在水处理中，氧的提供通常是通过曝气完成的。就是使水和空气混合，氧通过气液界面转移到水中。关于氧在水中的转移，目前普遍接受的是双膜理论，即气相中的氧通过气相侧的气膜和液相侧的液膜扩散到液相中。根据双膜理论，氧向水中转移的速率方程可表示成式（2-6）：

$$\frac{dC}{dt} = K_\text{L}\frac{A}{V}(C_s - C) = K_\text{La}(C_s - C) \tag{2-6}$$

式中　dC/dt——氧传递速率，mg/(L·h)；

　　　K_L——氧传质系数，m/h；

　　　K_La——氧总转移系数，h⁻¹；

　　　A——气液两相接触界面面积，m²；

　　　V——曝气池容积，m³；

　　　C_s——饱和溶解氧含量，mg/L；

　　　C——曝气池实际溶解氧含量，mg/L。

水深对 K_La 的影响本质上是压力对气液界面面积 A 的影响。设曝气产生的气泡为球形，直径为 d_0，则气泡的体积为 $\pi d_0^3/6$，表面积为 πd_0^2，单位体积气泡的表面积为 $6/d_0$。设空气扩散装置安装的深度为 H，大气压下气体的体积为 V_0，根据理想气体状态方程式（2-7），在水深 H 处，气体的体积为：

$$V_H = \frac{P_0}{P_0 + 9800H}V_0 \tag{2-7}$$

气体产生的气泡的比表面积为：

$$A_H = \frac{P_0}{P_0 + 9800H} \cdot \frac{6V_0}{d_0} \tag{2-8}$$

式中　H——空气扩散装置在水下的深度，m；

　　　V_0——大气压下气体的体积，m³；

　　　V_H——水深 H 处气体的体积，m³；

A_H——水深 H 处气体的比表面积，m^2；

P_0——大气压，Pa；

d_0——曝气器出口气泡的直径，m。

一定质量的气体压强与体积的关系如下：

$$V = \frac{nRT}{P} \tag{2-9}$$

式中　P——大气压，Pa；

V——气体的体积，m^3；

n——气体的物质的量，mol；

R——摩尔气体常数，大小是 8.314 $Pa\cdot m^3/(mol\cdot K)$；

T——热力学温度，K。

$$P_b = P_0 + \rho gh \tag{2-10}$$

式中　P_b——h 水深处的压力；

P_0——一个标准大气压，101.325 kPa；

ρ——水的密度，1 mg/mL；

g——常数，9.8 N/kg；

h——高度或水深，m。

梯度压力装置深 110 m，由静水压力计算式（2-10）可得，该装置压力连续变化，由 101.325kPa 到 1179.325 kPa。

由表 2-2 可知，随着压力的增加，氧总转移系数 K_{La} 逐渐减小。其原因可能是压力增加后气泡直径变小，虽然气泡在水中的停留时间延长，但搅动能力减弱，液膜厚度增加，从而导致氧转移阻力增加，这对 K_{La} 造成的不利影响大于因停留时间延长对 K_{La} 产生的有利影响，致使 K_{La} 随压力增加而减小。另外，压力增加后气泡表面积减小（总的气泡个数不变）也可能是造成 K_{La} 降低的另一个原因。

表 2-2　K_{La} 与压力的关系

P_b/kPa	K_{La}/h^{-1}	n	R^2	P_b/kPa	K_{La}/h^{-1}	n	R^2
100	3.02	8	0.982	500	2.58	8	0.985
200	2.90	8	0.978	600	2.39	8	0.969
300	2.81	8	0.992	700	2.22	8	0.988
400	2.72	8	0.976	800	2.03	8	0.981

注：表中数据来源于《压力对加压生物反应器氧转移的影响》。工作条件：反应器为钢制，高为 6 m，内径为 0.8 m，水深为 5 m，有效容积为 2.48 m^3，空气扩散器淹没深度为 4.8 m。采用非稳态曝气方法确定 K_{La}。实验过程采用脱氧清水，实验温度为 20 ℃±0.2 ℃，空气流量为 1 m^3/h。溶解氧由薄膜溶解氧电极测得。

压力对氧转移速率有两种相反的影响：一种是提高压力能增加饱和溶解氧浓度而使氧转移速率提高，另一种是压力使 K_{La} 降低，从而使氧转移速率减小。这两种影响的相对强弱将最终决定加压条件下的氧转移效率（E_A）及氧转移动力效率（E_P）的大小。

不同溶解氧浓度（C）下的 E_A 与压力 P_b 的关系表明，在较低的压力范围内提高反应器的压力可使 E_A 显著增加，这说明通过提高压力可显著提高供氧能力，但 E_A 的增加速率随压力增加而减小，在较高的压力范围内（$P_b > 600$ kPa），再继续提高压力则 E_A 增加甚微。这一方面是因为气泡在反应器内的平均氧分压与压力不成正比，而是随压力增加平均氧分压的增加速率逐渐减小；另一方面则是由于压力提高导致 K_{La} 减小，这表明通过提高压力来增大供氧能力也有一定的限度。

2.2.3 运行情况

梯度压力装置的进水分为渗滤液一级矿化垃圾床出水、新鲜渗滤液和老龄渗滤液三类。其具体的理化性质如表 2-3 所列。渗滤液一级矿化床（填料为 8～10 年的矿化垃圾，日处理量为 400 t）出水主要用作装置的启动和调试，较低浓度的 COD_{Cr}（1800～2200 mg/L）、NH_4^+-N（600～800 mg/L）、重金属和无机盐离子对于装置的启动和调试较为有利。为了考察梯度压力装置对生活垃圾渗滤液的耐受性，梯度压力装置对新鲜和老龄垃圾渗滤液均进行了处理。新鲜垃圾渗滤液为老港四期（运行 4 年左右）和三期的混合液，老龄垃圾渗滤液来自老港三期（运行 20 年，2013 年 3 月已封场）。新鲜垃圾渗滤液有机物、氨氮、重金属和无机盐离子浓度都较高，同时，可生化性也较高（$BOD_5/COD_{Cr} > 0.35$），有利于生化处理。但是，老龄渗滤液除了有机物含量较低外，氨氮、重金属和无机盐离子含量均较高，且可生化性较低（$BOD_5/COD_{Cr} < 0.28$）。

表 2-3 梯度压力装置进水的物理化学性质

指标	一级矿化床出水	新鲜渗滤液	老龄渗滤液
pH 值	7.3～7.5	7.2～7.5	7.4～7.8
E_C/(μS/cm)	6500～7800	16000～23500	12000～20500
COD_{Cr}/(mg/L)	1800～2200	4000～10520	3000～5000
TOC/(mg/L)	650～800	1200～3600	1000～2300
BOD_5/COD_{Cr}	<0.30	>0.35	<0.28
NH_4^+-N /(mg/L)	600～800	1500～2200	1800～2200
TN/(mg/L)	1400～1600	2200～3000	1900～2400
As/(mg/L)	0.025	0.060	0.107
Zn/(mg/L)	0.042	0.108	0.108
Cd/(mg/L)	0.033	0.142	0.142
Cr/(mg/L)	0.117	0.247	0.117
Fe/(mg/L)	1.270	3.570	5.680
Cu/(mg/L)	0.034	0.067	0.044
Na^+/(mg/L)	565	1369	1569
K^+/(mg/L)	385	897	996
Mg^{2+}/(mg/L)	123	185	200
Ca^{2+}/(mg/L)	282	412	532
Cl^-/(mg/L)	650～820	1900～2100	2200
SO_4^{2-}/(mg/L)	150～180	190～240	280～320

由于四期距离现场梯度压力装置较远，故此四期的新鲜垃圾渗滤液每半年调 30000 m³ 进入三期渗滤液调节池混合后，用于梯度压力装置的运行。由于调节池内也在进行厌氧生物反应，调入的新鲜渗滤液 COD_{Cr} 浓度下降很快，所以出现了后期梯度压力装置连续运行时，进水 COD_{Cr} 浓度由 10000 mg/L 在半年内降至 2000 mg/L，随后又升至 10000 mg/L 的

大幅度波动情况。

　　启动调试期为 90 d，前 65 d 进水为老港三期工程渗滤液一级矿化床出水，其基本理化性质见图 2-8。在此期间，进水 COD_{Cr} 浓度维持在 1800～2200 mg/L，而出水 COD_{Cr} 浓度由 1500 mg/L（启动第 20 天）降至 875 mg/L（第 64 天）[图 2-8（a）]；进水 NH_4^+-N 浓度

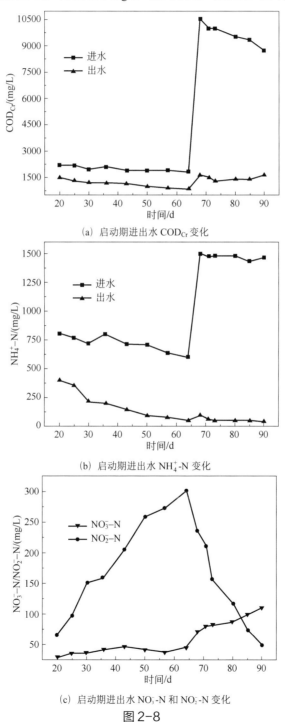

(a) 启动期进出水 COD_{Cr} 变化

(b) 启动期进出水 NH_4^+-N 变化

(c) 启动期进出水 NO_3^--N 和 NO_2^--N 变化

图 2-8

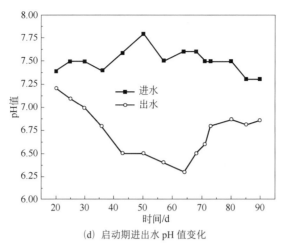

(d) 启动期进出水 pH 值变化

图 2-8 梯度压力高效好氧装置启动运行

维持在 600～800 mg/L，出水 NH$_4^+$-N 浓度由 400 mg/L（启动第 20 天）降至 53 mg/L（第 64 天）[图 2-8 (b)]；同时，NO$_3^-$-N 浓度由 28 mg/L（启动第 20 天）缓慢升至 46 mg/L（第 64 天），NO$_2^-$-N 浓度在 44 d 内由 66 mg/L 快速升至 300 mg/L [图 2-8 (c)]，出现亚硝态氮积累的现象。此时，活性污泥的沉降量为 8%～10%，絮状体开始形成。

在 20～64 d 的启动阶段，亚硝酸的积累可能是由进水碳源不足所致。虽然进水 COD$_{Cr}$ 浓度基本约为 2000 mg/L，但由于生活垃圾渗滤液 COD$_{Cr}$ 中有一部分是由难降解有机物（如腐殖酸、富里酸等）、毒性物质（如双酚 A、芳香烃类有机物等）和还原性物质（如 Cl$^-$）所贡献，故有 500～800 mg/L 的 COD$_{Cr}$ 难以作为碳源为微生物所利用。亚硝态氮的积累对于梯度压力装置的稳定运行极为不利。

因此，为了消除碳源不足带来的亚硝酸态的积累的不利状况，从 65 d 后进水引入新鲜垃圾渗滤液。新鲜垃圾渗滤液进水 COD$_{Cr}$ 浓度为 8752～10520 mg/L，NH$_4^+$-N 浓度基本维持在 1500 mg/L 左右。在第 68 天，出水 COD$_{Cr}$ 浓度升至 1640 mg/L，NH$_4^+$-N 浓度升至 94 mg/L。随后，出水 COD$_{Cr}$ 浓度在第 73 天降至 1330 mg/L，第 90 天升至 1696 mg/L；出水 NH$_4^+$-N 浓度随时间的延长逐渐降低，第 90 天降至 46 mg/L；同时，出水中亚硝态氮也随着运行时间的延长逐渐降低，第 90 天降至 50 mg/L，而出水中硝态氮的变化与亚硝酸盐氮相反，随运行时间的延长逐渐升高，第 90 天时，硝态氮浓度升至 110 mg/L。这种变化意味着硝化细菌培养成熟。

2.3　梯度压力装置对渗滤液的处理效果

2.3.1　低温条件下对渗滤液的处理效果

2.3.1.1　温度变化

2010 年 11 月中旬至 2011 年 3 月初运行期，采样时昼夜最高温度和最低温度如图 2-9

所示。老港生活垃圾填埋场位于东海边，冬季昼夜温差较大，夜晚温度可降至零度以下。此段运行期，最高温度为 15 ℃，最低温度为−3 ℃。

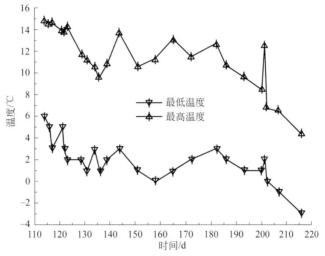

图 2-9　梯度压力装置在冬季运行时外界的温度

2.3.1.2　低温条件下对氮类污染物去除效果

图 2-10 展示了低温运行期间进出水 NH_4^+-N 浓度在生物反应器中的变化情况。

① 从 114 d 到 136 d，渗滤液日处理负荷为 10 t。此时，进水 NH_4^+-N 浓度变化不大，基本维持在 1500 mg/L 左右，出水 NH_4^+-N 浓度也较为稳定，维持在 250 mg/L 左右，NH_4^+-N 去除率在 80%～94%。当外界温度刚降低至 15 ℃时（114～116 d），出水 NH_4^+-N 浓度由 96 mg/L（第 114 天）开始升高至 154 mg/L（第 116 天），然后持续升高到 249 mg/L（第 117 天），以后稳定在 250 mg/L 左右，这表明外界温度的降低对梯度压力装置中微生物的硝化反应具有一定的影响。

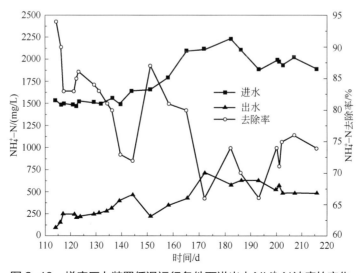

图 2-10　梯度压力装置低温运行条件下进出水 NH_4^+-N 浓度的变化

② 136 d 后，为了考察梯度压力装置的污染物负荷，进水负荷由 10 t/d 提高到 20 t/d。从第 136 天开始，139～144 d 之间进水的 NH_4^+-N 浓度仍维持在 1500 mg/L 左右，但出水中 NH_4^+-N 浓度随着水力负荷的增加而增加，在第 144 天，出水 NH_4^+-N 浓度已升至 465 mg/L。随后一段时间，进水 NH_4^+-N 浓度在持续升高，在第 151 天进水 NH_4^+-N 浓度升至 1658 mg/L，但出水 NH_4^+-N 浓度反而降低至 222 mg/L。这可能是因为反应器中微生物对污染物提高后的负荷已经开始适应，对恶劣环境的耐受性开始发挥作用，使得即使进水水力负荷提升至 20 t/d，出水 NH_4^+-N 浓度仍降至处理量为 10 t/d 时的水平。这表明，当进水 NH_4^+-N 浓度小于 1700 mg/L、渗滤液日处理量为 20 t 时，出水 NH_4^+-N 浓度可长期稳定在 250 mg/L。

③ 151 d 后，随着四期新鲜渗滤液的调入，进水 NH_4^+-N 浓度开始大幅度升高，由 1658 mg/L 升至 2235 mg/L（第 182 天），随后降至 2000 mg/L 左右，并维持在 1900～2000 mg/L。此时，对应的出水 NH_4^+-N 浓度随着进水氨氮负荷的增加而增加，在第 172 天出水 NH_4^+-N 浓度升至最高，为 715 mg/L，随后表现出逐渐下降趋势，稳定在 480 mg/L 左右。这可能是因为，进水 NH_4^+-N 浓度过高，致使反应器中硝化细菌蛋白变性，生物活性受到抑制，从而导致 NH_4^+-N 的去除率降低。这段时间，NH_4^+-N 去除率最低值出现在第 172 天和第 193 天，仅为 66%，其他处理期间 NH_4^+-N 去除率均在 75% 左右。

图 2-11 展示了从 114 d 到 216 d 运行期间最高温度低于 15 ℃时进出水中总氮（TN）的变化。在 136 d 前，渗滤液处理负荷为 10 t/d。进水 TN 浓度在 2000～2200 mg/L 之间波动，出水 TN 浓度范围为 723～978 mg/L，去除率为 52%～67%。在第 136 天到第 158 天，随着处理负荷的增加，出水中 TN 浓度升至 1200～1300 mg/L，去除率降至 41%～50%。165 d 后，进水 TN 浓度升高至 2600～2938 mg/L，出水 TN 浓度由 1245 mg/L 降至 972 mg/L，再次升高至 1150 mg/L，随后稳定在 1100 mg/L 左右，而此运行阶段的去除率基本维持在 55%～65%。

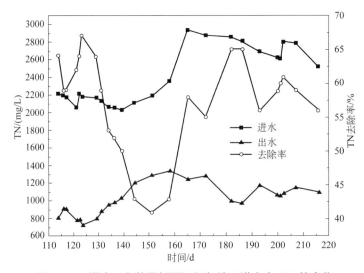

图 2-11　梯度压力装置低温运行条件下进出水 TN 的变化

梯度压力装置的地下深井特殊构造以及曝气位置造成反应器中不同段存在溶解氧浓度

差异。根据溶解氧含量的不同，反应器内可分为 3 个区域：

① 0～50 m 处为厌氧段；

② 50～80 m 处为好氧段；

③ 80～110 m 处为强好氧段。

渗滤液由下降管进入反应器，经历了这 3 个区域后，在上升管由气提提供动力，上升至头部水箱，通过内井支管进入下降管，与新进入的渗滤液进行混合，混合液再次经历上述 3 个区域。故此，梯度好氧装置中可同时存在硝化和反硝化反应，好氧段和强好氧段氨氮在硝化细菌作用下转化为硝态氮和亚硝态氮，循环液进入缺氧段后，与新补充进的渗滤液混合（同时为循环液提供了碳源），在 0～50 m 处的厌氧段发生反硝化作用，使得生成的硝态氮、亚硝态氮转化为氮气，随着再次循环，从头部水箱中释放出。因此，梯度压力装置虽然在静水压力作用下溶解氧量巨大，但渗滤液中的总氮在硝化与反硝化作用下仍会减少，又因反应器内主要以好氧状态为主，故相对厌氧池来说，反应器内反硝化作用不完全，总氮的去除率仅为 41%～67%。

图 2-12 展示了从 114 d 到 208 d 的硝态氮和亚硝态氮的变化情况。在 136 d 前（10 t/d），亚硝态氮浓度一直稳定维持在 50 mg/L 以下，硝态氮浓度从 334 mg/L 降至约 170 mg/L，随后稳定在此浓度约 10 d 后，又降至 99 mg/L。在 136 d 之后，渗滤液日处理量提高至 20 t/d，随着氨氮处理负荷的增加和碳氮比的降低，微生物活性受到影响，硝态氮和亚硝态氮开始大量积累。亚硝态氮积累量十分显著，在第 139 天浓度仅为 50 mg/L，而第 144 天即上升至 480 mg/L，在短短 5 d 内 NO_2^--N 浓度积累了 10 倍，且其浓度随后持续升高，在第 151 天时反应器内其浓度已累积至 806 mg/L。在同时段，硝态氮也发生了相似的积累现象，浓度从 99 mg/L 持续升至 393 mg/L。从 144 d 到 151 d，反应器中发生了亚硝态氮和硝态氮的积累，主要是因为进水量的突然提高，使得反应器内水力停留时间从 48 h 降至 24 h，同时氨氮负荷提高 1 倍，反应器内稳定状态受到影响。同时，也与 COD_{Cr} 浓度下降、碳源不足有一定的相关性。

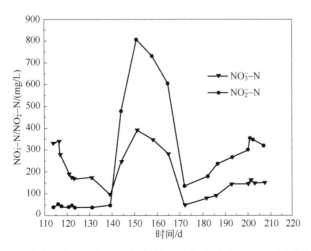

图 2-12　梯度压力装置低温运行条件下进出水硝态氮和亚硝态氮的变化

151 d 后，亚硝态氮和硝态氮浓度开始持续降低。在第 172 天时，亚硝态氮浓度降至 137 mg/L，而硝态氮浓度降至 50 mg/L。硝态氮和亚硝态氮浓度降低，可能是因为在一段时间内适应了高负荷的氨氮浓度和较短的水力停留时间后，反应器内微生物对不利环境的耐受性开始发挥作用。随后，亚硝态氮再次出现上升趋势，浓度由 177 mg/L 缓慢升至 350 mg/L 左右；同时，硝态氮浓度也由 81 mg/L 逐渐缓慢升至 150 mg/L 左右。在此运行阶段，反应器内仍存在亚硝态氮积累的现象。这主要与进水氨氮负荷的再次提高和 C/N 比的降低有关。

2.3.1.3　低温条件下对有机污染物去除效果

图 2-13 展示了在冬季梯度压力装置中进出水 COD_{Cr} 的变化。进水 COD_{Cr} 浓度波动较大，范围为 3600～9500 mg/L。可以更好地考察在有机负荷变化较大的情况下梯度压力装置的运行情况。

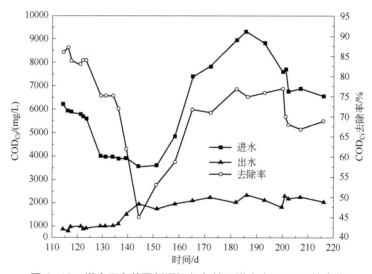

图 2-13　梯度压力装置低温运行条件下进出水 COD_{Cr} 的变化

从第 114 天到第 136 天，渗滤液日处理量为 10 t/d，进水 COD_{Cr} 浓度为 3875～6213 mg/L，此时，出水中的 COD_{Cr} 较为稳定，浓度范围在 795～1080 mg/L 之间，相对应的平均去除率为 80%。在此运行期间，当 C/N 比高于 3.6 时，COD_{Cr} 的去除率稳定在 85%；而当 C/N 比为 2.5 时，其去除率仅为 74%。COD_{Cr} 的去除率随着 C/N 比的降低显著降低。

当渗滤液处理量提高到 20 t/d，出水 COD_{Cr} 浓度升高至 1957 mg/L，去除率仅为 59%。从第 158 天开始，进水 COD_{Cr} 浓度升高至 6545～9346 mg/L，出水 COD_{Cr} 浓度也随之开始持续升高，基本保持在 2100 mg/L 左右，此时，COD_{Cr} 的平均去除率为 71%。在第 144 天时，COD_{Cr} 去除率出现了整个处理过程中的最小值，仅为 45%。约 20 d 后，COD_{Cr} 去除率明显升高至 70% 以上，这主要可能是由于在反应器中碳源的加入（进水 COD_{Cr} 提高）和微生物对不利环境的适应性开始起作用。这预示着低 C/N 比对于渗滤液中有机物的去除非常不利。同时，出水 COD_{Cr} 浓度的最小值约为 800 mg/L，这基本已经接近了渗滤液中生物预处理出水的极限。渗滤液中有一部分 COD_{Cr} 是由还原性物质（如 Cl^-）和难生物降解的有机物（如异生质有机污染物、腐殖质等）贡献的，使用生物处理法无法去除。然而，在 C/N 比都为 3 的条件下，158 d 后 COD_{Cr} 和 TOC 的平均去除率分别为 72% 和 80%，明显低于第 114 天到第 123 天这段时间的去除率（85% 和 91%），这可能是因为在后期亚硝态氮积累和进水中高浓度的氨氮抑制了反应器中微生物的活性，从而导致污染物去除率降低。

图 2-14 展示了梯度压力装置在冬季低温运行过程中进出水 TOC 的变化情况。从第 114 天到第 136 天，渗滤液日处理量为 10 t/d，进水 TOC 浓度为 1157～2100 mg/L，此时，出水 TOC 浓度基本稳定在 250 mg/L，相对应的平均去除率为 87%。在此运行期间，当 C/N 比高于 3.6 时，TOC 的去除率稳定在 91%；而当 C/N 比为 2.5 时，其去除率仅为 82%。TOC 的去除率随着 C/N 比的降低显著降低。

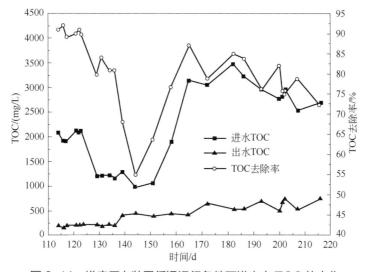

图 2-14　梯度压力装置低温运行条件下进出水 TOC 的变化

当渗滤液处理量提高到 20 t/d，出水 COD_{Cr} 浓度升高至 433 mg/L，去除率降为 77%。从第 158 天开始，进水 TOC 浓度升高至 2524～3163 mg/L，出水浓度也随之开始持续升高，在 425～741 mg/L 范围内波动，相对应的 TOC 的平均去除率为 79%。

梯度压力装置进水 TOC 对 COD_{Cr} 的贡献率在 28%～43% 之间波动，其平均贡献率为 35%；出水 TOC 对 COD_{Cr} 的贡献率在 18%～33% 之间波动，其平均贡献率为 23%。这可能是在梯度压力井 80～110 m 的强氧化区，一部分 TOC 被氧化为小分子的无机碳类，最终转化为 CO_2 气体排出。

2.3.2　常温条件下对渗滤液的处理效果

2.3.2.1　常温下对氮类污染物去除效果

图 2-15 展示了梯度压力装置在常温运行条件下（室外温度 20～30 ℃）对渗滤液的处理效果。从 2011 年 5 月至 9 月中旬，经吹脱处理后，梯度压力装置进水 NH_4^+-N 浓度稳定

维持在 1500～1600 mg/L，在渗滤液处理量 20 t/d 的负荷下，出水 NH_4^+-N 浓度稳定小于 100 mg/L，最低值为 47.7 mg/L。此时，NH_4^+-N 的去除率为 92.8%～96.8%。

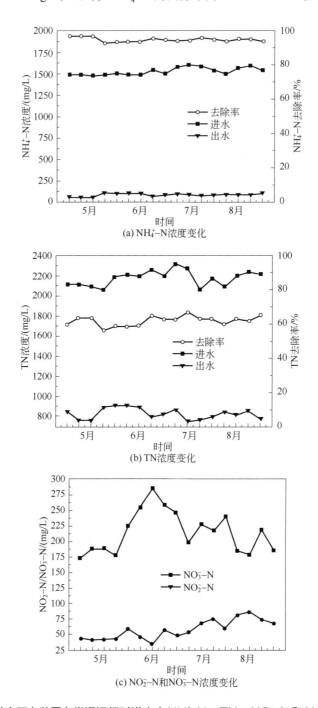

图 2-15　梯度压力装置在常温运行时进出水 NH_4^+-N、TN、NO_2^--N 和 NO_3^--N 的变化

进水 TN 浓度在 2000～2300 mg/L 之间波动，出水 TN 浓度为 750～900 mg/L，去除率

为 56.6%～66.9%。同时，出水 NO_3^--N 浓度范围为 170～280 mg/L，NO_2^--N 浓度范围为 41.7～85.4 mg/L。

由上述可知，当进水 NH_4^+-N 负荷为 1.43～1.52 g/(L·d)、水力停留时间为 1 d 时，梯度压力装置对 NH_4^+-N 的去除效果稳定，去除率可保持在 93% 以上，出水 NH_4^+-N 浓度 < 100 mg/L；出水 TN 浓度 < 900 mg/L，平均去除率为 63%。

2.3.2.2　常温下对有机污染物去除效果

图 2-16 展示了梯度压力装置在常温条件下（室外温度 20～30 ℃）对渗滤液有机污染物的处理效果。从 2011 年 5 月至 9 月中旬，梯度压力装置进水 COD_{Cr} 浓度在 6000～8000 mg/L 之间波动，在渗滤液处理量 20 t/d 的负荷下，出水 COD_{Cr} 浓度范围为 960～1400 mg/L，其中小于或等于 1000 mg/L 的时间占据超过总运行时间的 2/3。此时，COD_{Cr} 的去除率为 82.8%～86.3%。

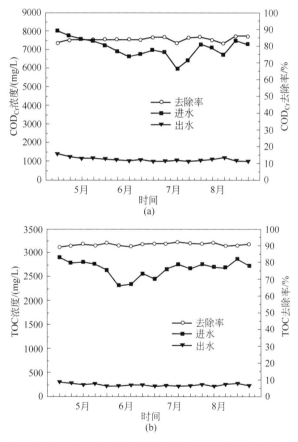

图 2-16　梯度压力装置在常温运行时进出水 COD_{Cr} 和 TOC 的变化

进水 TOC 浓度在 2300～3000 mg/L 之间波动，对进水 COD_{Cr} 的贡献率为 35% 左右。出水 TOC 浓度稳定保持在 210～300 mg/L，对出水 COD_{Cr} 的贡献率为 24% 左右。此时，TOC 的去除率稳定在 90% 左右。

从 2011 年 5 月至 9 月中旬运行期间，C/N 比为 3.7～5.3，有机物负荷为 5.71～7.62 g

COD$_{Cr}$/(L·d)，水力停留时间为 1 d，梯度压力装置运行稳定。

2.4　梯度压力装置处理渗滤液机制

2.4.1　溶解性有机物特性表征

2.4.1.1　进出水 DOM 分子量分布变化

为了进一步解释梯度压力装置中的反应机理，利用凝胶渗透色谱法（GPC）对进出水中的 DOM 进行分子量分布分析，见图 2-17。进水 DOM 分子量分布呈现 3 个高峰，3 个峰的分子量范围分别为 $0.14×10^3 \sim 0.74×10^3$、$(0.16 \sim 2.4)×10^5$ 和 $(0.26 \sim 3.8)×10^6$。且进水 DOM 中，分子量为 $(0.16 \sim 2.4)×10^5$ 和 $(0.26 \sim 3.8)×10^6$ 的高分子所占比重较大，约占 80%；而低分子量 $(0.14×10^3 \sim 0.74×10^3)$ 有机物含量仅为 20% 左右。出水 DOM 中，在分子量 $0.07×10^3 \sim 0.55×10^3$ 处表现出峰值，占比约为 95%；在分子量 $(0.02 \sim 3.4)×10^6$ 处略有小峰，占比约为 5%。

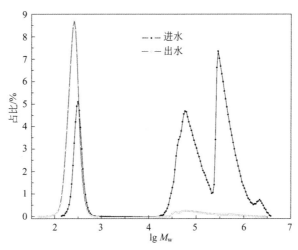

图 2-17　梯度压力装置进出水中 DOM 分子量变化

由上述可知，经梯度压力装置处理后，渗滤液中高分子 [分子量 $(0.016 \sim 3.8)×10^6$] 基本完全降解为低分子量有机物（分子量 $0.07×10^3 \sim 0.55×10^3$）。

2.4.1.2　进出水 DOM 荧光特征峰变化

梯度压力装置进出水中有机物的荧光光谱特征如图 2-18 所示（另见书后彩图）。梯度压力装置进出水有机物的荧光光谱（E_x/E_m）均表现出 4 个特征峰，分别为（225～240nm）/（330～380nm）（峰 A）、（70～290 nm）/（310～350nm）（峰 B）、（280～290 nm）/（400～420nm）（峰 C）和（240～260 nm）/（430～470nm）（峰 D）。峰 A、峰 B 代表类蛋白有机物。出水与进水相比，峰 A、峰 B 发生了明显的红移（由短波长向长波长方向移动），这表明大量的类蛋白有机物在梯度压力井中被微生物降解。峰 C 代表腐殖酸类有机物。出水峰 C 与进水相比明显减小，表明一部分腐殖酸类有机物在梯度压力装置中被降解。峰 D 代表富里酸类有机物。出水与进水相比，峰 D 发生微小红移，且荧光光强明显减弱。

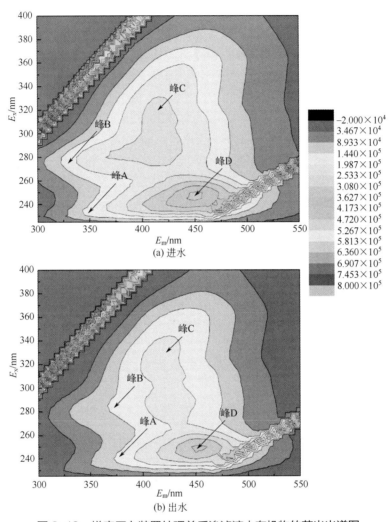

图 2-18　梯度压力装置处理前后渗滤液中有机物的荧光光谱图

可以看出，腐殖酸和富里酸等难降解有机物（峰 C、峰 D）含量虽然减少，但在出水中仍然存在，这部分很难生物降解，这也是生物法处理渗滤液只能作为预处理技术，出水无法达标排放的主要原因。

2.4.1.3　进出水 GC-MS 分析

三种不同 pH 值条件下的提取液，经 GC-MS 自带的计算机谱库检索，只取可信度在60%以上的有机污染物，分析结果如表 2-4 所列。三种 pH 值条件下提取，总共得到进水中的有机污染物 23 种，其中被 US EPA 列入优先污染物的有 2 种，被我国列入环境优先污染物"黑名单"的有 2 种。上海老港垃圾填埋场主要是消纳生活垃圾，相对于其他同时也消纳工业垃圾的垃圾填埋场来说，其渗滤液组分相对比较简单。

经梯度压力装置处理后的渗滤液出水，仍检出 14 类有机物，种类主要有以下 5 种：

① 含 C=C 双键的不饱和烯烃类，如 2,4-己二烯酸、十八碳-9-烯酸和羟甲基色烯等；

② 内分泌干扰素类（环境激素），如双酚 A、甲睾酮和类固醇等；

③ 芳香烃类有机物，如邻苯二甲酸二丁酯、邻苯二甲酸二辛酯等；

④ 酚类物质，如叔丁基苯酚和双酚 A 等；

⑤ 生物遗传毒性物质，如秋水仙碱等（能抑制生物细胞有丝分裂，使染色体停滞在分裂中期，破坏正常有丝分裂过程）。

这些有机物难以生物降解，一部分甚至可以成为"生物毒素"。这也是生物法处理渗滤液 COD_{Cr} 限制一般为 800～1000 mg/L 的主要原因。

表2-4 梯度压力装置进出水有机物 GC-MS 分析

序号	有机污染物名称	进水可信度/%	出水可信度/%	序号	有机污染物名称	进水可信度/%	出水可信度/%
1	2,4-己二烯酸	71.23	69.96	12	邻苯二甲酸二辛酯	93.21	76.16
2	十八碳-9-烯酸	77.31	72.00	13	秋水仙碱	63.72	60.65
3	羟甲基色烯	88.72	72.04	14	叶酸	67.43	61.60
4	桉树脑	89.82	80.62	15	己酸	66.73	—
5	油醇	66.34	72.41	16	苯甲酸	92.73	—
6	4-甲基-1-异丙基-3-环己烯-1-醇	87.21	81.38	17	苯乙酸	88.89	—
				18	乙酸异戊酯	68.23	—
7	叔丁基苯酚	64.57	67.77	19	己烯雌酚	63.21	—
8	双酚 A	90.73	86.28	20	泼尼松（醇）	66.71	—
9	类固醇	65.21	60.71	21	2,4,6-三甲基苯酚	67.34	—
10	甲睾酮	67.21	60.21	22	环己胺	78.23	—
11	邻苯二甲酸二丁酯	69.48	75.72	23	十一烯酸	65.23	—

注："—"表示未检出。

2.4.2 梯度压力装置运行限制因素分析

2.4.2.1 影响因素

（1）盐度的影响

盐分虽然是生物繁殖必需的营养元素，但高浓度的盐分却是极强的生物毒性物质，尤其是具有很强还原性的氯离子。高浓度的盐分可导致微生物蛋白变性，从而抑制微生物的活性。由梯度压力装置运行 1 年半的情况来看，高浓度盐分（由电导率来表示无机盐的含量，E_C 20000～30000 μS/cm）对好氧活性污泥具有一定的抑制作用。

（2）温度的影响

根据梯度压力装置 1 年半的运行情况来看，温度对渗滤液的处理效果略有影响，但影响不大。夏季对 COD_{Cr} 的去除效果较好，去除率最高可达 87%；冬季（水温 < 10 ℃）对 COD_{Cr} 的去除率略有降低，最低为 70%。这主要是由于梯度压力装置处理渗滤液的主要反应区在地下 80～100 m 处，而地下 100 m 处常年保持 20 ℃恒温，可使梯度压力装置在处理渗滤液过程中受温度的影响较小。

（3）C/N 比的影响

根据梯度压力装置 1 年半的运行情况来看，进水 C/N 比对渗滤液的处理效果影响较大。当 C/N 比 > 5∶1 时，COD_{Cr} 的去除率大于 80%，C/N 比越大，去除效果越好；反之，C/N 比越小，COD_{Cr} 的去除率越小，当 C/N 比降至 1∶1 时，COD_{Cr} 的去除率仅有 30%～35%。这主要是因为 C/N 比很低时，营养比例严重失调，微生物的生化作用受到抑制。

（4）曝气时间的影响

曝气时间对 TOC 的去除效果影响较大。随着曝气时间的延长，TOC 的处理较为完全。根据梯度压力装置进出水的监测数据，曝气 17 h 时，TOC 对 COD_{Cr} 的贡献率为 46.7%，而曝气 22 h 时 TOC 对 COD_{Cr} 的贡献率为 23.2%，降低了 50%。延长曝气时间，对大分子有机物的去除更有利。

（5）氨氮的影响

高浓度氨氮是生物毒性物质，可导致微生物蛋白变性，从而导致微生物的死亡。传统的活性污泥法的氨氮负荷为 800 mg/L 左右，而梯度压力装置对氨氮的负荷可承受至 1600 mg/L。梯度压力装置运行 1 年半以来发现，当进水氨氮浓度超过 2000 mg/L 时，梯度压力装置中的微生物活性受到抑制，此时，氨氮的硝化反硝化转化率降低。

（6）梯度压力的影响

梯度压力井越深，静压力越大，从而充氧能力越高，同时延长了气泡在液体中的停留时间。高浓度的氧使得反应器内有机物被氧化的能力增强，从而使渗滤液中污染物得到高效处理。

2.4.2.2　运行限制单因素回归分析

选取温度、电导率和 C/N 比这 3 个在好氧生物处理工艺中主要的环境因素，采用分析软件 SPSS 17.0 进行单因素和多元线性回归，分析及预测环境因素对渗滤液中污染物去除率的影响。

由图 2-19 可看出，COD_{Cr} 和 NH_4^+-N 的去除率与 C/N 比的指数均呈现显著的线性关系，相关系数分别为 R^2=0.77 和 R^2=0.60；COD_{Cr} 和 NH_4^+-N 的去除率与温度无线性关系，但由图可以看出低于 10 ℃和高于 30 ℃时 COD_{Cr} 去除率略有降低；电导率对 COD_{Cr} 和 NH_4^+-N 的去除率无明显影响。

2.4.2.3　运行限制多因素回归分析

多元回归方程式表示为：

$$污染物去除率（\%）= f(X_1, X_2, X_3) \tag{2-11}$$

即

$$污染物去除率（\%）= B_0 + B_1X_1 + B_2X_2 + B_3X_3 \tag{2-12}$$

式中，B_0 是常数；B_1、B_2 和 B_3 是自变量的常数；自变量分别为温度（X_1）、电导率（X_2）和 C/N 比（X_3）。由表 2-5 可知，C/N 比（X_3）与渗滤液污染物去除率间呈现出显著的相关性，COD_{Cr}（$P < 0.001$）、TOC（$P < 0.001$）、NH_4^+-N（$P < 0.001$）和 TN（$P < 0.01$），是污染物去除率的主要影响因素。

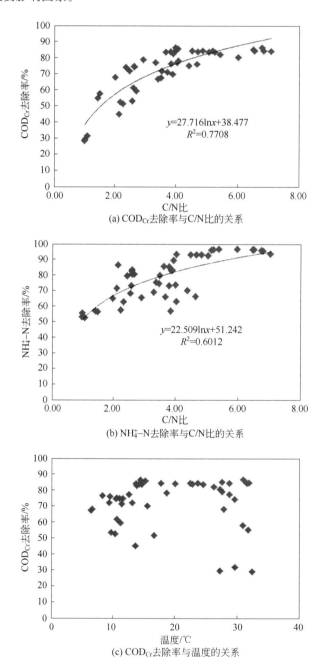

(a) COD_{Cr}去除率与C/N比的关系

(b) NH_4^+-N去除率与C/N比的关系

(c) COD_{Cr}去除率与温度的关系

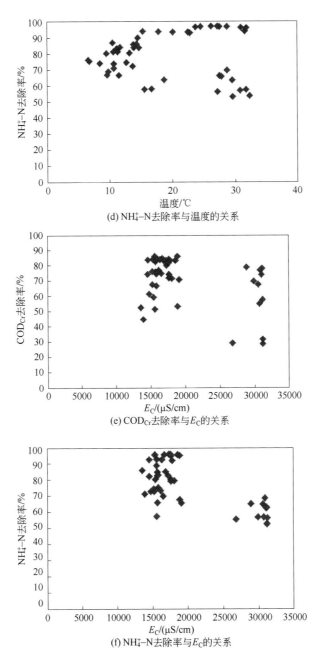

(d) NH₄⁺-N去除率与温度的关系

(e) COD_{Cr}去除率与E_C的关系

(f) NH₄⁺-N去除率与E_C的关系

图 2-19　C/N 比、温度和电导率单因素对梯度压力装置 COD_{Cr}和NH₄⁺-N去除率的影响

　　温度（X_1）和电导率（X_2），对 NH$_4^+$-N 去除率的影响较为显著（$P < 0.01$ 和 $P < 0.001$）。这主要是因为极端温度（$< 5\ ℃$或 $> 35\ ℃$）和高浓度盐分会抑制微生物活性，从而使得污染物的降解效率降低。但是，相比 C/N 比（$B_3=3.565$）来说，电导率（$B_2=-1.609$）和温度（$B_1=0.549$）的影响较小，主要是因为梯度压力装置的主要反应部分在地下 $80\sim110$ m 处，而地下不论夏天还是冬天均可常年保持恒温 $20\ ℃$。

表 2-5　多因素对污染物去除率的多元线性回归

指标	B_0	B_1	B_2	B_3	n	R^2	P	SEE
COD_{Cr} 去除率	38.538	−0.663[①]	0.591	9.229[③]	48	0.665	< 0.001	9.21
TOC 去除率	55.615	−0.269	0.382	6.222[③]	48	0.584	< 0.001	7.40
NH_4^+-N 去除率	86.2	0.549[②]	−1.609[③]	3.565[③]	48	0.783	< 0.001	6.83
TN 去除率	43.139	−0.130	0.431	2.630[②]	48	0.282	0.002	5.39

① $P < 0.05$。

② $P < 0.01$。

③ $P < 0.001$，即各因素的显著水平。

注：COD_{Cr} 去除率（%）=38.538−0.663X_1+0.591X_2+9.229X_3。SEE 表示预测标准差。B_1：温度；B_2：电导率；B_3：C/N 比。

同时，由表 2-5 可知，影响因素与 COD_{Cr}、TOC 和 NH_4^+-N 的去除率之间表现出较强的相关性（R^2 分别为 0.665、0.584 和 0.783，$P < 0.001$），而与 TN 的去除率相关性较小（R^2=0.282，P=0.002）。

综上所述，C/N 比是渗滤液处理过程中最主要的影响因素，温度和盐度显著影响氨氮的去除，但在梯度压力处理过程中影响较小，工程运行过程表明：在 C/N 比大于 4、温度在−3～35 ℃之间时，COD_{Cr} 去除率均可达 80% 以上。

2.5　梯度压力深井曝气工程概况

2.5.1　工程简介

2.5.1.1　位置

老港垃圾填埋场位于上海市南汇区老港镇东，"七九"塘外的东海（长江口）滩涂边，北接朝阳农场地界，南与海滨乡毗邻，距大治河口约 3.5 km，距市中心约 60 km。老港垃圾填埋场四期工程的建设位置是现有老港垃圾填埋场填埋区南北端外堤垂直向外（东）的延伸区域，南北界距 1200 m，东西宽度约 800 m。在老港垃圾填埋场北侧（10 号地块）调节池建立生活垃圾渗滤液处理深层梯度压力高效曝气装置，建设规模为 50 m³/d，如图 2-20 所示。

梯度压力装置深 110 m，占地面积 33 m²。从 2010 年 7 月运行至 2012 年 4 月，为期 21 个月。在高静压条件下，充氧能力显著提高，氧利用率由目前地面上充氧能力高达射流曝气的 30% 提高至 60%～90%。除此之外，传统好氧技术极易受外界温度的影响，夏季由于设备发热和反应过程中的放热，使得好氧池中温度过高，甚至高于 50 ℃，而冬季由于外界温度常常低于 0 ℃，往往使得好氧池中温度过低。过高和过低的温度均会显著抑制微生物活性，现有好氧处理设备基本上冬季需额外增加加热装置，夏季需冷却装置。而梯度压力井主要反应区在地下 80～110 m 处，常年保持恒温（20 ℃），冬季无需加热，夏季无需冷却。相比传统的渗滤液好氧处理技术能耗 25～35 kW·h/t 渗滤液，梯度压力装置仅为 7.5～9.5 kW·h/t 渗滤液，动力消耗降低 70% 左右，具有明显的优势，尤其是在夏冬季或寒冷或炎热的区域优势更为显著。

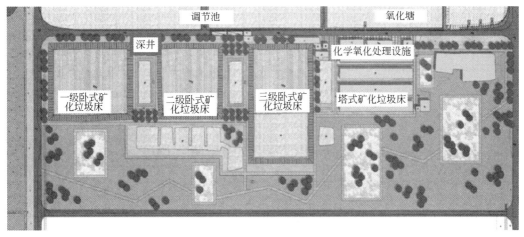

图 2-20　梯度好氧深井位置

2.5.1.2　场地区域地质概况

场地位于长江三角洲入海口东南前缘，其地貌属于潮坪地带，无任何人工构筑物，高滩上生长有茂密的芦苇和秧草，距目前外堤约 600 m。工程区域属实施中的南汇东滩促淤工程范围，该工程实施后淤涨速率有所增加。2002 年底的测量结果为：现老港垃圾填埋场外堤堤脚地面高程为 3.7～4.1 m，3.5 m 等高线距外堤平均距离约 800 m，拟建工程区域内的地面存在向东 0.1%的自然坡度。

2.5.1.3　场地工程地质条件

据勘察，场地在所揭露深度 80.2 m 范围内的地基土分布较稳定，均属第四纪中更新世 Q2 至全新世 Q4 沉积物，主要由饱和黏性土、粉性土和砂土组成，根据土成因、结构及物理力学性质指标综合分析，共划分成 10 个主要层次，本场地地基土特征如表 2-6 所列。

表 2-6　地质地层情况特性

层号	土层名称	成因	土层厚度/m	层底标高/m	状态	密实度	压缩性
①₁	杂填土	—	3.30～4.70	4.26～2.69	—	—	—
①₂	冲填土（淤泥质黏土）	—	1.10～2.90	2.33～0.21	流塑	—	高等
②	砂质粉土夹粉质黏土	河口～滨海	5.40～8.80	−4.22～−8.14	—	松散～稍密	中等～高等
④	淤泥质黏土	滨海～浅海	7.20～15.00	−13.10～−19.39	流塑	—	高等

续表

层号	土层名称	成因	土层厚度/m	层底标高/m	状态	密实度	压缩性
⑤	黏土	滨海～沼泽	5.00～13.40	−22.20～−26.67	软塑～可塑	—	中等～高等
⑥	粉质黏土	河口～湖沼	0.20～1.90	−24.71～−26.07	硬塑～可塑	—	中等
⑦₁	砂质粉土夹粉质黏土	河口～滨海	3.70～4.90	−27.97～−29.50	—	稍密～中密	中等
⑦₂	粉细砂	河口～滨海	25.10～31.30	−54.60～−59.80	—	密实	低等～中等
⑧₁	粉质黏土	滨海～浅海	8.30～20.30	−65.79～−74.90	软塑～可塑	—	中等
⑧₂	砂质粉土与粉质黏土互层	滨海～浅海	3.10～7.00	−62.9～−64.77	—	中密	中等
⑨	细砂	滨海～河口	1.70～5.60	−64.6～−68.20	—	密实	中等
⑩	粉质黏土	河口～湖泽	2.50～4.30	−66.62～−69.07	硬塑	—	中等
⑪	细砂	河口～滨海	未钻穿	未钻穿	—	密实	中等

Ⅰ.场区遍布第①₂层冲填土，该层厚度 1.7～2.8 m，冲填土主要成分为淤泥质黏土，局部夹粉性土，上部以淤泥为主，流塑状态。

Ⅱ.第②层灰色砂质粉土夹粉质黏土，局部夹粉砂，一般深度 6～8 m 处夹较多的淤泥质粉质黏土，该层主要特点为渗透性好、局部土质不均。

Ⅲ.场区缺失第③层淤泥质粉质黏土。第④、⑤层正常分布，均夹少量极薄层粉砂，层位相对稳定。

Ⅳ.第⑥层褐黄色粉质黏土，仅在场地北半部分布，厚度 0.2～1.9 m 不等。

Ⅴ.第⑦层可分为两个亚层：第⑦₁层为草黄色砂质粉土夹粉质黏土，土质不均；第⑦₂层为粉细砂，密实，局部夹少量砂质粉土。

Ⅵ.第⑧层可分为两个亚层：第⑧₁层粉质黏土，夹少量粉砂，土质较均匀，分布于场地北侧；第⑧₂层为砂质粉土与粉质黏土互层，分布于场地南侧。

Ⅶ.第⑨层细砂仅在场地南北两端分布且埋深变化较大。

Ⅷ.第⑩、⑪层仅在场地南端揭露。

梯度压力高效好氧装置平面图如图 2-21 所示。

2.5.1.4 处理工艺流程及工艺参数构建

处理工艺流程图如图 2-22 所示，经预处理后，污水经污水泵提升至梯度压力曝气设备对污水进行好氧生物处理，由于装置深度大、静水压力高，溶解氧浓度大、氧化能力强，可快速、高效、低耗地将污水中的有机物降解为 CO_2、H_2O，深井流出液进入脱气池，脱除黏附在污泥上的微气泡后入二沉池进行固液分离，沉淀污泥用污泥泵回流入深井，多余污泥排入污泥浓缩池，浓缩脱水后外运；经处理后可达到排放要求，最终实现污水处理净化的目的。

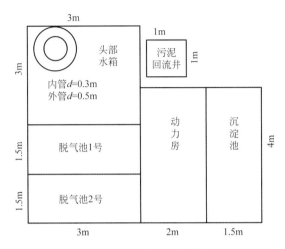

图 2-21　梯度压力高效好氧装置平面图

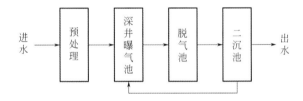

图 2-22　梯度压力高效好氧处理垃圾渗滤液工艺流程

（1）构筑物设计

1）梯度压力曝气井

为同心圆钢结构，顶槽为矩形钢筋混凝土结构，由上升管、下降管和头部水箱三部分组成，形成供液体循环的通道。在上升管、下降管各布置一个曝气装置。循环动力由一台 7.5 kW·h 的空压机提供，曝气位置在地下约 50 m 处。供给的压缩空气既为井内液体循环提供了动力，又为生物作用提供高浓度溶解氧。由于该曝气井深度大，静水压力高，溶解氧浓度大、氧化能力强、内循环比大，因此处理废水快速高效，并取得良好的处理效果。深井尺寸 ϕ 0.5m×110 m，共一座，顶槽尺寸为 3 m×2.5 m×3 m。内井上焊接了镁块作为养护电极，减少井体钢结构在渗滤液长期运行过程中的腐蚀。外井外有厚 1～1.5 m 的混凝土浇筑结构，作为防渗墙。其次，在顶槽设置加药装置，用于处理过程中加入营养添加物或化学处理耦合剂。

2）脱气池

为矩形钢筋混凝土结构。脱气池尺寸为 1.5 m×2.5 m×3 m。

由于该装置深度大、静水压力高、溶解氧浓度大，流出液中含有大量的过饱和溶解空气，流出深井后，会释放出大量微气泡，不等量地黏附到活性污泥上，会造成污泥的上浮、沉淀或漂浮。为使用重力分离法对深井流出液进行固液分离，本工艺采用压缩空气曝气法脱除黏附在活性污泥上的微气泡，便于在二沉池进行固液分离。

3）沉淀池

矩形平流式沉淀池，钢筋混凝土结构。用于对深井处理液进行固液分离，内设污泥斗。尺寸为 1.5 m×6 m×4 m。

（2）主要设备参数

1）污水提升泵

用于将调节池的废水提升入深井池，废水提升泵型号为 WQ7-10-1.1 潜污泵，Q=7 m³/h，H= 10 m，N=1.1 kW。共 2 台，1 台工作，1 台备用。

2）二沉池污泥回流泵

用于将二沉池的沉淀污泥回入深井，选用 WQ7-10-1.1 潜污泵，Q=7 m³/h，H=10 m，N=1.1 kW。共 2 台，1 台工作，1 台备用。

3）空气压缩机

选用活塞式空气压缩机对深井进行曝气供氧。

选用 KS75 活塞式空压机 2 台，1 台工作，1 台备用。

空压机的技术参数：Q=0.75 m³/min，P=0.8 MPa，N=5.5 kW。

废水处理工程选用的设备和需要设计的主要构筑物见表 2-7 和表 2-8。

表2-7　主要构筑物一览表

序号	构筑物名称	尺寸	单位	数量	序号	构筑物名称	尺寸	单位	数量
1	梯度压力曝气井	ϕ0.5 m×110 m	座	1	3	脱气池	1.5 m×2.5 m×3 m	座	1
2	曝气井顶槽	3 m×2.5 m×3 m	座	1	4	二沉池	1.5 m×6 m×4 m	座	1

表2-8　主要设备一览表

序号	设备名称	规格	单位	数量	运行状态
1	提升泵	Q=7 m³/h，H=10 m，N=1.1 kW	座	2	1用1备
2	排污泵	Q=7 m³/h，H=10 m，N=1.1 kW	座	2	1用1备
3	污泥回流泵	Q=7 m³/h，H=10 m，N=1.1 kW	台	2	1用1备
4	活塞式空压机	Q=0.75 m³/min，P=0.8 MPa，N=5.5 kW	套	2	1用1备

（3）工程投资费用决算

本工程投资费用系根据需处理废水的水质水量、处理后要达到的排放要求和选定的废水处理工艺流程的需要，选用或设计的工艺设备、土建构筑物、动力配电设备及材料、工艺测量控制仪表、工艺管道及配件、给排水所需费用进行决算。根据决算结果，本工程设备总造价 38 万元（调试费另计），见表 2-9。

表 2-9　废水处理工程投资费用综合决算　　　　　单位：万元

序号	工程费用名称	设备费	安装费	运杂费	合计
（一）	工程直接费				
1	土建工程费				3
2	工艺设备费	3.0	1.2	0.8	5
3	测量控制仪表费（估）	1.2	0.25	0.05	1.5
4	工艺管路及配件费（估）				2.5
5	梯度压力井（ϕ0.5 m×110 m 深井 1 座）	18	5	3	26
	直接费小计				38
（二）	工程独立费				
1	设计费（一）×5%				2.8
2	调试费（一）×3%				1.7
	独立费小计				4.5
	工程总投资（一）+（二）				42.5

（4）运行费用计算

梯度压力装置渗滤液处理运行费用主要包括电费、人工费、折旧费、维修保养费和投加的药剂费等，如表 2-10 所列。

表 2-10　梯度压力装置渗滤液处理运行费用

费用名称	运行管理	金额/（元/t）
电费	7.5 kW 的空压机 1 台 1.1 kW 的污水泵 3 台	6.5
人工费	负责运行管理及预处理和深度处理加药，1800 元/（人·月）×1	2
折旧费	工程直接费的 5%（年折旧率）	2.6
维修保养费	折旧费的 20%	0.52
预处理费用	氢氧化钙和絮凝剂等	0.8～1.2
合计		12.4～12.8

1）电费

工程总装机功率为 18.4 kW，最大使用功率为 7.7 kW（主要为空压机，功率为 7.5 kW），工程日耗电约为 154 kW·h，电费以 0.70 元/（kW·h）计，则工程每日电费为 E_1=0.70×154≈108（元）。

2）人工费

操作管理人员 1 人，人均月工资福利费为 1800 元，每日人工费为 E_2=1800/30=60（元）。

3）折旧费

工程直接费为 38 万元，年折旧率以 5%计，工程每天的折旧费为 E_3=38×10000×5%÷365≈52（元）。

4）维修保养费

维修保养费以折旧费的 20% 计，每日维修保养费为 $E_4=52×20\%=10.4$（元）。

5）药剂投加费用

氢氧化钙和絮凝剂，每日投加费用为 10～20 元。

则平均每处理 1 m³ 废水（包括回用水处理）费用为 12.4～12.8 元。

充氧动力能耗和额外控温能耗的减少是梯度压力装置处理成本降低的关键。在出水满足 COD_{Cr} < 1000 mg/L、NH_4^+-N < 100 mg/L 的条件下，传统好氧技术处理渗滤液成本为 18～30 元/t，而梯度压力装置处理成本仅为 12.4～12.8 元/t，处理成本降低了近 52%。

由于本工程处理量较小，仅为 20 t/d，在节地方面与渗滤液实际处理工程优势不显著。但是，当处理规模扩大至 100～200 t 时，按照现有梯度压力装置的工程运行参数设计，占地仅为 50 m³ 左右（井深 110 m，直径 1.5～2 m），与传统好氧技术相比可节省约 40%。

2.5.2 与传统活性污泥法运行效能对比

表 2-11 展示了在低温条件（T < 20 ℃）下梯度压力装置和其他活性污泥法对渗滤液中 COD_{Cr} 和 NH_4^+-N 的去除效果的对比。在低有机负荷 [0.7～1.5 gCOD_{Cr}/(L·d)] 和较长的水力停留时间（HRT=1.5～2 d）的条件下，使用上流式厌氧污泥床和混合过滤床联合工艺，在 11 ℃时，对 COD_{Cr} 的去除率为 60%～65%。而在 19 ℃时，仅使用好氧塘处理渗滤液，COD_{Cr} 的去除率为 55%～64%，而且所需水力停留时间更长（16～22 d）。在 17 ℃时，使

表 2-11　梯度压力装置与其他活性污泥法对垃圾渗滤液中 COD_{Cr} 和 NH_4^+-N 去除效果的对比

好氧反应器运行规模	填埋场位置	运行过程/反应器类型	渗滤液性质		处理量/L	运行条件			去除率	
			COD_{Cr}/(mg/L)	NH_4^+-N/(mg/L)		OLR[1]/[g COD_{Cr}/(L·d)]	HRT[2]	T/℃	COD_{Cr}/%	NH_4^+-N/%
现场	上海（中国）	梯度压力装置（DSAB）	3600～9500	1500～2200	10000～20000	1.7～9.4	1～2 d	3～15	67～87	66～94
实验室	不列颠哥伦比亚（加拿大）	两级厌氧-好氧反应器	350	1200～2200	9	—	12～24 h	10	30	50～70
现场	埃斯波（芬兰）	升流式厌氧污泥床（UASB）	630～2200	—	100	1.4～2	33 h	13～14	50～55	—
实验室	坦佩雷（芬兰）	UASB和复合床过滤器	1800	—	0.56	0.7～1.5	1.5～2 d	11	60～65	—
实验室	塔尔图（爱沙尼亚）	好氧塘	765～3090	—	17	—	16～22 d	19	55～64	—
现场	隆德（瑞典）	移动床生物膜反应器	800～2000	—	5000	—	4 d	17	20	—

① OLR：有机负荷率。

② HRT：水力停留时间。

用移动床生物膜反应器，HRT 为 4 d 时，COD_{Cr} 的去除率仅为 20%左右。

相比在低温运行期其他单独或联合活性污泥法处理技术，COD_{Cr} 去除率达到 20%～65%，即使在有机负荷波动较大 [1.7～9.4 g COD_{Cr}/(L·d)]、水力停留时间相对较短（1～2 d）的条件下，梯度压力装置在外界温度低于 15 ℃运行期，对 COD_{Cr} 的去除率仍可稳定保持在 67%～87%。同时，在此运行期间，梯度压力装置对 NH_4^+-N 的去除率为 66%～94%，而在 10 ℃时，使用两级厌氧好氧反应器对于 NH_4^+-N 的去除率仅为 50%～70%。进一步来说，在日处理量大于 20 t 的生活垃圾渗滤液处理厂，使用传统的活性污泥法，在冬季运行期（不另外带加热装置）COD_{Cr} 和 NH_4^+-N 的去除率往往只有 20%～40%。因此，在寒冷的季节或是寒冷的地区，梯度压力好氧技术作为渗滤液的生物预处理技术来说，更具有发展潜力和优势。

第 3 章
纳米铁粉-活性炭
微电解深度处理技术

- △ 纳米铁粉-活性炭微电解技术原理
- △ 超细/纳米铁粉-活性炭微电解处理效能
- △ 18 μm 铁碳微电解降解 COD_{Cr} 过程响应面优化
- △ 超细/纳米铁粉-活性炭处理渗滤液 DOM 特性分析
- △ 超细/纳米铁粉-活性炭处理污泥成分分析
- △ 渗滤液生物尾水超细铁碳微电解中试试验

3.1　纳米铁粉-活性炭微电解技术原理

铁碳微电解是基于电化学中的原电池反应，金属阳极直接和阴极材料接触，浸没在电解质溶液中，发生原电池反应而腐蚀电池，金属阳极被腐蚀而消耗。铁碳原电池反应生成的氢基等强氧化物对有机物尤其是偶氮型染料分子有很好的分解作用。铁碳微电解处理在印染废水、生活污水等处理方面均有应用，在脱色和提高难降解废水可生化性方面研究较多。经过高温煅烧或其他处理方式，可克服铁碳易板结的难题，一些铁碳微电解填料已应用于污水处理。

① 铁的还原作用：铁是活泼金属，具有还原能力，因而在偏酸性水溶液中能够直接将染料还原成氨基有机物。因氨基有机物色淡，且易被氧化分解，故废水中的色度得以降低。废水中的某些重金属离子也可以被铁还原出来，其他氧化性较强的离子或化合物可被铁还原成毒性较小的还原态。

② 微电解作用：铁具有电化学性质。其电极反应的产物中新生态的[H]和 Fe^{2+} 能与废水中许多组分发生氧化还原作用，可破坏染料的发色或助色基，使之断链，失去发色能力；可使大分子物质分解为小分子的中间体；使某些难生化降解的化学物质变成易生化处理的物质，提高可生化性。

③ 混凝吸附作用：在偏酸性条件下处理废水时产生大量的 Fe^{2+} 和 Fe^{3+}，当 pH 调至碱性并有氧存在时，会形成 $Fe(OH)_2$ 和 $Fe(OH)_3$ 絮状沉淀，$Fe(OH)_3$ 还可能水解生成 $Fe(OH)^{2+}$、$Fe(OH)_2^+$ 等络离子，它们都有很强的絮凝性能。这样废水中原有的悬浮物，以及通过微电解产生的不溶性物质和构成色度的不溶性物质均可被吸附凝聚，从而使污水得以净化。

纳米材料由于具有极小的尺寸（粒径 1～100 nm）产生了常规颗粒所不具有的新效应，与同质的颗粒材料相比，表现出特殊的光学、电学、热学、磁学、力学等性能，其活性是同质颗粒材料的几十倍甚至上百倍，在处理废水、臭气方面具有巨大的潜力和广阔的前景。尽管目前国内外在环境保护中的应用研究刚刚开始，但初步的研究成果足以显示其巨大的应用前景和价值。

① 降解废水中有机污染物。纳米零价铁颗粒作为一种有效的脱卤还原剂，可以催化还原多种有机卤化物（卤代烷烃、卤代烯烃、卤代芳香烃、有机氯农药等）转化为无毒或低毒的化合物，同时提高其可生化性，为微生物的进一步降解提供条件。纳米铁可催化降解三氯乙酸（TCA）、三氯乙烯（TCE）、四氯乙烯（PCE），并以乙烷为主要生成产物，其在 24 h 内的去除效率高达 99%。纳米级零价铁的脱氯效果优于微米级零价铁，纳米级零价铁可使溶解的多氯联苯（PCBs）脱氯为低级的氯化物联苯。三氧化二铝超细粉末可有效吸附去除污水中的三氯乙烯 TCE。

② 污/废水中无机污染物的降解。纳米铁等纳米材料具有在水体中脱氮、脱硝功能，在无酸度控制的封闭厌氧体系中与水中硝态氮反应的主要产物为氨氮。高氯酸盐、氯酸盐、亚氯酸盐、次氯酸盐等也可被纳米零价铁很好地降解，产物为简单的氯化物。此外，纳米零价铁可以用于修复污水中的砷、铬、铅等重金属污染。半导体氧化物超细粉末可在水溶液中经光催化作用还原六价铬。

③ 污染地下水修复。纳米粒子可用于大规模修复地下水污染物，包括去除氯化物、杀虫剂等以及固定重金属（Cr、Hg、As）。

3.2 超细/纳米铁粉-活性炭微电解处理效能

3.2.1 不同粒径影响

（1）渗滤液 pH 值变化

由图 3-1 可知，随着铁粉粒径的减小，出水 pH 值升高速率越大，pH 越接近中性。这主要是因为在充氧条件下，Fe/C 微电解反应会生成大量的 OH^-，从而导致溶液 pH 值升高。铁粒径越小，反应速率越快，故粒径为 80 nm 的 Fe-C 系统在反应 2.5 h 时，pH 值快速由 2.0 升至 6.2 左右，随后虽仍略有升高，但变化趋势较平缓，23 h 时升至 6.8 左右；粒径为 18 μm 的 Fe-C 系统，反应 2.5 h 后，pH 值即快速由 2.0 升至 4.8 左右，反应 8h 后，pH 升至 6.0，随后略有降低，但变化率较小，基本稳定在 6.0 左右，23 h 升至 6.5 左右；粒径为 150 μm 的 Fe-C 系统 pH 值在反应 2.5 h 时，pH 值仅由 2.0 升至 3.6，反应 12 后，pH 值升至 5.9，随后稳定在此水平。而在相同的实验条件下，由市场上购得的铁碳微电解填料 pH 值变化较缓，反应 12h 后，pH 值仅升高至 3.6，随后稳定于此水平。

即使达到平衡的时间不同，但是 80 nm、18 μm 和 150 μm 等不同粒径的铁粉与活性炭组成的 Fe-C 微电解系统反应达到的最终 pH 值均在 6～7 之间。这表明当初始 pH 值一定，投入的铁粉量一定时，生成的 OH^- 的量也基本相同，不同粒径反应不同时间后，最终 pH 值均趋向于 6.0。但铁粉粒径的大小对反应速率的影响显著，粒径越小，反应速率越快。

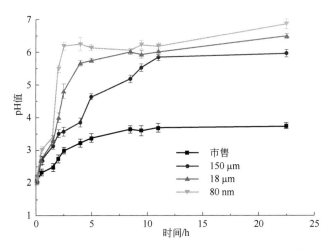

图 3-1 超细/纳米铁粉-活性炭处理渗滤液随时间的 pH 值变化

反应中生成的 OH^- 是出水 pH 值升高的原因，而由 Fe^{2+} 氧化生成的 Fe^{3+} 逐渐水解生成聚合度大的 $Fe(OH)_3$ 胶体絮凝剂，可以有效地吸附、凝聚水中的污染物，从而增强对废水的净化效果。

铁为阳极，碳做阴极，发生以下反应，见式（3-1）、式（3-2）：

阳极（Fe）： $\text{Fe} - 2\text{e}^- \longrightarrow \text{Fe}^{2+}$ $E^0(\text{Fe}^{2+}/\text{Fe})=-0.440\text{ V}$ （3-1）

阴极（C）： $2\text{H}^+ + 2\text{e}^- \longrightarrow 2[\text{H}] \longrightarrow \text{H}_2\uparrow$ $E^0(\text{H}^+/\text{H}_2)=0.00\text{ V}$ （3-2）

充氧条件下，可增大反应的电势差，加速反应速率，见式（3-3）、式（3-4）：

$$\text{O}_2 + 4\text{H}^+ + 4\text{e}^- \longrightarrow 2\text{H}_2\text{O} \quad E^0(\text{O}_2)=1.23\text{ V} \tag{3-3}$$

$$\text{O}_2 + 2\text{H}_2\text{O} + 4\text{e}^- \longrightarrow 4\text{OH}^- \quad E^0(\text{O}_2/\text{OH}^-)= 0.40\text{ V} \tag{3-4}$$

（2）COD_{Cr} 去除效果

由图 3-2 可知，渗滤液 COD_{Cr} 的去除率随着 Fe-C 系统中铁粉粒径的减小而增大，且反应速率也表现出相同的趋势，随铁粉粒径的减小而提高。铁粉粒径为 80 nm 时，反应 2 h 后，COD_{Cr} 去除率即达到 73%，反应 6 h 后，COD_{Cr} 去除率达到稳定，为 86%；铁粉粒径为 18 μm 时，反应 2 h 后，COD_{Cr} 去除率达到 33%，反应 4 h，COD_{Cr} 去除率升至 58%，反应 8 h，COD_{Cr} 去除率达到 72%，随后趋于平衡；铁粉粒径为 150 μm 时，反应 2 h 后，COD_{Cr} 去除率仅为 21%，反应 4 h，COD_{Cr} 去除率升至 30%，反应 23 h，COD_{Cr} 去除率达到 44%。在市场上购得的铁碳微电解填料，反应 2 h 后，COD_{Cr} 去除率仅为 14%；反应 4 h；COD_{Cr} 去除率升至 25%；反应 23 h，COD_{Cr} 去除率达到 33%。

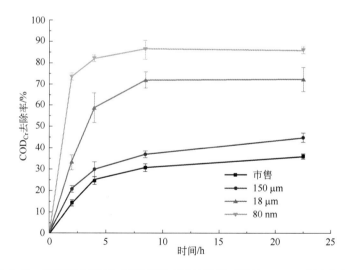

图 3-2 超细/纳米铁粉-活性炭处理渗滤液随时间的 COD_{Cr} 去除率变化

在偏酸性条件下处理废水时产生大量的 Fe^{2+} 和 Fe^{3+}，当 pH 调至碱性并有氧存在时，会形成 $Fe(OH)_2$ 和 $Fe(OH)_3$ 絮状沉淀，$Fe(OH)_3$ 还可能水解生成 $Fe(OH)^{2+}$、$Fe(OH)_2^+$ 等络离子，它们都有很强的絮凝性能。这样废水中原有悬浮物，以及通过微电解产生的不溶性物质和构成色度的不溶性物质均可被吸附凝聚，从而使污水得以净化。

结合反应过程中 pH 值的变化趋势，当铁粉粒径为 80 nm 时，反应 2 h 后，pH 值即升至 6.2，后趋于稳定，此时 COD_{Cr} 去除率即达到 73%；当铁粉粒径为 18 μm 时，反应 5 h

后，pH 值升至 5.8，后趋于稳定，此时 COD_{Cr} 去除率即达到约 60%；当铁粉粒径为 150 μm 时，反应 12 h 后，pH 值升至 5.9，后趋于稳定，此时 COD_{Cr} 去除率即达到约 38 %。表现出最大去除率与 pH 值达到平衡值时相对应的时间出现滞后性，即当水样 pH 值达到平衡后 4 h 内 COD_{Cr} 去除率仍有所升高，可升高 12%～13%。

由式（3-1）和式（3-2）可知，微电解的阳极由零价铁失去电子生成二价铁，阴极由氢离子作为电子接收体得到电子，生成具有活性的[H]自由基。但在充氧条件下，最终生成的 OH^- 与 H^+ 中和，使得溶液中能得电子的 H^+ 浓度逐渐减少，从而使得此电解过程速率逐渐降低，直至接近反应停止。当 pH 值达到 6.0 以上时，电子接收体 H^+ 大幅度减少，这使得阳极-铁失去电子的过程受到抑制，从而导致 Fe^{2+} 的溶出量减小。

在 pH 值达到平衡前，对 COD_{Cr} 去除的反应效率较高，pH 值达到平衡后（pH > 6.0），对 COD_{Cr} 虽仍保持一定的去除率，但反应速率非常小。这可能是因为在曝气作用下，达到平衡前已生成的 Fe^{2+} 氧化生成的 Fe^{3+} 逐渐水解生成聚合度大的 $Fe(OH)_3$ 胶体絮凝剂，对渗滤液中的有机污染物起到了吸附、凝聚的作用，从而增强对污水的净化效果。

综上所述，反应过程中 pH 值的变化可以作为铁碳微电解过程中反应终止的一种信息。当水样中 pH > 6.0 时，即可认为微电解过程基本结束。

（3）总铁浓度变化

由于实验过程曝气量较大，Fe^{2+} 在较短时间内即被氧化为 Fe^{3+}，实验过程测得的 Fe^{2+} 浓度极小，即使用总溶解性铁的浓度来分析铁的溶出量。由表 3-1 可知，铁粉粒径越小，溶解出的铁离子浓度越小。粒径为 80 nm 的铁粉相对应的铁溶出量为 274 mg/L，粒径为 18 μm 的铁粉相对应的铁溶出量为 377 mg/L，粒径为 150 μm 的铁粉相对应的铁溶出量为 449 mg/L。

表 3-1 不同粒径铁粉-活性炭系统处理渗滤液铁的溶出量

铁粉粒径	150 μm	18μm	80 nm
溶解性 Fe/(mg/L)	449	377	274

结合图 3-2 COD_{Cr} 的去除效果可以看出，在初始 pH 值为 2.0，反应 24 h 内，固液比为 2%时，COD_{Cr} 的去除率仅与铁粉的粒径呈现显著的负相关关系，即铁粉粒径越小，去除率越高。COD_{Cr} 的去除率与溶解性铁的浓度并无显著关系。

铁的溶出量与反应过程保持在 pH < 6.0 的时间长短有一定的相关性。反应过程在 pH < 6.0 的状态下保持时间越长，溶出的铁离子的量就越大。当铁粉粒径为 80 nm 时，pH < 6.0 的反应为 2 h；当铁粉粒径为 18 μm 时，pH < 6.0 的反应为 5 h；当铁粉粒径为 150 μm 时，pH < 6.0 的反应为 12 h。

然而，此反应过程中有机污染物去除的主要机理为 Fe^{2+} 和生成的[H]的活性作用结果。根据反应机理，COD_{Cr} 去除率越高，生成的可溶性铁浓度应越高，这里实测值与理论值出现了悖论。故此，反应过程中应存在其他机理才会出现这种现象。为了进一步从微观和分子角度对超细铁粉-活性炭反应过程机理进行深入讨论，对反应结束后的水样和底泥分别进行了分子量分布、荧光光谱以及 X 射线衍射、红外光谱和表面微观电镜扫描分析。

3.2.2　温度影响

保持曝气量（6.5～7 mg/L）、初始 pH=2.0、18 μm 铁粉（10 g/L）、活性炭（10 g/L）、COD_{Cr} 初始浓度（986 mg/L）等反应条件不变，考察初始反应温度（10 ℃±2 ℃、25 ℃±2 ℃、37 ℃±2 ℃）对超细铁粉-活性炭微电解系统去除渗滤液中 COD_{Cr} 的影响。

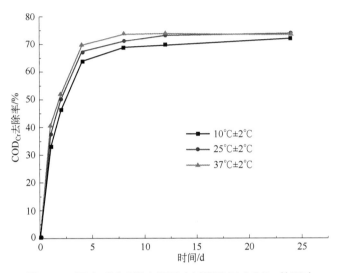

图 3-3　温度对铁碳微电解反应过程降解 COD_{Cr} 的影响

由图 3-3 可以看出，在酸性条件（pH=2.0）、高曝气量条件（DO=7 mg/L）下，在 10～37 ℃范围内，温度对铁碳微电解反应过程降解渗滤液中 COD_{Cr} 的影响较小。短时间内，温度越高，反应速率越快，且去除率也相对较高。反应 8 h 后，不同温度条件下，反应基本达到平衡，低温 10 ℃±2 ℃条件下，COD_{Cr} 的去除率为 68.7%；常温 25 ℃±2 ℃条件下，COD_{Cr}去除率为 70.8%；高温 37 ℃±2 ℃条件下，COD_{Cr} 去除率为 73.5%。随着反应时间的延长，3 个温度条件下 COD_{Cr} 的去除率逐渐接近，温度对铁碳微电解反应过程中 COD_{Cr} 的去除效果无明显影响。反应 24 h 后，低温条件下，COD_{Cr} 的去除率为 71.8%；常温和高温条件下，COD_{Cr} 去除率均可达 73.5%。

3.2.3　曝气量影响

保持温度 25 ℃±2 ℃、初始 pH=2、18 μm 铁粉（10 g/L）、活性炭（10 g/L）、COD_{Cr} 初始浓度（986 mg/L）等反应条件不变，考察初始溶解氧浓度（2 mg/L、4 mg/L、7 mg/L）对超细铁粉-活性炭微电解系统去除渗滤液中 COD_{Cr} 的影响。

由图 3-4 可以看出，曝气量越大，反应达到平衡的时间越短。曝气量最大，溶解氧浓度为 7 mg/L 时，反应 12 h 即达到平衡状态；降低曝气量，溶解氧浓度为 4 mg/L 时，反应 48 h 左右才达到平衡状态；曝气量最小，溶解氧浓度约为 2 mg/L 时，需要 70 h 以上才可达到反应平衡。

由图 3-5 可以看出，在 24 h 内，曝气量越大，反应表观速率常数 k_{obs} 越大，表明曝气量对反应速率有极大的影响，曝气量越大，反应越快。24 h 后，反应速率趋于一致。在铁碳微电解反应过程中，充氧过程既可以防止铁碳的板结，也可以促进铁碳的反应速率。氧存在的条件下，加速了 Fe^{2+} 向 Fe^{3+} 的转化，打破了 Fe^{2+}/Fe^{3+} 之间的平衡，从而在酸性条件下，促使了 Fe^{2+} 的溶出，提高了 Fe-C 的反应速率。

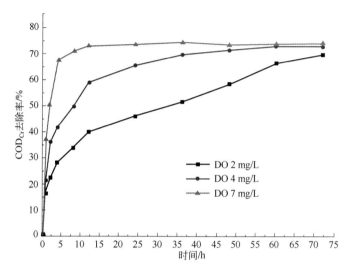

图 3-4　溶解氧对铁碳微电解反应过程降解 COD_{Cr} 的影响

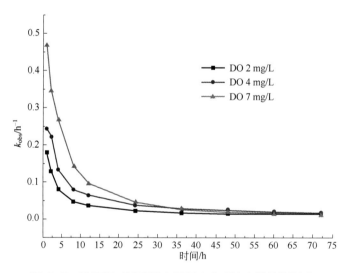

图 3-5　溶解氧对铁碳微电解反应表观速率常数的影响

3.2.4　初始 pH 值影响

保持曝气量（6.5～7 mg/L）、温度 25 ℃±2 ℃、铁粉投加量（10 g/L）、活性炭投加量（10 g/L）、COD_{Cr} 初始浓度（986 mg/L）等反应条件不变，考察初始 pH 值（2.0、3.5、4.5、

5.5）对超细铁粉-活性炭微电解系统反应去除渗滤液中 COD_{Cr} 过程的影响（图 3-6）。

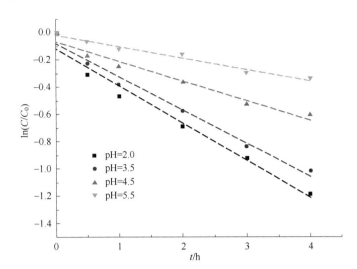

图 3-6 不同初始 pH 值条件下 ln（C/C_0）-t 拟合曲线

（C_0 指初始条件下的 COD 浓度，C 是指随不同时间变化的 COD 浓度，下同）

在不同的初始 pH 值反应条件下，采取最小二乘法分别对渗滤液中 COD_{Cr} 浓度与其反应时间相关关系 [ln/(C/C_0)-t] 进行线性回归拟合，图 3-7 表明反应 4 h 内，ln(C/C_0)-t 具有显著的线性关系，可见 Fe-C 微电解反应降解 COD_{Cr} 过程 4h 内符合准一级反应动力学方程，其相应的表观速率常数（k_{obs}）和半衰期 $t_{1/2}$=ln2/k_{obs} 见表 3-2。

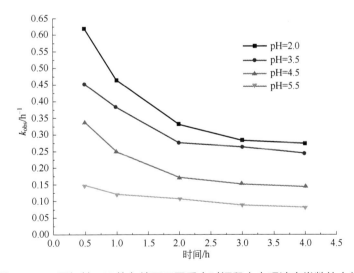

图 3-7 不同初始 pH 值条件下不同反应时间段内表观速率常数的变化

初始 pH 值对 Fe-C 微电解反应降解渗滤液中 COD_{Cr} 的过程产生显著影响，呈现出反应初始 pH 值越小，该过程对 COD_{Cr} 降解能力越强的趋势。在反应初始 pH < 4.0（pH=2.0、3.5）的条件下，铁碳微电解反应降解 COD_{Cr} 的表观速率常数 k_{obs} > 0.2 h^{-1}，半衰期 $t_{1/2}$ 均小于 3 h。而当溶液初始 pH > 4.0 时，铁碳微电解反应降解效果明显降低，pH 值为 4.5 时，COD_{Cr} 降解反应的 k_{obs} 为 0.1440 h^{-1}，半衰期 $t_{1/2}$ 升至 4.81 h；pH 值为 5.5 时，该降解反应的 k_{obs} 为 0.0837 h^{-1}，甚至小于 0.1 h^{-1}，半衰期 $t_{1/2}$ 为 8.28 h，大于 8 h。因此，微电解反应降解渗滤液中 COD_{Cr} 的最佳反应 pH 值范围为 2.0～3.5。

表 3-2　不同初始 pH 值下 Fe-C 微电解反应降解渗滤液 COD_{Cr} 的反应动力学参数

初始 pH 值	平均表观速率常数 k_{obs}/h^{-1}	相关系数 R^2	半衰期 $t_{1/2}$/h
2.0	0.2738	0.9662　$(P < 0.001)$	2.53
3.5	0.2448	0.9777　$(P < 0.001)$	2.83
4.5	0.1440	0.9545　$(P < 0.001)$	4.81
5.5	0.0837	0.9689　$(P < 0.001)$	8.28

在不同初始 pH 值条件下，对各反应时间段内的表观速率常数 k_{obs} 进行了分析。结果表明，初始 pH = 2.0 条件下，表观速率常数 k_{obs} 由 0.5 h 时的 0.62 降至 3 h 时的 0.28，随后趋于平衡；初始 pH=3.5 条件下，表观速率常数 k_{obs} 由 0.5 h 时的 0.45 降至 2 h 时的 0.27，随后趋于平衡；初始 pH=4.5 条件下，表观速率常数 k_{obs} 由 0.5 h 时的 0.33 降至 2 h 时的 0.17，随后趋于平衡；初始 pH=5.5 条件下，表观速率常数 k_{obs} 由 0.5 h 时的 0.14 降至 3 h 时的 0.09，随后趋于平衡。Fe^{2+} 的溶出量随着 pH 值的升高而降低，这也是前期反应速率较快，后期反应速率变慢的主要原因。

3.2.5　铁粉投加量影响

保持曝气量（6.5～7 mg/L）、温度 25 ℃± 2 ℃、初始 pH=2.0、活性炭（10 g/L）、COD_{Cr} 初始浓度（986 mg/L）等反应条件不变，考察初始 18 μm 铁粉和活性炭不同质量比（m_{Fe}：m_C=1：3、m_{Fe}：m_C=2：3、m_{Fe}：m_C=1：1、m_{Fe}：m_C=4：3）对超细铁粉-活性炭微电解系统反应去除渗滤液中 COD_{Cr} 过程的影响（图 3-8）。

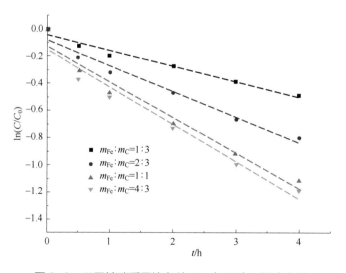

图 3-8　不同铁碳质量比条件下 $\ln(C/C_0)$-t 拟合曲线

在不同铁碳质量比条件下，采取最小二乘法分别对渗滤液中 COD_{Cr} 浓度与其反应时间相关关系 $[\ln(C/C_0)\text{-}t]$ 进行线性回归拟合，图 3-8 表明反应 4 h 内，$\ln(C/C_0)\text{-}t$ 具有显著的线性相关，可见 Fe-C 微电解反应降解 COD_{Cr} 过程 4h 符合准一级反应动力学方程，其相应的表观速率常数（k_{obs}）和半衰期 $t_{1/2}=\ln2/k_{obs}$ 见表 3-3。

表 3-3　不同铁碳质量比下 Fe-C 微电解反应降解渗滤液 COD_{Cr} 的反应动力学参数

Fe/C 投加质量比	平均表观速率常数 k_{obs}/h^{-1}	相关系数 R^2	半衰期 $t_{1/2}$/h
1：3	0.1140	0.9704（$P<0.001$）	6.08
2：3	0.1889	0.9650（$P<0.001$）	3.67
1：1	0.2610	0.9553（$P<0.001$）	2.65
4：3	0.2734	0.9450（$P<0.001$）	2.53

实验结果表明（表 3-3），不同铁粉和活性炭质量比对 Fe-C 微电解反应降解渗滤液中 COD_{Cr} 的过程产生显著影响，随着 $m_{Fe}:m_C$ 比值的增大，表观速率常数 k_{obs} 也增大，而半衰期 $t_{1/2}$ 却减小。当 $m_{Fe}:m_C=1$ 时，半衰期 $t_{1/2}$ 为 2.65 h，当铁粉的量再增大 $m_{Fe}:m_C=4：3$ 时，半衰期仅降低至 2.53。而当 $m_{Fe}:m_C<1$ 时，半衰期明显增大，当 $m_{Fe}:m_C=1：3$ 时，半衰期增大至 6.08 h。鉴于超细铁粉比活性炭的价格贵，因此，后续实验选取铁粉和活性炭最佳的质量比为 1：1。

在不同铁碳质量比条件下，对各反应时间段内的表观速率常数 k_{obs} 进行了分析（图 3-9），反应过程前 2 h，表观速率常数变化最为剧烈，且随着 $m_{Fe}:m_C$ 值的增大，这种变化趋势尤为明显。当 $m_{Fe}:m_C=4：3$ 时，0.5 h 时 k_{obs} 为 0.74，2 h 时降为 0.34；当 $m_{Fe}:m_C=1：1$ 时，0.5 h 时 k_{obs} 为 0.62，2 h 时降为 0.33；当 $m_{Fe}:m_C=2：3$ 时，0.5 h 时 k_{obs} 为 0.42，2 h 时降为 0.22；当 $m_{Fe}:m_C=1：3$ 时，0.5 h 时 k_{obs} 为 0.24，2 h 时降为 0.13。

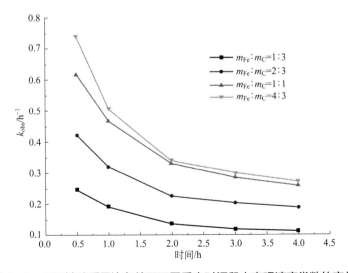

图 3-9　不同铁碳质量比条件下不同反应时间段内表观速率常数的变化

Fe^{2+} 的溶出量虽然主要受 pH 值的影响，但是在充氧条件下，Fe^{2+} 向 Fe^{3+} 的转化存在平衡，达到平衡时，Fe^{2+}的溶出量同样会减少。铁粉投加量增大，在相同的 pH 值条件下 Fe^{2+}的溶出量就会增大，从而提高反应速率。

3.2.6 固液比影响

保持曝气量（6.5～7 mg/L）、温度 25 ℃±2 ℃、初始 pH=2.0、铁粉和活性炭质量比（1：1）、COD_{Cr}初始浓度（986 mg/L）等反应条件不变，考察不同固液比（1 g/100 mL、2 g/100 mL、3 g/100 mL、4 g/100 mL）对超细铁粉-活性炭微电解系统反应去除渗滤液中 COD_{Cr}过程的影响。

在不同固液比条件下，采取最小二乘法分别对渗滤液中 COD_{Cr}浓度与其反应时间相关关系［$\ln(C/C_0)$-t］进行线性回归拟合，图 3-10 表明反应 4 h 内，$\ln(C/C_0)$-t 具有显著的线性相关，可见 Fe-C 微电解反应降解 COD_{Cr}过程符合准一级反应动力学方程，其相应的 k_{obs} 和 $t_{1/2}$ 见表 3-4。

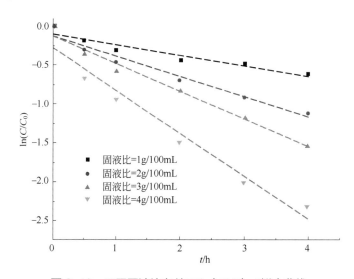

图 3-10 不同固液比条件下 $\ln(C/C_0)$-t拟合曲线

表 3-4 不同固液比条件下 Fe-C 微电解反应降解渗滤液 COD_{Cr}的反应动力学参数

固液比	平均表观速率常数 k_{obs}/h^{-1}	相关系数 R^2	半衰期 $t_{1/2}$/h
1%	0.137	0.8916（$P<0.01$）	5.06
2%	0.2611	0.9552（$P<0.001$）	2.65
3%	0.3570	0.9754（$P<0.001$）	1.94
4%	0.5535	0.9508（$P<0.001$）	1.25

不同固液比对 Fe-C 微电解反应降解渗滤液中 COD_{Cr}的过程产生显著影响，随着固液比的增大，表观速率常数 k_{obs} 增大，而半衰期 $t_{1/2}$ 减小。当固液比=1 g/100 mL 时，半衰期 $t_{1/2}$ 为 5.06 h；当固液比=2 g/100 mL 时，半衰期 $t_{1/2}$ 为 2.65 h；当固液比=3 g/100 mL 时，半衰期 $t_{1/2}$ 为 1.94 h；当固液比增大至 4 g/100 mL 时，半衰期 $t_{1/2}$ 为 1.25 h。虽然随着固液比

的增加，反应半衰期显著减少，但是固液比的增加也导致处理后污泥量的增加，加大了污泥的处理负荷。因此，综合考虑固液比与产泥量的矛盾后，后续实验选取固液比=2 g/100 mL 为药剂最佳投加比。

在不同固液比投加条件下，对各反应时间段内的表观速率常数 k_{obs} 进行了分析（图 3-11），固液比=4 g/100 mL 时，表观速率常数明显增大，0.5 h 时 k_{obs} 为 1.35，即使反应 4 h 后 k_{obs} 仍为 0.55；而当固液比为 3 g/100 mL、2 g/100 mL、1 g/100 mL 时，反应 2 h 后，表观速率常数即趋于平衡，k_{obs} 分别由 0.5 h 的 0.74、0.62、0.39 降至 4 h 的 0.36、0.26、0.14。固液比增大，Fe^{2+} 的溶出量也增大，反应速率则也会相应提高。

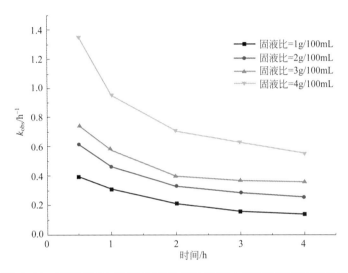

图 3-11　不同固液比条件下不同反应时间段内表观速率常数的变化

3.2.7　初始 COD_{Cr} 浓度影响

保持曝气量（6.5～7 mg/L）、温度 25 ℃±2 ℃、初始 pH=2.0、铁粉和活性炭质量比（1∶1）、固液比 2 g/100 mL 等反应条件不变，考察初始不同初始 COD_{Cr} 浓度（1837 mg/L、1217 mg/L、986 mg/L、653 mg/L）对超细铁粉-活性炭微电解系统反应去除渗滤液中 COD_{Cr} 过程的影响。

在不同初始 COD_{Cr} 浓度条件下，采取最小二乘法分别对渗滤液中 COD_{Cr} 浓度与其反应时间相关关系 $[\ln(C/C_0)\text{-}t]$ 进行线性回归拟合，图 3-12 表明反应 4 h 内，$\ln(C/C_0)\text{-}t$ 具有显著的线性相关，可见 Fe-C 微电解反应降解 COD_{Cr} 过程前 4h 符合准一级反应动力学方程，其相应的表观速率常数（k_{obs}）和半衰期 $t_{1/2}=\ln2/k_{obs}$ 见表 3-5。

不同初始 COD_{Cr} 浓度对 Fe-C 微电解反应降解渗滤液中 COD_{Cr} 的过程产生显著影响，随着底物浓度的增大，表观速率常数 k_{obs} 显著减小，而半衰期 $t_{1/2}$ 也显著增大。当初始 COD_{Cr} 浓度为 1837 mg/L 时，反应半衰期时间增加至 4.53 h；当初始 COD_{Cr} 浓度降至 653 mg/L 时，反应半衰期时间减小至 1.48 h。

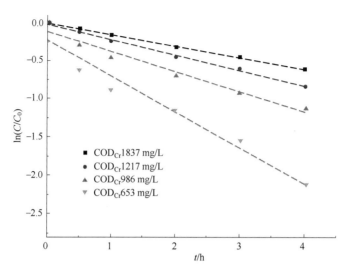

图 3-12　不同初始 COD_{Cr} 浓度条件下 $\ln(C/C_0)$-t 拟合曲线

表 3-5　不同初始 COD_{Cr} 浓度下 Fe-C 微电解反应降解渗滤液 COD_{Cr} 的反应动力学参数

$COD_{Cr}/(mg/L)$	平均表观速率常数 k_{obs}/h^{-1}	相关系数 R^2	半衰期 $t_{1/2}/h$
1837	0.1529	0.9987 （$P < 0.01$）	4.53
1217	0.2015	0.9944 （$P < 0.001$）	3.44
986	0.2611	0.9552 （$P < 0.001$）	2.65
653	0.4669	0.9462 （$P < 0.001$）	1.48

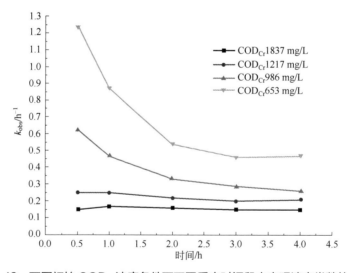

图 3-13　不同初始 COD_{Cr} 浓度条件下不同反应时间段内表观速率常数的变化

在不同初始 COD_{Cr} 浓度（即不同底物浓度）条件下，对各反应时间段内的 k_{obs} 进行了分析（图 3-13），当初始 COD_{Cr} 浓度较大时，表观速率常数较小，基本维持一个水平值，当初始 COD_{Cr} 浓度为 1837 mg/L 时，k_{obs} 为 0.17，初始 COD_{Cr} 浓度降至 1217 mg/L 时，k_{obs}

升至 0.23 左右；当初始 COD_{Cr} 浓度降低为 653 mg/L 时，反应速率明显增大，0.5 h 时表观速率常数 k_{obs} 为 1.23，即使反应 4 h 后 k_{obs} 仍为 0.46。

3.3 18 μm 铁碳微电解降解 COD_{Cr} 过程响应面优化

3.3.1 设计方案及实验结果

根据在不同初始 pH 值、固液比和铁碳质量比的条件下建立的准一级动力学分析结果，以渗滤液梯度压力装置出水为研究对象，选取 pH 值、固液比和反应时间 3 个影响因素，利用响应曲面法对 Fe-C 微电解过程进行优化，响应指标为 COD_{Cr} 去除率和铁的溶出量。渗滤液去除率的因素与水平见表 3-6。

表 3-6 渗滤液 COD_{Cr} 去除率的因素与水平

因素	水平		
	−1	0	1
pH 值	2	3.5	5
固液比/(g/100 mL)	1	2.5	4
反应时间/h	0.5	2.25	4

以渗滤液 COD_{Cr} 去除率及相应条件下铁的溶出量分别作为响应值 Y_1、Y_2。Design Expert 软件所设计的实验方案和结果见表 3-7。

表 3-7 响应面曲线实验设计参数及实验结果

序号	影响因素			响应结果	
	A: 起始 pH 值	B: S/L/%	C: 反应时间/h	COD_{Cr} 去除率/%	可溶性 Fe/(mg/L)
1	5.00	2.50	4.00	33.7	29.56
2	2.00	4.00	2.25	81.3	422.57
3	2.00	2.50	0.50	29.5	114.21
4	3.50	2.50	2.25	49.3	14.21
5	3.50	2.50	2.25	48.1	14.54
6	3.50	1.00	4.00	43.2	12.32
7	5.00	4.00	2.25	11.6	9.61
8	3.50	2.50	2.25	49.5	14.93
9	5.00	1.00	2.25	13.5	6.12
10	3.50	4.00	4.00	91.2	22.34
11	3.50	1.00	0.50	13.8	17.95
12	3.50	2.50	2.25	51.1	16.64

序号	影响因素			响应结果	
	A: 起始 pH 值	B: S/L/%	C: 反应时间/h	COD_{Cr} 去除率/%	可溶性 Fe/(mg/L)
13	2.00	1.00	2.25	37.4	106.21
14	3.50	2.50	2.25	52.6	17.22
15	2.00	2.50	4.00	75.1	284.12
16	5.00	2.50	0.50	16.4	14.84
17	3.50	4.00	0.50	35.2	23.39

利用 Design-Expert 8.0.6 统计软件对表 3-7 数据进行多元回归拟合，得到 COD_{Cr} 去除率 Y_1 和铁溶出浓度 Y_2 对反应时间、初始 pH 值和固液比的二次多项回归模型为：

$$Y_1=-74.32731+39.64817 \times A+29.16667 \times B+14.82796 \times C-5.08889 \times AB-2.69524 \times AC+2.53333 \times BC-4.74333 \times A^2-1.55444 \times B^2-0.25224 \times C^2$$

$$Y_2=351.31027-282.14410 \times A+116.60468 \times B+79.41387 \times C-34.78667 \times AB-14.76857 \times AC+0.43619 \times BC+47.15989 \times A^2+6.42544 \times B^2-3.58049 \times C^2$$

3.3.2 模型的显著性检验

由表 3-8 可知，COD_{Cr} 去除率回归模型 $P < 0.001$，表明回归模型极显著。回归模型中的一次项 A、B、C、AB，二次项 A^2 对 Y 值的影响极显著，这表明实验因子对响应值不是简单的线性关系，因子间的交互作用影响较小。复相关系数 $R^2=0.9593$ 说明响应值的变化有 95.93% 来源于所选变量，该模型拟合程度良好，实验误差小。变异系数 CV 值越低，显示实验稳定性越好，本实验中 CV 值为 16.65%，较低，说明实验操作可行。综上分析，说明可以用该模型来分析和预测所选影响因子对 COD_{Cr} 去除率的影响。

表 3-8 Y_1 二次多项式回归模型系数的显著性检验结果

方差来源	平方和	自由度	均方	F 值	P 值	显著性
模型	8503.04	9	944.78	18.35	0.0005	***
A——起始 pH 值	2741.70	1	2741.70	53.24	0.0002	***
B——S/L	1551.24	1	1551.24	30.12	0.0009	***
C——t	2749.11	1	2749.11	53.38	0.0002	***
AB	524.41	1	524.41	10.18	0.0153	*
AC	200.22	1	200.22	3.89	0.0893	
BC	176.89	1	176.89	3.43	0.1062	
A^2	479.59	1	479.59	9.31	0.0185	*
B^2	51.51	1	51.51	1.00	0.3506	
C^2	2.51	1	2.51	0.049	0.8315	
残差	360.48	7	51.50			
失拟误差	348.23	3	116.08	37.91	0.0021	**
纯误差	12.25	4	3.06			

续表

方差来源	平方和	自由度	均方	F 值	P 值	显著性
总离差	8863.52	16				
拟合度	0.9593					
调整后拟合度	0.9070					
CV/%	16.65					

注：*表示 $P < 0.05$；**表示 $P < 0.01$；***表示 $P < 0.001$。

由表 3-9 可知，铁溶出的回归模型 $P < 0.01$，表明回归模型显著。回归模型中的一次项 A、AB，二次项 A^2 对 Y 值的影响极显著，这表明实验因子对响应值不是简单的线性关系，因子间的交互作用影响较小。复相关系数 $R^2 = 0.9083$ 说明响应值的变化有 90.83% 来源于所选变量，该模型拟合程度良好，实验误差小。本实验中 CV 值为 18.34%，较低，说明实验操作可行。综上分析，说明可以用该模型来分析和预测所选影响因子对 COD_{Cr} 去除率的影响。

表 3-9　Y_2 二次多项式回归模型系数的显著性检验结果

方差来源	平方和	自由度	均方	F 值	P 值	显著性
模型	1.916×10^5	9	21290.25	7.71	0.0067	**
A——起始 pH	93885.28	1	93885.28	33.99	0.0006	***
B——S/L	14071.71	1	14071.71	5.09	0.0586	
C——t	3952.94	1	3952.94	1.43	0.2705	
AB	24504.77	1	24504.77	8.87	0.0206	*
AC	6011.68	1	6011.68	2.18	0.1836	
BC	5.24	1	5.24	1.899×10^{-3}	0.9665	
A^2	47407.49	1	47407.49	17.16	0.0043	**
B^2	880.05	1	880.05	0.32	0.5901	
C^2	506.26	1	506.26	0.18	0.6814	
残差	19335.33	7	2762.19			
失拟误差	19328.16	3	6442.72	3595.13	< 0.0001	***
纯误差	7.17	4	1.79			
总离差	2.109×10^5	16				
拟合度	0.9083					
调整后拟合度	0.7905					
CV/%	18.34					

注：*表示 $P < 0.05$；**表示 $P < 0.01$；***表示 $P < 0.001$。

3.3.3　响应面曲线分析

对二次回归模型进行分析，考察所拟合曲面的相应曲面形状，可得到各因子和响应值之间的响应面立体图。相互比较各因子，固液比和起始 pH 值、反应时间和起始 pH 值之间交互作用最大。图 3-14 给出了固液比和起始 pH 值、反应时间和起始 pH 值之间的响应曲面和等高线（另见书后彩图）。从图 3-14 中可以看出，固液比和起始 pH 值、反应时间和起始 pH 值之间存在交互作用，为了提高 COD_{Cr} 去除效果，增大固液比、提高反应时间（在达到反应平衡的时间内）、降低初始 pH 值较为有利。

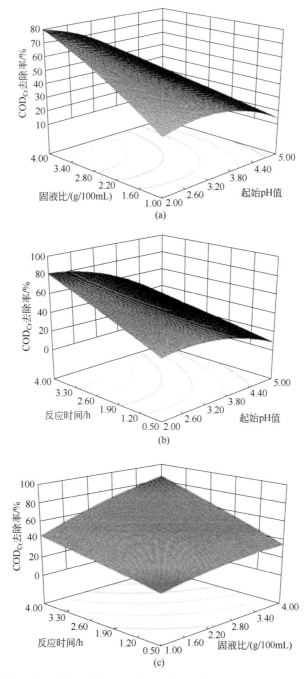

图 3-14　固液比、反应时间和起始 pH 值三因素两两交叉对 COD_{Cr} 去除率的响应面影响

　　对二次回归模型进行分析，考察所拟合曲面的相应曲面形状，可得到各因子和响应值之间的响应面立体图。相互比较各因子，固液比和起始 pH 值、反应时间和起始 pH 值之间交互作用最大。图 3-15 给出了固液比和起始 pH 值、反应时间和起始 pH 值之间的响应曲面和等高线（另见书后彩图）。从图中可以看出，固液比和起始 pH 值、反应时间和起始 pH 值之间存在交互作用，为了降低铁的溶出量，可降低固液比、缩短反应时间、提高起始 pH 值。但是，这与提高 COD_{Cr} 去除率的条件正好相反。故此，运行参数优化时，在保证 COD_{Cr} 去除率尽可能高的条件下，铁的溶出量相对较低。

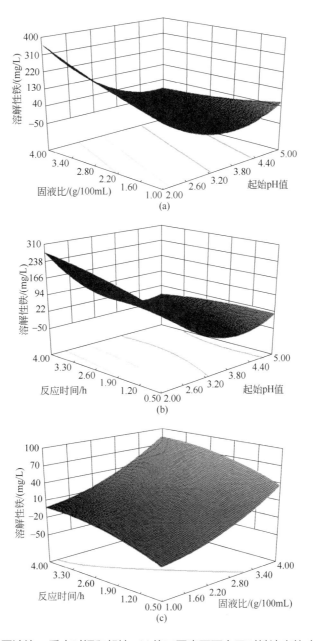

图 3-15　固液比、反应时间和起始 pH 值三因素两两交叉对铁溶出的响应面影响

3.3.4　分析结果优化

经过响应面分析，三个因子初始 pH 值、固液比和反应时间的最优实验预测值（表 3-10）即为初始 pH=3.59、固液比=4 g/100 mL、反应时间为 4.9 h。在此条件下，COD_{Cr} 去除率的理论值可达 94.4%，此时，铁的溶出量为 68 mg/L，也相对较低。

表 3-10　优化预测结果及实测结果

指标	起始 pH 值	固液比 /(g/100 mL)	反应时间/h	COD_{Cr} 去除率/%	溶解性 Fe /（mg/L）	最终 pH 值
预测	3.59	4.00	4.90	94.4205	68.0565	7.97
实测	3.50	4.00	5	95.1	71.21	7.67

为检验响应曲面法所得结果的可靠性，采用上述优化条件进行实验。实验重复三次，取平均值。在初始 pH=3.5，固液比=4 g/100 mL，反应时间为 5 h 的条件下，COD_{Cr} 去除率为 95.1%，铁的溶出量为 71.21 mg/L。表明预测结果较为可靠。

3.4　超细/纳米铁粉-活性炭处理渗滤液 DOM 特性分析

3.4.1　分子量分布

为了进一步解释不同粒径铁碳微电解过程的反应机理，利用凝胶渗透色谱法（GPC）对进出水中的 DOM 进行分子量分布分析。由图 3-16 可知，随着铁碳微电解系统中铁粉

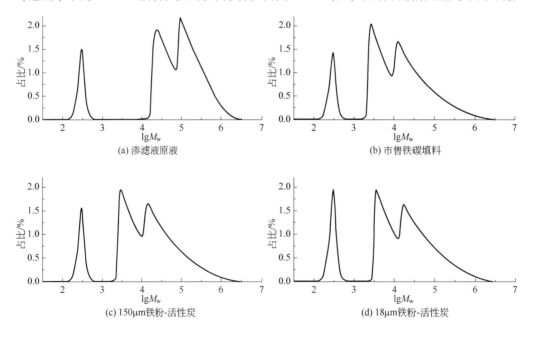

(a) 渗滤液原液　　(b) 市售铁碳填料

(c) 150μm铁粉-活性炭　　(d) 18μm铁粉-活性炭

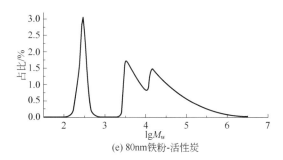

(e) 80nm铁粉-活性炭

图 3-16　超细/纳米铁粉-活性炭处理渗滤液的 DOM 分子量分布变化

粒径的减小，渗滤液中越来越多的高分子被降解为低分子量有机物。

待处理渗滤液 DOM 分子量分布呈现 3 个高峰，分别在分子量 $(0.12\sim0.66)\times10^3$、$(0.05\sim0.72)\times10^5$ 和 $(0.07\sim3.17)\times10^6$ 处，峰值分别出现在 0.30×10^3、0.24×10^5 和 0.09×10^6 处，其中最大峰值出现在 0.09×10^6 处。通过计算峰面积可知，$(0.12\sim0.66)\times10^3$ 低分子量有机物占比约为 16%，$(0.05\sim0.72)\times10^5$ 有机物占比约为 40%，$(0.07\sim3.17)\times10^6$ 高分子占比约为 44%。

经市场购得的铁碳微电解填料处理后，渗滤液出水 DOM 分子量分布同样呈现 3 个高峰，分别在分子量 $(0.12\sim0.74)\times10^3$、$(1.64\sim8.53)\times10^3$ 和 $(0.01\sim3.17)\times10^6$ 处，峰值分别出现在 0.30×10^3、2.29×10^3 和 12.30×10^3 处，其中最大峰值出现在 2.29×10^3 处。通过计算峰面积可知，$(0.12\sim0.74)\times10^3$ 低分子量有机物占比约为 13%，$(1.64\sim8.53)\times10^3$ 有机物占比约为 33%，$(0.01\sim3.17)\times10^6$ 高分子占比约为 54%。

经 150 μm 铁粉-活性炭处理后，渗滤液出水 DOM 分子量分布同样呈现 3 个高峰，分别在分子量 $(0.12\sim0.74)\times10^3$、$(2.0\sim10.2)\times10^3$ 和 $(0.01\sim2.81)\times10^6$ 处，峰值分别出现在 0.30×10^3、2.84×10^3 和 13.89×10^3 处，其中最大峰值出现在 2.84×10^3 处。通过计算峰面积可知，$(0.12\sim0.74)\times10^3$ 低分子量有机物占比约为 15%，$(2.0\sim10.2)\times10^3$ 有机物占比约为 36%，$(0.01\sim2.81)\times10^6$ 高分子占比约为 49%。

经 18 μm 铁粉-活性炭处理后，渗滤液出水 DOM 分子量分布同样呈现 3 个高峰，分别在分子质量 $(0.12\sim0.74)\times10^3$、$(2.0\sim10.2)\times10^3$ 和 $(0.01\sim2.64)\times10^6$ 处，峰值分别出现在 0.30×10^3、3.41×10^3 和 16.68×10^3 处，其中最大峰值出现在 3.41×10^3 处。通过计算峰面积可知，$(0.12\sim0.74)\times10^3$ 低分子量有机物占比约为 17%，$(2.0\sim10.2)\times10^3$ 有机物占比约为 33%，$(0.01\sim2.81)\times10^6$ 高分子占比约为 50%。

经 80 nm 铁粉-活性炭处理后，渗滤液出水 DOM 分子量分布同样呈现 3 个高峰，分别在分子量 $(0.12\sim0.74)\times10^3$、$(2.0\sim10.2)\times10^3$ 和 $(0.01\sim2.68)\times10^6$ 处，峰值分别出现在 0.30×10^3、3.21×10^3 和 14.77×10^3 处，其中最大峰值出现在 3.41×10^3 处。通过计算峰面积可知，$(0.12\sim0.74)\times10^3$ 低分子量有机物占比约为 32%，$(2.0\sim10.2)\times10^3$ 有机物占比约为 25%，$(0.01\sim2.81)\times10^6$ 高分子占比约为 42%。

与处理前相比，经铁碳微电解处理后出水中 DOM 分子量分布发生了显著变化，最大峰值明显向低分子量偏移，占比升高，高分子占比降低，且对铁粉粒径表现出较强的依赖性，铁粉粒径越小此趋势越显著。经 80 nm 铁粉处理的水样尤其明显，与处理前相比，

（0.12～0.74）×10³ 低分子量有机物占比升高了 16%，高分子的峰型明显向低分子量方向发生位移，且比例下降 21%。

3.4.2 荧光特征变化

对不同粒径铁粉处理前后的渗滤液水样中 DOM 进行了荧光特性分析，并按上述有机物类型划分了区域，见图 3-17（另见书后彩图）。

根据不同类型有机物荧光激发和发射波长的不同，通常划分为 5 个区，短激发波（＜250 nm）和短发射波（＜380 nm）区域的峰往往代表了一些简单的芳香族有机物荧光特性，如酪氨酸（Ⅰ 和 Ⅱ 区）；短激发波（＜250 nm）和长发射波（＞380 nm）的峰表示富里酸类有机物（Ⅲ 区）；中间短激发波（250～280 nm）和短发射波（＜380 nm）的峰代表可溶性微生物副产物（Ⅳ 区）；长激发波（＞280 nm）和长发射波（＞380 nm）的峰代表与腐殖酸类有机物相关（Ⅴ 区）。由荧光特性图可以看出，渗滤液中的有机物的去除对铁粉的粒径表现出了明显的依赖性，随着铁粉粒径的减小，各区荧光强度和峰体积显著减小，纳米级铁粉减小的程度尤为显著。

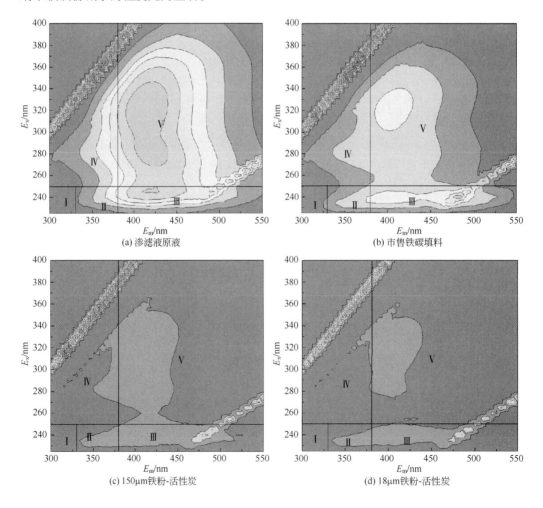

(a) 渗滤液原液

(b) 市售铁碳填料

(c) 150μm铁粉-活性炭

(d) 18μm铁粉-活性炭

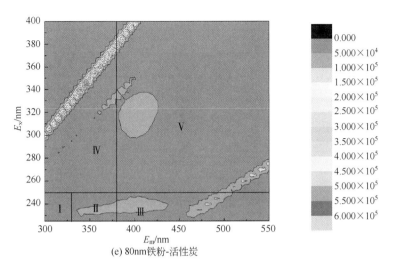

(e) 80nm铁粉-活性炭

图 3-17　超细/纳米铁粉–活性炭处理渗滤液的 DOM 荧光特征变化

3.4.3　GC-MS 分析

经 GC-MS 自带的计算机谱库检索，只取可信度在 60%以上的有机污染物，分析结果见表 3-11。在老龄渗滤液中检出 16 种有机物。经市售铁碳微电解填料处理后，水样中检出 11 种有机物。经 150 μm 铁粉-活性炭处理后，仍检出 11 种有机物，与市售铁碳微电解填料处理结果相似。

表 3-11　不同粒径铁粉–活性炭系统处理渗滤液 GC-MS 分析

序号	有机污染物名称	可信度/%				
		老龄渗滤液	市售铁碳微电解填料	150 μm 铁粉-活性炭	18 μm 铁粉-活性炭	80 nm 铁粉-活性炭
1	2,4-己二烯酸	68.21	63.56	61.35	—	—
2	桉树脑	76.52	72.42	66.23	—	—
3	4-甲基-1-异丙基-3-环己烯-1-醇	77.21	72.18	65.12	60.72	—
4	叔丁基苯酚	61.52	67.27	61.32	—	—
5	叶酸	67.43	62.89	62.76	60.06	—
6	双酚 A	88.63	78.42	69.56	65.02	61.32
7	羟甲基色烯	83.22	69.27	71.35	—	—
8	类固醇	63.78	63.78	61.06	—	—
9	邻苯二甲酸二辛酯	85.25	73.36	75.32	64.56	60.23
10	秋水仙碱	68.34	62.65	60.67	60.23	—
11	己酸	68.83	—	—	—	—
12	十一烯酸	71.33	—	—	—	—

续表

序号	有机污染物名称	可信度/%				
		老龄渗滤液	市售铁碳微电解填料	150 μm 铁粉-活性炭	18 μm 铁粉-活性炭	80 nm 铁粉-活性炭
13	苯甲酸	91.13	—	—	—	—
14	乙酸异戊酯	67.56	65.23	62.65	63.76	60.54
15	己烯雌酚	66.23	—	—	—	—
16	环己胺	75.43	—	—	—	—

经 18 μm 铁粉-活性炭处理后，检出 6 种有机物。80 nm 铁粉-活性炭处理后，仍检出 3 种有机物，分别为双酚 A、邻苯二甲酸二辛酯和乙酸异戊酯，被 USEPA 列入优先污染物 1 种，被我国列入环境优先污染物"黑名单"的有 1 种，说明渗滤液尾水仍有较强的污染性，对环境存在一定的威胁。

由表 3-11 可以看出，经超细铁粉-活性炭处理后，渗滤液中一些长链有机物、酚类和烯烃等有机物未检出或得到降解，且对铁粉粒径表现出强依赖性。这主要是因为电极反应产生的新生态 Fe^{2+} 具有较强的还原能力，可使某些有机物的发色基团硝基（—NO_2）、亚硝基（—NO）还原成氨基（—NH_2）；新生态 Fe^{2+} 也可使某些不饱和发色基团（如羧基—COOH、偶氮基—N=N—）的双键打开，使发色基团破坏而除去色度，使部分难降解环状和长链有机物分解成易生物降解的小分子有机物。

3.5 超细/纳米铁粉-活性炭处理污泥成分分析

3.5.1 XRD 图谱

图 3-18 为市售铁碳填料研磨后 200 目筛下物的 XRD 图谱分析。由图可以看出，市售

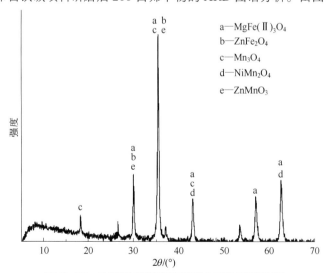

图 3-18 市售铁碳微电解填料 XRD 图谱分析

铁碳填料除铁元素外，还含有锰、锌等金属催化剂。由于煅烧过程，氧元素大量混入，形成了 $MgFe(II)_3O_4$、$ZnFe_2O_4$、Mn_3O_4、$NiMn_2O_4$、$ZnMnO_3$ 等氧化晶体结构。

图 3-19 为零价铁粉（150 μm、18 μm 和 80 nm）的 XRD 图谱分析。由图可知，在 $2\theta=44.7°$ 附近存在一个较强的衍射峰，同时，在 $2\theta=64.7°$ 附近出现了一个较弱的衍射峰。经过比对确认，这 2 个衍射峰与铁的标准衍射图谱中的峰相吻合。同时，没有看到任何铁的氧化物的衍射峰出现，说明购买的零价铁粉几乎没有铁氧化物的存在，产品纯度较高。

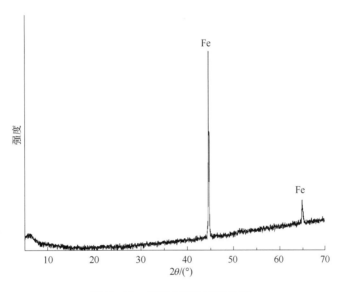

图 3-19　铁粉 XRD 图谱分析

图 3-20 展示了不同粒径铁粉-活性炭系统处理渗滤液后底泥的 XRD 谱图分析。经 MDI Jade 5.0 分析对比确认，市售铁碳微电解填料处理后底泥除原有 $MgFe(II)_3O_4$、$ZnFe_2O_4$、Mn_3O_4、$NiMn_2O_4$ 等晶体结构外，还形成了 $CaPO_3(OH)\cdot 2H_2O$ 晶体，这表示市售铁碳微电解填料处理渗滤液仅能沉淀渗滤液中小部分钙盐和磷酸盐 [图 3-20（a）]。

150 μm 铁粉-活性炭处理渗滤液后，底泥 XRD 图谱中除零价铁的晶体衍射峰外，还可

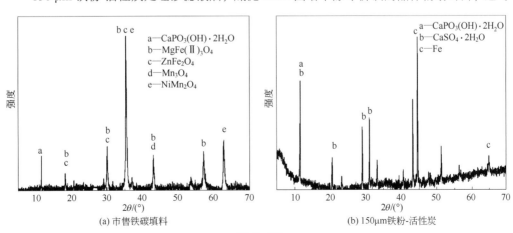

(a) 市售铁碳填料　　　　　　(b) 150μm 铁粉-活性炭

图 3-20

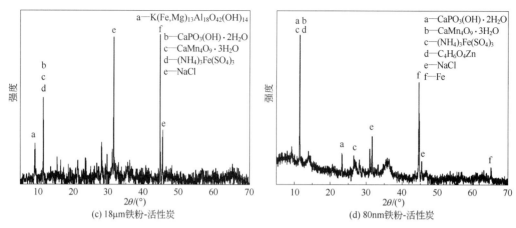

图 3-20 不同粒径铁粉-活性炭处理渗滤液后底泥的 XRD 图

能存在 $CaPO_3(OH)\cdot 2H_2O$、$CaSO_4\cdot 2H_2O$ 等晶体形态，与市售的铁碳微电解填料相比，除了小部分钙盐和磷酸盐外，还使得渗滤液中部分硫酸盐得以沉淀分离。

18 μm 铁粉-活性炭处理渗滤液后，底泥 XRD 图谱中除了零价铁的晶体衍射峰外，还可能存在 $CaPO_3(OH)\cdot 2H_2O$、$K(Fe,Mg)_{13}Al_{18}O_{42}(OH)_{14}$、$CaMn_4O_9\cdot 3H_2O$、$(NH_4)_3Fe(SO_4)_3$ 和 NaCl 等晶体形态，与市售的铁碳微电解填料相比，形成的无机盐形态更为复杂，且除了小部分钙盐和磷酸盐外，还沉淀出了渗滤液中部分硫酸盐、钾盐、钠盐、氯盐甚至锌、锰等金属离子。

80 nm 铁粉-活性炭处理渗滤液后，底泥 XRD 图谱中除了零价铁的晶体衍射峰外，还可能存在 $CaPO_3(OH)\cdot 2H_2O$、$CaMn_4O_9\cdot 3H_2O$、$(NH_4)_3Fe(SO_4)_3$、NaCl 和 $C_4H_6O_4Zn$ 等，与 18 μm 铁粉-活性炭底泥中的晶体存在形态较为相似，$C_4H_6O_4Zn$ 类有机络合金属盐类为新检出晶相。

可以看出，铁粉粒径越小，电解析出渗滤液中的盐类种类越多，且形成的晶体形态越复杂，电解析过程对铁粉粒径表现出明显的依赖性。且超细零价铁-活性炭系统处理渗滤液后，底泥中零价 Fe 的衍射峰响应值仍然很高，且粒径越小响应值越高，说明处理后的底泥中仍然含有许多未反应完全的零价铁，可煅烧后加以循环利用。

3.5.2 FT-IR 图谱

超细/纳米铁粉-活性炭系统处理渗滤液的污泥 FT-IR 图谱见图 3-21 和表 3-12。

可以看出，$3450\sim3200\ cm^{-1}$ 区域为 C—H 伸缩振动吸收，一般为饱和 C—H 伸缩振动吸收（$3420\ cm^{-1}$，$3398\ cm^{-1}$、$3204\ cm^{-1}$）；高于 $3000\ cm^{-1}$ 有吸收（$3204\ cm^{-1}$ 处），且在 $2250\sim1450\ cm^{-1}$ 频区。因此，有可能是烯烃 $1675\sim1640\ cm^{-1}$（$1643\ cm^{-1}$、$1642\ cm^{-1}$、$1641\ cm^{-1}$）和芳环（$1458\ cm^{-1}$、$1498\ cm^{-1}$）；C=C 伸缩（$1675\sim1640\ cm^{-1}$，$1643\ cm^{-1}$、$1642\ cm^{-1}$、$1641\ cm^{-1}$），烯烃 C—H 面外弯曲振动（$1000\sim675\ cm^{-1}$，$998\ cm^{-1}$、$872\ cm^{-1}$、$701\ cm^{-1}$）。芳环：$1600\sim1450\ cm^{-1}$（$1458\ cm^{-1}$、$1498\ cm^{-1}$、$1642\ cm^{-1}$），C=C 骨架振动，$880\sim680\ cm^{-1}$ C—H 面外弯曲振动（$872\ cm^{-1}$，$701\ cm^{-1}$）；炔烃：伸缩振动（$2250\sim2100\ cm^{-1}$），炔烃 C—H 伸缩振动（$3300\ cm^{-1}$ 附近）。

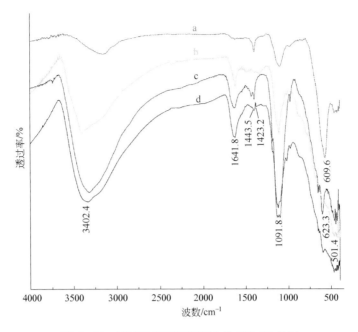

图 3-21　渗滤液处理后污泥中的 FT-IR 分析

a—市售铁碳填料；b—150 μm 铁粉-活性炭；c—18 μm 铁粉-活性炭；d—80 nm 铁粉-活性炭

表 3-12　真空干燥条件下不同粒径铁粉-活性炭处理渗滤液底泥红外光谱图的峰值统计

单位：cm^{-1}

粒径	区域 I	区域 II	区域 III	区域 IV	区域 V	区域 VI
市售	—	3150	—	—	1643	1423，1092，1023，609
150 μm 铁粉-活性炭	3420	—	2308	—	1643 1498	1423，1401，1092，1021，872，657，501
18 μm 铁粉-活性炭	3398	—	2292	—	1641	1458，1438，1095，1091，701，623，492
80 nm 铁粉-活性炭	3204	—	2298	—	1642	1443，1423，1092，1021，998，623，501

注：区域 I（3700～3200 cm^{-1}），区域 II（3300～2400 cm^{-1}），区域 III（2400～2100 cm^{-1}），区域 IV（1850～1650 cm^{-1}），区域 V（1680～1500 cm^{-1}），区域 VI（1475～1300 cm^{-1} 和 1000～650 cm^{-1}）。

醇和酚：主要特征吸收是 O—H 和 C—O 的伸缩振动吸收。羟基 O—H 的伸缩振动：3650～3600 cm^{-1}，为尖锐的吸收峰。分子间氢键 O—H 伸缩振动：3500～3200 cm^{-1} 为宽的吸收峰（3420 cm^{-1}、3398 cm^{-1}、3204 cm^{-1}）。C—O 伸缩振动：1300～1000 cm^{-1}（1095 cm^{-1}、1092 cm^{-1}、1091 cm^{-1}、1023 cm^{-1}、1021 cm^{-1}）。O—H 面外弯曲：769～659 cm^{-1}（701 cm^{-1}）。

醚：特征吸收为 1300～1000 cm^{-1} 的伸缩振动（1095 cm^{-1}、1092 cm^{-1}、1091 cm^{-1}、1023 cm^{-1}、1021 cm^{-1}），脂肪醚：1150～1060 cm^{-1}，一个强的吸收峰（1095 cm^{-1}、1092 cm^{-1}、1091 cm^{-1}）；芳香醚中两个 C—O 伸缩振动吸收：1270～1230 cm^{-1}（为 Ar—O 伸缩），1050～1000 cm^{-1}（为 R—O 伸缩）（1023 cm^{-1}、1021 cm^{-1}）。

醛的主要特征吸收：1750～1700 cm^{-1}（C=O 伸缩）；2820 cm^{-1}、2720 cm^{-1}（醛基 C—H 伸缩）；脂肪酮：1715 cm^{-1}，强的 C=O 伸缩振动吸收，如果羰基与烯键或芳环共轭会使吸收频率降低。

酯：饱和脂肪族酯（除甲酸酯外）的 C=O 吸收谱带为 1750～1735 cm^{-1} 区域；饱和酯 C—C（=O）—O 谱带为 1210～1163 cm^{-1} 区域。

胺：3500～3100 cm^{-1}，N—H 伸缩振动吸收（3420 cm^{-1}、3398 cm^{-1}、3204 cm^{-1}、3150 cm^{-1}）；1350～1000 cm^{-1}，C—N 伸缩振动吸收（1095 cm^{-1}、1092 cm^{-1}、1023 cm^{-1}、1021 cm^{-1}）；N—H 变形振动相当于 CH$_2$ 的剪式振动方式，其吸收带在：1640～1560 cm^{-1}（1643 cm^{-1}、1642 cm^{-1}、1641 cm^{-1}），面外弯曲振动在 900～650 cm^{-1}（872 cm^{-1}、657 cm^{-1}、701 cm^{-1}）。

酰胺：3500～3100 cm^{-1} N—H 伸缩振动（3420 cm^{-1}、3398 cm^{-1}、3204 cm^{-1}、3150 cm^{-1}）；1680～1630 cm^{-1} C=O 伸缩振动（1641 cm^{-1}、1642 cm^{-1}、1643 cm^{-1}）；1655～1590 cm^{-1} N—H 弯曲振动（无）；1420～1400 cm^{-1} C—N 伸缩（1401 cm^{-1}、1423 cm^{-1}）。

有机卤化物：C—X 伸缩脂肪族；C—F 1400～730 cm^{-1}（1092 cm^{-1}、1023 cm^{-1}、1021 cm^{-1}、872 cm^{-1}、1095 cm^{-1}、1091 cm^{-1}、1092 cm^{-1}、1021 cm^{-1}、998 cm^{-1}）；C—Cl 850～550 cm^{-1}（657 cm^{-1}、701 cm^{-1}、623 cm^{-1}、623 cm^{-1}）；C—Br 690～515 cm^{-1}（657 cm^{-1}、623 cm^{-1}、623 cm^{-1}）。

最终可以看出：市售铁碳微电解填料处理后底泥中可能含有烯、胺、酰胺、脂肪醚、芳香醚和 C—F 卤代烃；150 μm 铁粉-活性炭处理后底泥中可能含有烯、胺、酰胺、醇、酚、芳烃、脂肪醚、芳香醚、C—F、C—Cl 和 C—Br 卤代烃；18 μm 铁粉-活性炭处理后底泥中可能含有胺、醇、酚、芳烃、脂肪醚、芳香醚、C—F、C—Cl 和 C—Br 卤代烃；80 nm 铁粉-活性炭处理后底泥中可能含有胺、醇、酚、芳烃、脂肪醚、芳香醚、C—F、C—Cl 和 C—Br 卤代烃。底泥中均无检出酯类和醛类。

超细铁粉-活性炭处理后底泥中的有机官能团种类比市售铁碳微电解丰富多样，且均含有较强峰的卤代烃。底泥中的有机官能团峰强与铁粉粒径表现出显著的负相关性，即铁粉粒径越小，代表官能团的峰的响应值就越大。

3.5.3 SEM 分析

对购买的纳米铁进行 SEM 扫描分析（见图 3-22），可以看出纳米铁单个粒子呈球形，表面光滑，偶有团聚型大颗粒，80% 以上均为粒径 < 80 nm 的颗粒，品质较好。粒子呈链状团聚，主要是因为磁性纳米粒子受地磁力、小粒子间的静磁力以及表面张力等共同作用。使用超声波对其进行超声振荡预处理 5 min，使其链状团聚结构得以分散。

图 3-23 为处理前后活性炭的表面情况。处理前柱状活性炭表面疏松有小孔，处理后，活性炭表面粘满泥状物质，为渗滤液中有机和无机污染物吸附和附着于其表面。表面物质具体形态见如下分析。150 μm 铁粉-活性炭处理后活性炭表面没有发现晶体结构，仅为团聚泥，主要为有机物，故对其表面电镜放大图没有展示。

(a) 20000×　　　　　　　　　　　　　(b) 40000×

图 3-22　纳米铁 SEM 分析

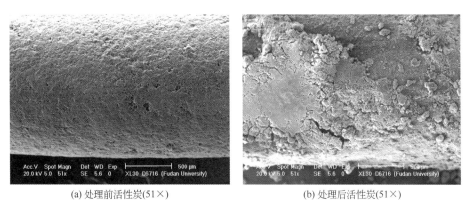

(a) 处理前活性炭(51×)　　　　　　　　(b) 处理后活性炭(51×)

图 3-23　处理前后柱状活性炭表面 SEM 分析

图 3-24 为 18 μm 铁粉-活性炭处理渗滤液后柱状活性炭表面晶体结构的微观形态。由图可以看出，18 μm 铁粉-活性炭处理后柱状活性炭表面的结晶体呈片状或花状结构。利用 EDS 分析，发现构成活性炭上晶体的主要元素及含量为：Fe，38%～45%；Na，1%～1.5%；C，4%～8%；S，1%～2%；O，15%～25%。

图 3-24　18 μm 铁粉-活性炭处理后柱状活性炭表面 SEM 分析

图 3-25 为 80 nm 铁粉-活性炭处理渗滤液后柱状活性炭表面晶体结构的微观形态。由图可以看出，80 nm 铁粉-活性炭处理后柱状活性炭表面的结晶体呈针状结构。根据针状结晶形态和出现的时间推测，该物质可能为 FeOOH，对于铁的腐蚀氧化，在有溶解氧存在的情况下，FeOOH 是一种常见的铁腐蚀产物，以前的文献也有类似的报道。利用 EDS 分析，发现构成活性炭上晶体的主要元素及含量为：Fe，45%~60%；K，1%~2.5%；Na，2%~2.5%；C，4%~6%；S，2%~2.5%；O，15%~25%。

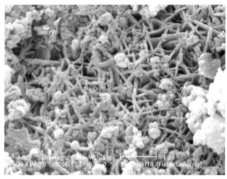

图 3-25　80 nm 铁粉-活性炭处理后柱状活性炭表面 SEM 分析

结晶体的主要成分为铁盐，这也解释了渗滤液中溶解性铁分析中铁粉粒径越小、溶解性的铁浓度反而较低的现象。与 XRD 图谱结合分析可知，与市售铁碳微电解填料和 150 μm 铁粉-活性炭系统相比，18 μm 和 80 nm 铁粉-活性炭系统可电解析出更多种类的无机盐离子，如 Mn^{2+}、Zn^{2+}、SO_4^{2-} 和 Cl^- 等，反应过程中，一部分溶解性铁离子与其他电解析出的无机盐类形成结晶体被吸附于活性炭表面，从而使得溶液中测得的溶解性铁浓度降低；另一方面，溶液中铁离子被结晶出，从而打破了零价铁在酸性条件下失电子反应平衡，促进了反应的进行，这也是铁粉粒径越小，COD_{Cr} 去除率越高，且反应速率越快的一个重要的条件。

图 3-26 展示了 150 μm 铁粉-活性炭系统处理渗滤液后泥粉表面的电镜扫描结构。在放大 158 倍下，可以看出，底泥泥粉主要为球状团聚体，粒径范围为 100 μm 左右。在放大 20000 倍下，可以看出，泥球表面为质地较为紧密的片状体。

图 3-26　150 μm 铁粉-活性炭系统处理渗滤液污泥的 SEM 分析

图 3-27 展示了 18 μm 铁粉-活性炭系统处理渗滤液后泥粉表面的电镜扫描结构。可以看出，泥粉微观形态主要为表面较为蓬松的球状团聚体，团聚粒径较为均匀，约为 500 nm。

图 3-27　18 μm 铁粉–活性炭系统处理渗滤液污泥的 SEM 分析

图 3-28 展示了 80 nm 铁粉-活性炭系统处理渗滤液后泥粉表面的电镜扫描结构。可以看出，泥粉微观形态为表面较为蓬松的球状团聚体，团聚粒径相较 18 μm 铁粉-活性炭系统泥粉粒径更小，大部分为 250 nm 左右。

图 3-28　80 nm 铁粉–活性炭系统处理渗滤液污泥的 SEM 分析

生成的底泥的微观球状团聚体的粒径大小与电流密度有较强的相关性。电流密度越大，则生成的团聚体粒径越小。在超细铁粉-活性炭系统中，当铁粉投加量一定时，铁粉粒径越小，Fe-C 内电解产生的电流密度就越大，故此表现出随着铁粉粒径的减小，底泥微观团聚形态粒径越小。

3.6　渗滤液生物尾水超细铁碳微电解中试试验

3.6.1　水样来源及水质分析

待处理水样来自于苏州某生活垃圾填埋场膜生物反应器（MBR）出水储液池。该生活垃圾填埋场属于典型山谷型填埋场，采用垂直防渗帷幕，占地面积约 25.5 hm²。该填埋场

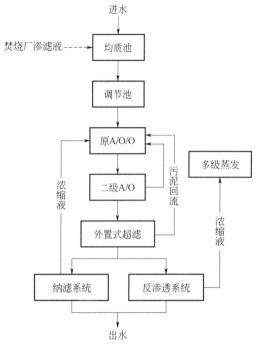

进水

焚烧厂渗滤液----→ 均质池

调节池

原A/O/O

二级A/O

多级蒸发

外置式超滤

纳滤系统　反渗透系统

出水

图 3-29　苏州某生活垃圾填埋场渗滤液处理工艺

1993 年开始投入使用，2010 年前，日填埋生活垃圾约 1700 t。2010 年，大多数生活垃圾采用焚烧处理，现日填埋垃圾为 250～300 t。处理工艺如图 3-29 所示。

该渗滤液处理厂正在经历旧工艺升级改造过程。新工艺描述如下：均质池用于混合垃圾焚烧厂新鲜渗滤液与该填埋场渗滤液，以提高填埋场渗滤液可生化性。在原有 A/O/O 系统基础上，增建后置反硝化和硝化深度脱氮系统，使之成为"一级 A/O/O 系统+二级 A/O 系统+外置超滤"三者有机结合的具备两级生物脱氮功能的外置式膜生化反应器，有效加强了生化系统除氮的能力。深度膜处理系统由处理能力为 650 m³/d 的两段 RO 系统与 300 m³/d 的纳滤系统组成，两者为并联运行，其中两段 RO 系统的产水率大于 80%，纳滤系统的产水率大于 85%，两者出水混合排放，执行 GB 16889—2008 中表 3 排放标准（$COD_{Cr} < 60$ mg/L，$BOD_5 < 20$ mg/L，NH_4^+-N < 8 mg/L，TN < 20 mg/L）。

超细铁碳微电解中试试验期间，该填埋场渗滤液 MBR 出水水质见表 3-13。该工艺在生化池采用苛性碱来调节碱度，故 MBR 出水在进入纳滤和反渗透前，采用浓硫酸调节 pH 值为 6.3～6.7。MBR 出水 COD_{Cr} 浓度在 763～1204 mg/L 之间波动，BOD_5 范围为 40～100 mg/L。由于生化处理单元为二级 A/O 池联用，加大了生物处理过程的回流比，加强了硝化和反硝化作用，故出水 NH_4^+-N 浓度较低，为 5.7～23.9 mg/L。但在生物处理单位由于碳源的不足，仍发生了亚硝态氮的积累，致使 MBR 出水的 TN 仍然较高，为 85～238 mg/L。

表 3-13　苏州某生活垃圾渗滤液处理厂 MBR 出水水质指标

pH 值	COD_{Cr}/(mg/L)	BOD_5/(mg/L)	NH_4^+-N /(mg/L)	TN/(mg/L)	SS/(mg/L)
6.3～6.7	763～1204	40～100	5.7～23.9	85～238	17～19

3.6.2　磁化铁碳微电解处理渗滤液生物尾水

3.6.2.1　磁化铁碳装置

磁化铁碳反应装置如图 3-30 和图 3-31 所示。包括 3 个 500 L PE 材质污水桶（编号：1号、2号、3号），2 个 100 L PE 材质药桶，1 台潜污泵，2 台耐酸耐碱水泵（编号：1号、

2 号），2 台计量泵（加药泵）（编号：1 号、2 号），1 台电机和 1 台空压机，以及 5 个控制阀。连接管均为 PE 材质，可耐酸碱，孔径为 DN25。磁化装置设备具体参数见表 3-14。

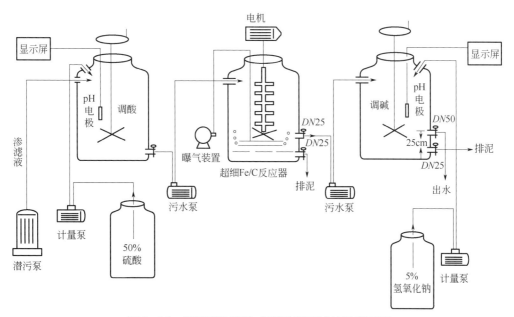

图 3-30　超细磁化铁粉-活性炭处理渗滤液装置图

图 3-31　磁化超细铁粉-活性炭中试现场装置图

表 3-14　磁化装置设备参数

序号	设备名称	型号	规格	数量
1	耐腐蚀水泵	52FP-11	N=0.75 kW，Q=4 m³/h，H=11 m	2 台
2	三相异步电动机	Y90L-4	N=1.5 kW，1390 r/min	1 台
3	空压机	2.5HP	Q=0.08 m³/min，P=0.8 MPa，N=1.8 kW	1 台
4	潜污泵	V250	N=0.25 kW，Q=9 m³/h，H=7.5 m	1 台
5	加药计量泵	CONC1602	N=24 W，Q=1.5 L/h，P=1.6 MPa	2 台

其中，主体反应器为 PE 材质的 500 L 桶，内置与电机相连的磁铁棒，磁铁棒形态为多个直径为 10 cm 的环形磁铁固定于 PE 棒，间隔约为 8 cm；磁铁表面包裹有耐酸塑料薄层，可使被吸附铁粉反应后较易拆卸；磁铁棒顶端连接小型电机，为磁铁棒转动提供动力，磁铁棒底部固定有 3 片叶轮，起搅拌作用，磁铁棒可拆卸。空压机通过连接直径为 18 cm 的刚玉曝气头进行曝气和空气扩散。超细铁粉附着于磁铁棒上进行磁化，颗粒活性炭直接投入待处理水样中。反应过程中，磁化超细铁粉表面逐渐被腐蚀氧化，磁性减弱并包裹有机物的铁粉可能掉落沉降，同时超细碳粉由于附着大量有机物体积增加，亦会发生团聚和沉降，此时再按比例补充新的超细材料。出水口设有可拆卸过滤层。

3.6.2.2　磁化铁碳装置运行流程

超滤出水池中渗滤液经潜污泵提升进入 1 号 PE 桶，在搅拌状态下，开启自动加药装置，由计量泵加入 50%工业硫酸对渗滤液进行酸度调节，使待处理水样 pH 值范围为 2.5±0.2。随后，水样由耐酸耐碱泵泵入主反应罐 2 号 PE 桶，开启电机和空压机，电机转速保持在 300 r/min 左右，空压机通过连接直径为 18 cm 的刚玉曝气头进行曝气，使空气在待处理水样中进行均匀扩散。同时，超细铁粉被吸附于磁铁表面，颗粒活性炭直接投加至待处理水样中。运行一段时间后，停止电机和空压机运转，静置 2 h 后由耐酸碱泵把上清液泵入桶 3 号 PE，在缓慢搅拌状态下，开启自动加药装置，由计量泵加入 5%氢氧化钠，调节 pH 值至 9.0±0.2，静置沉淀 0.5 h 后，取上清液进行理化指标测试，随后开启控制阀，处理后水样由内附滤布的出水口排出至纳滤储液池。最后拆去纱布，排出污泥。

3.6.2.3　磁化铁碳对渗滤液生物尾水有机物去除效果

为考察所购颗粒活性炭在 Fe-C 微电解中是否存在吸附作用，进行以下实验：取 200 mL MBR 出水，调节 pH 值至 2.0，投加 2.0 g±0.02 g 活性炭，均匀搅拌 1 h 后，取上清液测试 COD_{Cr} 浓度；把上清液倾倒后，重新加入 200 mL，以调节 pH MBR 出水，搅拌 1 h，取上清液测试 COD_{Cr} 浓度；重复上述过程。待处理渗滤液 COD_{Cr} 浓度为 1052 mg/L。结果如表 3-15 所列。

表 3-15　活性炭吸附作用在铁碳微电解中的影响

指标	1	2	3
COD_{Cr} 去除率/%	3.6	1.1	0
单位吸附量/(mg COD_{Cr}/g)	3.8	1.2	0

活性炭的吸附性能与活性炭材质和制备工艺有很多关系。本中试实验购买的活性炭为气体吸附工业活性炭，价格低廉，对渗滤液中有机污染物吸附性能较差。第 1 次 1h 内的单位吸附为 7.46 mg COD_{Cr}/g，第 2 次 1 h 内的单位吸附量仅为 2.74 mg COD_{Cr}/g，第 3 次实验时，活性炭已达到吸附饱和状态。所购活性炭吸附能力较差，当活性炭投加量为 1%（质量体积分数）时，在铁碳微电解过程中对 COD_{Cr} 的吸附作用 < 5%。

根据不同粒径铁粉对渗滤液去除效果的影响结果，渗滤液 COD_{Cr} 去除率和反应平衡时间与铁粉的粒径存在相关性，即在相同的加药量和初始 pH 值条件下，铁粉粒径越小，反应平衡时间越短，COD_{Cr} 去除率越高，参考不同粒径的反应平衡时间，推断 74 μm 铁粉-活性炭反应平衡时间为 8～10 h。

待处理渗滤液 COD_{Cr} 1052 mg/L 单次处理量 450 L，投加的铁粉和活性炭比为 1∶1，单次投加固液比为 1%。由图 3-32 可知，当铁粉粒径为 74 μm 时，反应平衡时间为 10 h，此时，COD_{Cr} 最大去除率为 58%。

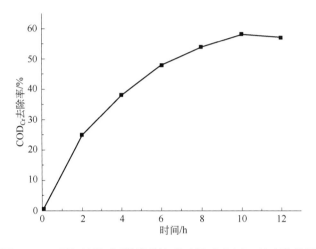

图 3-32　超细铁粉-活性炭随处理时间对 COD_{Cr} 的去除效果

为了验证此装置的运行稳定性，在上述条件下，连续运行 14 次，每 10 h 为一个运行周期（即 1 次），考虑到安全和人手问题，只白天运行，即日处理量为 450 L。图 3-33 展示了处理前后渗滤液的 pH 值变化。可以看出，运行 10 h，pH 值由最初的 2.0±0.2 升至 5.8 左右。处理过程中 pH 值的变化可以表征反应是否结束，当 pH 值升至 6.0 左右时，基本可判定反应已达到平衡。故此，pH 值的变化验证了运行 10 h 已达到了反应平衡时间。

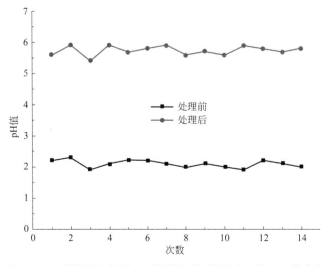

图 3-33　磁化超细铁粉-活性炭处理渗滤液出水的 pH 值变化

由图 3-34 可知，进水 COD_{Cr} 浓度为 763～1204 mg/L，出水 COD_{Cr} 浓度为 278～532 mg/L，去除率为 53.2%～63.7%。由超细铁粉-活性炭降解渗滤液 COD_{Cr} 的动力学研究可知，去除率与进水 COD_{Cr} 浓度存在相关性，当进水 COD_{Cr} 浓度较低时，COD_{Cr} 去除率则较高。当进水 COD 浓度低至 763 mg/L 时，74 μm 磁化铁粉-活性炭对 COD 的降解率最大，为 63%。但经近一年的监测发现，MBR 出水的 COD_{Cr} 浓度在 900～1100 mg/L 范围较为集中，此浓度进水相对应的 COD_{Cr} 去除率平均为 58.6%。

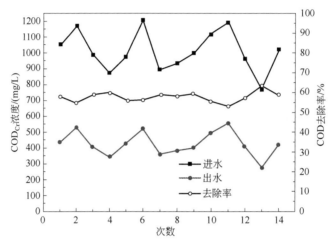

图 3-34　磁化超细铁粉-活性炭处理渗滤液 COD_{Cr} 的效果

由图 3-35 可知，进水 TOC 浓度为 234～363 mg/L，出水 TOC 浓度在 88～168 mg/L 之间波动，去除率为 50.7%～61.9%。

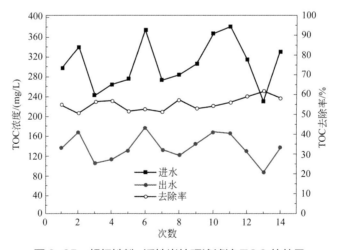

图 3-35　超细铁粉-活性炭处理渗滤液 TOC 的效果

3.6.2.4　磁化铁碳对渗滤液生物尾水氮去除效果

图 3-36 展示了 74 μm 磁化铁粉-活性炭对待处理渗滤液 TN 的去除效果。由图可知，

进水 TN 浓度为 85~238 mg/L，出水 TN 浓度为 42~129 mg/L，去除率为 41.9%~51.7%。

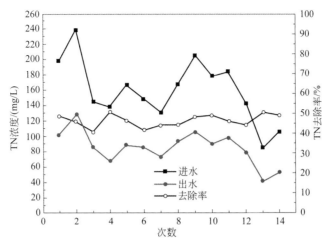

图 3-36　超细铁粉-活性炭处理渗滤液 TN 的去除效果

MBR 出水中 NH_4^+-N 浓度较低，仅为 5.7~23.9 mg/L，而 TN 浓度仍较高。这表明生物预处理阶段，硝化反应较好，而由于碳源的缺乏，反硝化反应较差，生物尾水中积累了大量的硝态氮和亚硝态氮。经检测发现，亚硝态氮的浓度远高于硝态氮。故此推断，超细铁粉-活性炭微电解过程主要作用于亚硝态氮，使氮的存在形态发生了变化。

图 3-37 展示了处理前后 NO_2^--N 的浓度变化。处理前 NO_2^--N 的浓度为 57~187 mg/L，处理后 NO_2^--N 的浓度为 7~47 mg/L，NO_2^--N 去除率为 74.8%~81.0%。

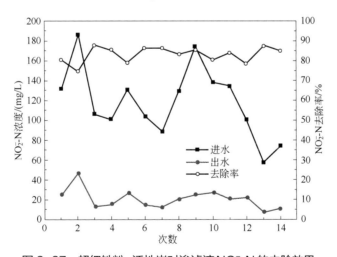

图 3-37　超细铁粉-活性炭对渗滤液 NO_2^--N 的去除效果

在酸性条件下，NO_2^- 作为电子接受体与溶液中的 H^+ 发生反应，生成 NH_4^+-N。在调碱沉淀铁盐的过程中，NH_4^+-N 生成气体溢出，从而使得渗滤液中的 TN 降低。而 NO_3^--N 则在电解过程中，发生还原反应，生成 NO_2^- 再生成 NH_4^+-N 从渗滤液中排出。

图 3-38 展示了 74 μm 磁化铁粉-活性炭处理渗滤液 MBR 尾水的水质照片(另见书后彩

图）。可以看出，处理前渗滤液颜色呈深棕色，经超细磁化铁粉-活性炭处理后，出水色度大大降低，呈现浅黄色。

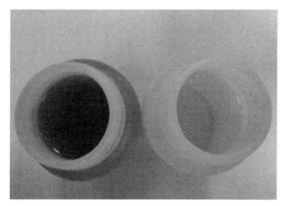

图 3-38　渗滤液经铁碳微电解处理进出水照片

超细磁化铁粉-活性炭处理后，泥量约为 20%，清液量可达 75%～80%，出水 COD_{Cr} 浓度与纳滤出水浓度较为接近，但总氮、硝态氮和亚硝态氮的浓度比纳滤出水低。由于膜材质的关系，纳滤膜对二价阳离子的截留效果较好，但对一价阴离子的效果较差，故经纳滤处理后，总氮的去除率很低，基本只截留下高分子的有机氮，出水总氮、硝态氮、亚硝态氮浓度仍然很高。而超细磁化铁粉-活性炭在降解总氮、硝态氮、亚硝态氮方面表现出极大的优势。

处理后铁泥和活性炭经水反冲洗煅烧后，可制成蜂窝状填料，用于渗滤液生物处理前的可生化性提高材料。

3.6.3　文丘里真空负压铁碳微电解处理渗滤液生物尾水

3.6.3.1　文丘里真空负压铁碳微电解装置

文丘里效应示意见图 3-39。

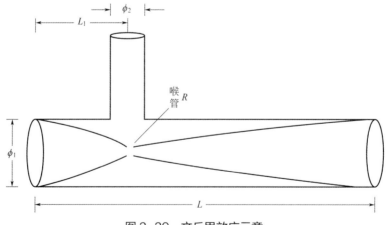

图 3-39　文丘里效应示意

ϕ_1—进口直径；ϕ_2—支管直径；R—进口直径与喉管的孔口比值；L—文丘里管长度；L_1—进口段长度

当气体或液体在文丘里管里面流动，在管道的最窄处，动态压力（速度头）达到最大值，静态压力（静息压力）达到最小值。气体（液体）的流速因为涌流横截面积变化的关系而上升。整个涌流都要在同一时间内经历管道缩小过程，因而压力也在同一时间减小。进而产生压力差，这个压力差用于测量或者给流体提供一个外在吸力。对于理想流体（气体或者液体，其不可压缩并不具有摩擦），其压力差可通过伯努利方程获得。

文丘里效应的原理则是当风吹过阻挡物时，在阻挡物的背风面上方端口附近气压相对较低，从而产生吸附作用并导致空气的流动，即把气体由粗变细，以加快气体流速，使气体在文氏管出口的后侧形成一个"真空"区。当这个真空区靠近工件时会对工件产生一定的吸附作用。

压缩空气从文丘里管的入口进入，少部分通过截面很小的喷管排出。随之截面逐渐减小，压缩空气的压强减小，流速变大，这时就在吸附腔的进口内产生一个真空度，致使周围空气被吸入文丘里管内。

反应装置包括 pH 自动调节加药装置、潜污泵、水泵、文丘里管、进样槽和由 2 个 PVC 桶构成的 U 形连通反应装置，1 号桶和 2 号桶由 PVC 控制阀连通。

3.6.3.2　文丘里真空负压铁碳微电解装置运行流程

渗滤液生物尾水由潜污泵从超滤储液池提升渗滤液进入 1 号桶，开启 pH 自动调节加药装置，在搅拌状态下，调节渗滤液 pH 值为 2.0±0.2。水泵从 1 号桶中抽水产生持续的水流，水流经过文丘里管，在喉管处由于口径变细（喉管与进口孔口比为 0.23），受到阻碍，从而提升了液体流速；同时，由于压力差，在文丘里管出口的后侧形成一个"真空负压区"，在支管口形成负压涡流，从而在无需动力的条件下，形成自吸状态，带动空气进入文丘里管，而超细铁粉和粉末活性炭也由支管口加药漏斗随空气吸入而进入文丘里管（图 3-40）。

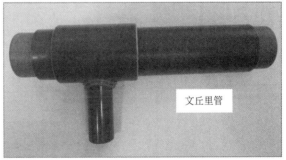

图 3-40　文丘里真空效应装置现场图

在"真空负压区"，固、液、气三相得到混合，经喉管后，混合液随气流在出口处高速喷出，与空气极速摩擦，固、液、气三相表面形成极薄的接触层，增大了其接触面积和接触时间。随后，混合液落入 2 号罐体。当 2 号罐体中的液体高度超过 1 号罐体时，开启 1 号控制阀，使 1 号罐体和 2 号罐体连通，构成 U 形连通器，提高回流比，使其循环反应，喷射速率＞0.5 L/s，距离＞6 m。装置示意见图 3-41，参数见表 3-16。

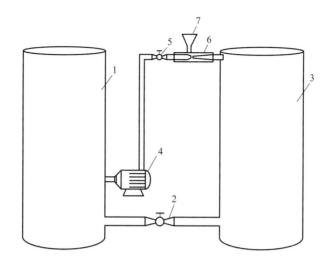

图 3-41　文丘里真空效应装置图

1—1 号罐体；2—1 号控制阀；3—2 号罐体；4—水泵；5—2 号控制阀；6—文丘里管；7—固体进样口

表 3-16　文丘里管参数

规格/(L/s)	注射水流量/(L/s)	混合液输出压力/MPa	混合液流量/(L/s)	孔口比值 R	Φ_1/mm	Φ_2/mm	L_1/mm	L/mm
0.5	0.528	0.05	1.056	0.23	50	32	95	350

3.6.3.3　对渗滤液生物尾水碳去除效果

为防止文丘里管堵塞，把所购颗粒活性炭研磨为可通过 100 目筛的粉末。超细铁粉和活性炭在加药口由真空涡流效应自动吸入文丘里管中，加药比例仍为 1%，单次投加的铁粉和活性炭比为 1∶1。

图 3-42 展示了利用文丘里效应加速铁碳微电解反应速率的效果。与磁化静态实验相

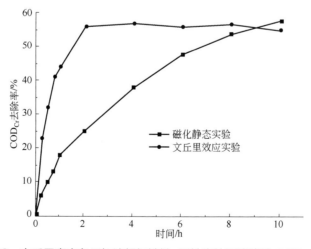

图 3-42　文丘里真空负压加速超细铁粉-活性炭处理渗滤液 COD_{Cr} 的速率

比，文丘里效应缩短了超细铁粉-活性炭反应时间，反应 2 h 对 COD$_{Cr}$ 的去除率即可达到 56%，反应速率提高了 4～5 倍。这主要是因为待处理渗滤液、空气、超细铁粉和活性炭混合液通过文丘里管喉管时，由于压差，增大了其喷射速率，加强了粒子之间的碰撞，从而提高了反应速率。反应时间缩短为 2 h 后，每天渗滤液处理量可增加至 1800 L。

图 3-43 展示了结合文丘里效应的超细铁粉-活性炭处理渗滤液 COD$_{Cr}$ 和 TOC 的效果。由图可知，进水 COD$_{Cr}$ 浓度为 890～1023 mg/L，出水 COD$_{Cr}$ 浓度为 359～431 mg/L，COD$_{Cr}$ 去除率为 55.8%～60.6%。进水 TOC 浓度为 315～397 mg/L，出水 TOC 浓度为 123～166 mg/L，TOC 去除率为 57.8%～61.7%。

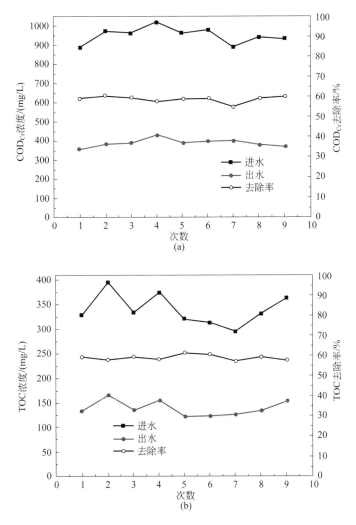

图 3-43 文丘里效应加速超细铁粉-活性炭处理渗滤液 COD$_{Cr}$ 和 TOC 的效果

3.6.3.4 对渗滤液生物尾水氮去除效果

图 3-44 展示了结合文丘里效应的超细铁粉-活性炭处理渗滤液 TN 和 NO$_2^-$-N 的效果。

由图可知，进水 TN 浓度为 135～198 mg/L，出水 TN 浓度为 69～101 mg/L，TN 去除率为 46.0%～54.8%。进水 NO_2^--N 浓度为 89～169 mg/L，出水 NO_2^--N 浓度为 13～35 mg/L，NO_2^--N 去除率为 74.7%～89.3%。

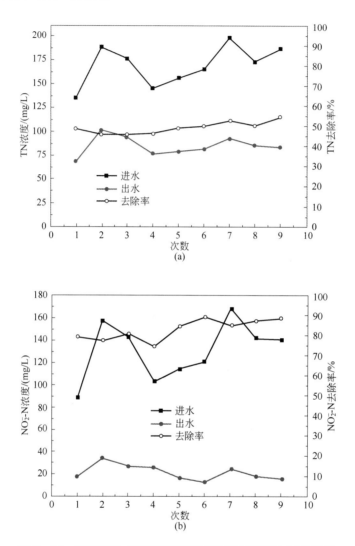

图 3-44 超细铁粉-活性炭处理渗滤液 TN 和 NO_2^--N 的效果

第4章
膜深度处理技术

4.1 膜深度处理技术概述

4.1.1 发展历程

膜分离技术是指在分子水平上不同粒径分子的混合物在通过半透膜时，实现选择性分离的技术，被称为"21世纪的水处理技术"。膜技术在污水处理和回用中扮演着至关重要的角色。膜技术自出现以来一直受到研究者的青睐，与传统的蒸发、萃取、沉淀等分离技术相比，膜分离技术因其高效稳定的分离效果而备受推崇。以膜分离为主的物化系统工艺在各类废水的处理中均得到了广泛的应用，包括含油废水、纤维工业废水、脱脂废水、放射性废水等工业废水。这种集成型的处理工艺，由于膜的存在使其处理工业废水时的可靠性较高，出水水质也较为稳定，这是它所具有的独特的优势，是21世纪最具发展前景的技术之一，故被广泛应用于渗滤液处理中。

根据膜孔径大小可以分为微滤膜、超滤膜、纳滤膜、反渗透膜等。应用于渗滤液处理的膜技术主要特性如表4-1所列。

表4-1 应用于渗滤液处理膜技术主要特性

膜技术	膜特征参数	分离机制	目标物质	被截留成分
微滤	对称微孔膜孔径 0.02~10 μm	颗粒大小、形状	粒径≥50 nm 的颗粒	细菌、悬浮颗粒和微粒子
超滤	非对称微孔膜孔径 1~20 μm	颗粒大小、形状	粒径 5~100 nm 的颗粒	蛋白质、多肽和胶质等大分子有机物
纳滤	带皮层非对称复合膜孔径 1~2 nm	吸附、表面电位	分子量 200~2000 的物质	维生素等小分子有机物和多价盐
反渗透	带皮层非对称复合膜孔径 <1 nm	吸附、表面电位	溶解的盐类	无机盐、氨基酸和 BOD_5 等

4.1.2 工艺原理

膜深度处理工艺针对其中悬浮物、胶体以及大分子难降解有机物进行靶向拦截、阻挡。膜分离深度处理技术虽然可以满足渗滤液的达标排放，但其基本原理是有机物的分离，没有实现真正的有机物的降解，同时产生了一种水质复杂、高盐分、难降解的副产物——渗滤液浓缩液。

纳滤膜是20世纪80年代末期问世的新型膜，它具有两个显著特征：其一是截留分子量介于RO膜和UF膜之间；其二是膜表面分离层由聚电解质组成，对不同价态的离子存在唐南（Donnan）效应，具体表现为NF膜对一价和二价离子截留率的差别。NF膜的分离机理主要是筛分效应和离子与膜表面之间的电荷作用。描述膜的分离机理的模型主要有非平衡热力学模型、细孔模型、空间电荷模型、固定电荷模型、静电位阻模型等。

渗透是水从稀溶液一侧通过半透膜向浓溶液一侧自发流动的过程。当在浓溶液上施加压力，且该压力大于渗透压时，浓溶液中的水就会通过半透膜流向稀溶液，而溶质则被半透膜阻止在浓溶液一侧。这一过程是渗透的相反过程，被称为反渗透（RO）。反渗透的工作原理是基于溶剂通量和溶质通量的巨大差别。理想型的反渗透膜不存在溶质通量，只允许水通过膜。但是在实际中无法得到溶质通量为零的膜，只能将溶质通量尽量降低。溶剂通量取决于有效压力差，溶质通量几乎不受压差影响，而取决于膜两侧的溶质浓度差。因此压力增大时，水通量变大，溶质的截留率也增大。

以膜分离为主的物化系统工艺在实际应用中存在的问题和局限主要体现在以下 3 个方面。

① 膜污染问题：在实际的应用中，膜污染是制约膜技术发展的关键因素之一，膜污染导致的膜通量下降直接影响了膜对目标污染物的去除效能。为保证渗滤液的稳定达标排放，不得不及时对膜进行清洗及更换，尽管现阶段很多研究可使膜的寿命延长，但仍不能从根本上解决膜污染的问题。

② 组合膜技术的选择：在选择以膜分离为主的物化系统工艺的具体组合形式时，往往是从小试实验开始筛选各个膜组件及其运行参数，然后逐步过渡到中试，等中试运行稳定后才在实际工程中应用。在浓缩液的膜处理工艺中，有工艺采用单独纳滤膜或反渗透膜即可达标排放，多地采用纳滤膜+反渗透膜多级技术，有必要探究常用膜对城市污水污染因子的分离特性，使以膜分离为主的物化系统在被选择具体组合工艺时有据可依。

③ 浓缩液的处理：膜对污染物的去除靠的是物理截留作用，污染物没有真正转化，仅仅被富集浓缩。膜通量的下降导致浓缩液的产量增大，浓缩液作为更难处理的二次污染物，其中有机物的去除仍需要进一步的探讨，同时针对不同级的膜对污染物的筛分特性有待研究。

4.2　好氧平板膜-生物反应器处理渗滤液

通过以膜分离为核心的组合工艺研究，实现垃圾渗滤液高效深度处理。以膜筛选为手段，借助膜的选择性分离特性实现高盐度、难降解浓缩液难题的解决，开发、示范适用于高浓度混合型垃圾渗滤液处理的达标技术，为垃圾渗滤液的高效稳定达标运行提供技术支持。

4.2.1　处理渗滤液效能

常规的垃圾渗滤液多采用管式超滤膜-生物反应器作为生化处理手段，实际工程运行中往往存在能耗高、系统运行不稳定等问题。为探索低能耗高效率的渗滤液处理方式，选择好氧平板膜-生物反应器，比较不同工况运行下对污染物的去除效果，并通过膜污染物的筛分识别，研究浸没式平板膜-生物反应器中膜面污染严重的原因并对膜污染情况进行分析，选择老港生活垃圾填埋场四期渗滤液调节池中的渗滤液作为进水，其基本水质情况参见表 4-2。

表 4-2　渗滤液进水基本水质

水质指标	数值	水质指标	数值
COD_{Cr}/(mg/L)	6771～20541	TN/(mg/L)	3102～3811
BOD_5/(mg/L)	612～904	TP/(mg/L)	19.3～22.0
NH_4^+-N /(mg/L)	3024～3567	HA/(mg/L)	3000～3561
NO_3^--N /(mg/L)	48.7～73.3	SS/(mg/L)	103～887
NO_2^--N /(mg/L)	0.0～1.0	pH 值	7.1～8.0

小试装置采用好氧/缺氧平板膜-生物反应器方式运行，装置示意见图 4-1，不同工况参数设计参见表 4-3。

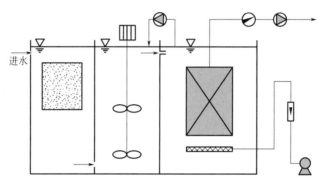

图 4-1　平板膜-生物反应器装置示意图

表 4-3　平板膜-生物反应器不同工况参数设计

工况编号	设计膜通量/ [L/(m²·h)]	SRT/d	HRT/d	碳源投加位置
工况 1	4	90	16	缺氧池投加
工况 2	4	90	16	好氧池前端投加
工况 3	4	90	16	好氧池终端投加
工况 4	4	90	16	无
工况 5	3	60	12	一级 A/O
工况 6	3	60	12	二级 A/O

4.2.1.1　碳源投加对 COD_{Cr} 去除的影响

膜-生物反应器（MBR）对有机物的去除作用主要来自两方面：一方面是生物反应器中的活性污泥对有机物的降解作用；另一方面是膜对有机物的截留、吸附等作用。所以与传统生化处理相比，MBR 可以获得更好的有机物去除效果，尤其当针对高浓度有机物时。实验过程中不同工况下膜出水 COD_{Cr} 如图 4-2 所示。

从图 4-2 可以看出，平板膜-生物反应器对 COD_{Cr} 均可达到较高的去除率。工况 1 和工况 2 对 COD_{Cr} 的去除效果均好于对照组工况 4，其中工况 1 去除效果最好，而工况 3 对 COD_{Cr}

的去除效果则不如工况 4。在 MBR 反应器进入稳定运行阶段（即大约 45 d 之后），工况 1 的出水 COD_{Cr} 为 801~1010 mg/L，COD_{Cr} 的去除率可达到 90%以上，最高可达到 95%；工况 2 的出水 COD_{Cr} 为 1108~1306 mg/L，COD_{Cr} 去除率为 87%左右；工况 3 的出水 COD_{Cr} 为 1210~1404 mg/L，去除率大约为 82%；工况 4 的出水 COD_{Cr} 在 1101~1343 mg/L 范围内，COD_{Cr} 的去除率为 85%左右。

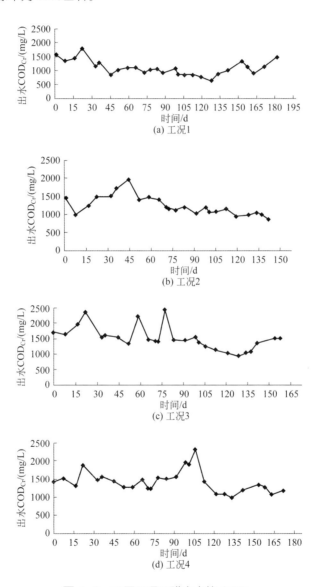

图 4-2　不同工况下膜出水的 COD_{Cr}

由于本实验主要在实验室开展，受条件限制，取样频率为每月一次，这就导致了不同月份的进水波动较大，从而对实验装置的稳定运行存在一定影响，尤其是在不同批次进水交替的第一周。但通过图 4-2 可以看出，投加碳源的装置对于水质波动的影响明显低于对照组。所以可以通过外加碳源的调控来减低水质波动对处理过程带来的影响。

4.2.1.2　碳源投加对氨氮去除的影响

实验过程中不同工况下膜出水氨氮如图 4-3 所示。

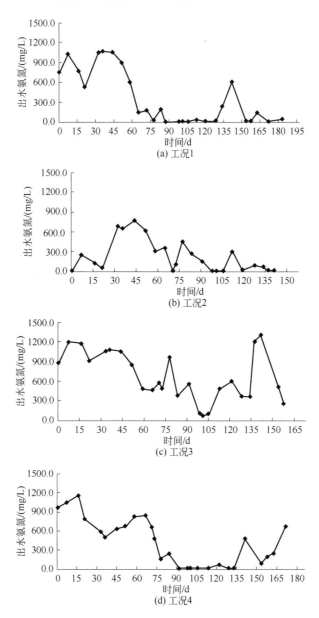

(a) 工况1

(b) 工况2

(c) 工况3

(d) 工况4

图 4-3　不同工况下膜出水氨氮

从图 4-3 可以看出，在平板膜-生物反应器稳定运行期间，工况 1 和工况 4 均可获得较高的氨氮去除效果，氨氮去除率可达到 95% 以上。而工况 2 和工况 3 的去除率均低于对照组。其原因主要有以下几点：

① 由于硝化菌是自养细菌，生长繁殖的世代周期长，为了使硝化菌能在连续流的活性

污泥系统中生存下来，要求系统的污泥龄大于硝化菌的污泥龄，否则硝化菌会因为其流失率大于繁殖率而从系统中被淘汰。研究和实践表明，能够完全截留微生物的 MBR 可以防止硝化菌的流失，使其得到富集生长。大多数情况下，在 MBR 中可以达到充分的硝化。另一方面，高的硝化菌含量也为高容积负荷条件下的运行提供了条件，使得 MBR 能够处理高浓度含氮废水。

② 由于硝化菌是自养细菌，有机基质的浓度并非其生长的限制因素。相反，硝化段的含碳有机基质的浓度不可过高，BOD_5 一般应低于 20 mg/L，若有机基质浓度过高，会使生长速率较高的异养菌迅速繁殖，争夺溶解氧，从而使自养菌的生长缓慢且好氧的硝化菌得不到优势，结果降低了硝化速率。研究表明：BOD_5/TKN 与活性污泥中硝化菌所占的比例相关，BOD_5/TKN 值越低，硝化菌所占的比例越大。本试验中，进水 BOD_5 浓度在 612～904 mg/L 之间，进水氨氮浓度在 3024～3567 mg/L 之间，BOD_5/TKN 值很低，硝化菌迅速大量繁殖，所以对氨氮的去除效果较好。而工况 2 和工况 3 由于是向好氧区外加碳源，其好氧区的 BOD_5/TKN 值均大于工况 1 和工况 4，硝化菌不占优势，所以氨氮去除效果不好。

③ 由于 MBR 的曝气量较大，污泥絮体尺寸较小，呈细小颗粒形态，有利于降低氧的传质阻力，增加硝化菌对氧气的利用速率，提高硝化的速率和程度。

④ 游离态的氨氮会对硝化菌产生抑制作用，氨氮浓度中游离态的氨氮浓度主要取决于pH 值，随 pH 值的升高，游离态的氨氮浓度逐步升高。本实验中 MBR 进水的 pH 值在 7.1～8.0 之间，偏碱性，所以进水氨氮浓度中游离态的氨氮浓度较高，但由于 MBR 高曝气的运行方式，不可避免产生对氨氮的吹脱作用，使游离态氨氮的抑制作用很小。

4.2.1.3　碳源投加对总氮去除的影响

实验过程中不同工况下膜出水总氮如图 4-4 所示。

虽然垃圾渗滤液的 COD_{Cr} 值相比生活污水要高得多，但由于渗滤液较高的氨氮浓度，

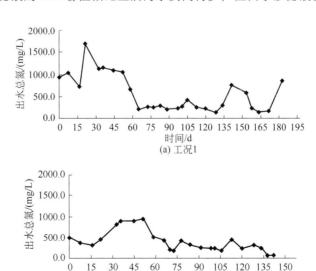

图 4-4

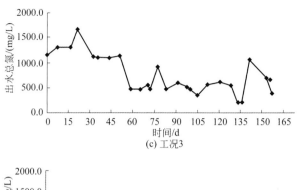

(c) 工况3

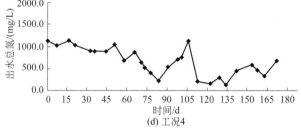

(d) 工况4

图 4-4　不同工况下膜出水总氮

从而导致其营养元素比例往往失调。在本实验期间，进水 COD_{Cr} 在 6771～20541 mg/L 范围内波动，相比之下氨氮变化不大，为 3024～3567 mg/L，C/N 值为 2.5～4.5，低于反硝化对碳源的要求，因此需要考察外加碳源对脱氮的影响。

从图 4-4 可以看出，在平板膜-生物反应器稳定运行期间，工况 1 的脱氮效果最好，其 TN 去除率最高时可达到 85%以上。不过在实验后期（第 135 天之后），系统的脱氮效果变差，总氮的去除率下降到 70%左右。这主要是因为渗滤液水质发生了变化，C/N 值由 4.5 降至 2.5。垃圾渗滤液中的碳源严重不足且不易被利用，大大限制了反硝化菌活性，造成 TN 的去除率在不断下降。理论上一般认为进水 COD_{Cr}/TKN 值达到 3 左右即可满足反硝化对碳源的要求，实用中则常认为此值应大于 8。后来通过外加碳源的调控，总氮去除率又提高到 83%左右，所以 C/N 值对反硝化菌脱氮有很重要的影响。

从图 4-5 可以看出，工况 1 在第 93 天后出现了严重的亚硝态氮积累，导致 TN 去除率下降。原因是这期间进水浓度和负荷升高很快，而曝气量没有增加，造成溶解氧快速下降，此时产生了严重的 NO_2^--N 积累，质量浓度接近 230 mg/L，在溶解氧限制的情况下，亚硝化菌（AOB）对氧的争夺能力大于硝化菌（NOB），这样亚硝化菌产生的 NO_2^--N 不

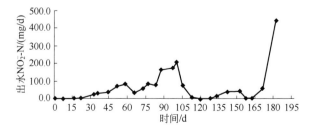

图 4-5　工况 1 膜出水中亚硝酸盐氮

能及时被硝化菌转化，从而导致 NO_2^--N 积累，而高浓度的 NO_2^--N 也抑制了反硝化异养菌的生长，使得反硝化过程进行得不完全，最终导致反应器 TN 去除率下降。虽然排放标准没有对 NO_2^--N 进行控制，但实际上 NO_2^--N 比 NH_4^+-N 的毒性大得多。所以为了消除出水亚硝酸盐积累的现象，第 103 天时将曝气强度提高，溶解氧从 1.0 mg/L 提高到 1.5 mg/L，此时亚硝酸盐积累的现象迅速消失，出水质量浓度从第 95 天的 225 mg/L 下降至第 105 天的 25 mg/L，同时总氮去除率也得到了恢复。

4.2.1.4　膜污染物的三维荧光图谱分析

对工况 1 的进出水、SMP、膜面溶解性污染物及 EPS 进行三维荧光扫描，各样品的 EEM 图谱见图 4-6 和图 4-7（另见书后彩图）。通过比较发现，各工况中进出水、SMP、EPS

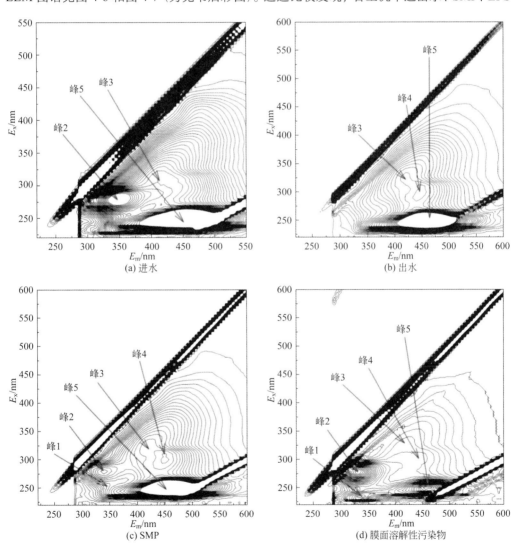

(a) 进水
(b) 出水
(c) SMP
(d) 膜面溶解性污染物

图 4-6　进出水、SMP 和膜面溶解性污染物 EEM 图谱

及膜面溶解性污染物的 EEM 图谱都与工况 1 相似，故图 4-6 和图 4-7 中只列出工况 1 的 EEM 图谱。

由图 4-6（a）可见，垃圾渗滤液（进水）中主要有 3 个荧光峰，中间偏下位置（E_x/E_m）为 300 nm/410 nm（峰 3）和 250 nm/460 nm（峰 5），均与腐殖质有关，其中峰 5 为类富里酸峰，荧光峰明显，与腐殖质中的富里酸物质有关，而峰 3 荧光强度较弱，但峰 3 的出现说明进水中有胡敏酸的存在。由于在有机物的腐化过程中，类富里酸是在腐化的初期便形成，而胡敏酸则随有机物腐化进程逐步形成。因此胡敏酸峰的出现可表明实验进水为中老龄渗滤液。另外在 280 nm/345 nm 处还有一个较强的峰（峰 2），为类色氨酸峰，与填埋垃圾渗滤液中芳香族氨基酸及其降解产物或结构类似物有关，一些结合在腐殖质物质上的氨基酸残基也会在此处产生荧光峰。

与进水相比，SMP［见图 4-6（b）］中荧光峰峰 5 有一定程度的削弱，荧光峰峰 2 则有大幅的削弱。峰 2 通常被认为与污水中易生物降解组分联系最紧密。因此可认为渗滤液中易生物降解组分在迁移转化的过程中大部分已被装置中的微生物降解了。相对于腐殖质而言，类蛋白物质由于结构简单，更易被微生物作为能源或合成其他物质的材料而利用。峰 5 在进水和 SMP 中的荧光强度未发生明显改变，这可能是类腐殖质物质结构复杂、难以降解或氧化造成的。另外还发现在峰 3 和峰 5 的中间还出现了峰 4，其最大荧光强度对应的位置（E_x/E_m）为 295 nm/445 nm，据 Shao 等的研究报道可知，该峰也为类腐殖质荧光峰，可能为峰 3 和峰 5 之间过渡类型的荧光峰，来源于富里酸降解生成更为复杂的腐殖质的过程。

从图 4-6（c）、（d）可明显看出，SMP 和膜表面溶解性污染物的荧光峰的荧光强度比值明显不同，SMP 中与腐殖质有关的峰 3、峰 4 和峰 5 明显较强，而在膜表面溶解性污染物中与蛋白质有关的峰 1 和峰 2 的荧光强度较大。而且通过出水和 SMP 中峰 3、峰 4 和峰 5 的荧光强度的比较，可以发现出水和 SMP 中与腐殖质有关的荧光强度相差不大，可见类腐殖质物质基本不会在膜表面进行累积，这可能与其分子量较小、不能被膜截留有关。而与类蛋白质有关的峰 1 和峰 2 的荧光强度则存在较大差异，可见膜表面主要截留物质为类蛋白质物质。

从荧光峰的位置（见表 4-4）来看，相对于进水，SMP 和膜面溶解性污染物中峰 2 均沿着发射波长（E_m）发生蓝移，从 280 nm/345 nm 处分别移至 280 nm/340 nm 和 280 nm/330 nm。

表 4-4　工况 1 中不同成分荧光峰的位置

名称	峰 1	峰 2	峰 3	峰 4	峰 5	峰 6
	$(E_x/nm)/$ (E_m/nm)	$(E_x/nm)/$ (E_m/nm)	$(E_x/nm)/$ (E_m/nm)	$(E_x/nm)/$ (E_m/nm)	$(E_x/nm)/$ (E_m/nm)	$(E_x/nm)/$ (E_m/nm)
进水	—	280/345	300/410	—	250/460	—
出水	—	—	325/420	295/445	250/460	—
SMP	235/340	280/340	325/420	300/450	250/465	—
膜面溶解性污染物	235/340	280/330	325/410	305/440	250/455	—
EPS	—	275/340	340/435	—	250/455	390/465

蓝移现象的发生，可能是渗滤液中芳香环减少、长链结构中对位键减少、线性环状结构向非线性环状结构转化或微生物活动所致，即渗滤液中有机质的降解所引起。而出水、SMP 和膜面溶解性污染物中峰 3 在激发波长（E_x）和发射波长（E_m）轴上均发生了红移。Shao 等认为，有机质腐殖化程度越大，苯环结构含量越多，芳烃类化合物缩合度越高，其对应腐殖质荧光峰的激发波长越长。可见，以上 4 个样品中的类蛋白质和类腐殖质的结构也不同。

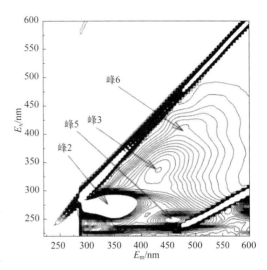

图 4-7　EPS 的 EEM 图谱

EPS 的 EEM 光谱图（图 4-7）与其他 4 个样品有较大的差别，其中峰 1 和峰 4 消失，峰 5 的荧光强度大幅削弱，峰 2 的荧光强度很高，说明微生物降解产生的类蛋白质主要分布在 SMP 中，而芳环的氨基酸结构和类富里酸及其降解产物则较多地分布在 EPS 中。另外在位置（E_x/E_m）为 390 nm/465 nm 处还出现了一个新的峰 6，该峰主要与类腐殖酸有关。

4.2.1.5　不同工况中荧光物质强度的比较

由于在实验过程中发现不同位置投加外加碳源的装置中膜污染速率基本一致，所以选择了工况 1、工况 4、工况 5 和工况 6 进行比较，分别对不同工况运行过程中提取的 SMP、EPS 及膜面溶解性污染物的荧光强度进行对比，结果如图 4-8 所示。

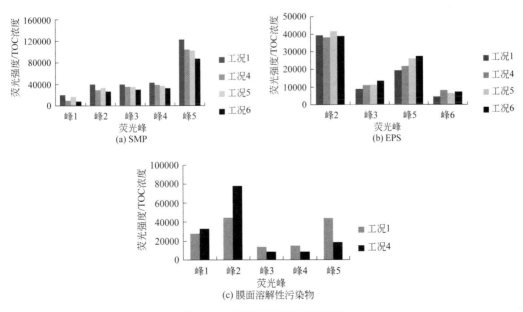

图 4-8　不同工况荧光强度比较

采用好氧浸没式平板膜-生物反应器处理垃圾渗滤液，在最优工况下，系统能够稳定运行，对 COD_{Cr} 和氨氮的去除率能够分别达到 90% 和 95%，COD_{Cr} 出水能够保持在 1000～1400 mg/L，大多数情况下维持在 1000 mg/L 左右，通过进一步的营养物投加调控等手段，能够达到小于 1000 mg/L 的排放标准。从污染物三维荧光图谱可以得知腐殖酸占膜面污染物中的一大部分。

4.2.2　针对渗滤液的特定平板微滤膜制备

针对垃圾渗滤液特殊的水质条件、生化处理过程中特殊的微生物特性，为筛选平板膜-生物反应器处理渗滤液中膜污染轻、处理效果佳的平板膜材质，进行了平板膜-生物反应器渗滤液处理膜污染机理的研究，并且与处理普通城镇生活污水厂的平板膜-生物反应器进行对比，通过不同条件下对比，在膜孔径、膜污染速率等方面得到了以下结果。

首先对自行研制的不同配方、生产条件的 20 种平板微滤膜，通过 SPSS 软件分析得到膜本身性能的相关性为：孔径越大，亲水角越小，纯水通量越大；水通量越大，本身阻力越小。结果见表 4-5。

表 4-5　不同平板微滤膜本身性能相关性分析

性能	孔径	亲水角	Zeta 电位	纯水通量	孔隙率	本身阻力
孔径	1	−0.553*	0.07	0.865**	−0.23	−0.15
亲水角	—	1	−0.24	−0.620**	−0.01	0.570*
Zeta 电位	—	—	1	−0.06	−0.11	0.12
纯水通量	—	—	—	1	−0.18	−0.508*
孔隙率	—	—	—	—	1	−0.23
本身阻力	—	—	—	—	—	1

注：*代表 $P<0.05$，**代表 $P<0.01$。

随着膜孔径的增大，膜面亲水角降低，水通量增加，膜阻力下降；而膜临界通量随着孔径的增大呈现出先增加后下降的趋势；当过滤曲阳好氧池污泥时，膜污染速率随着膜孔径的增加而下降，而当过滤老港垃圾渗滤液培养的污泥时，膜污染速率则随着膜孔径的增加而增加。结果如表 4-6 所列，不同膜材质的影响结果如表 4-7，其中包括不同材质膜的电镜扫描结果。

表 4-6　不同微滤膜过滤生活污水和渗滤液污泥性能

孔径 /μm	亲水角 /(°)	Zeta 电位 /mV	水通量 /[L/(m²·h·bar)]	孔隙率 /%	阻力 /(10¹⁰ m⁻¹)	临界通量 /[L/(m²·h)]	污染速率/[10¹⁰/(m·h)] 曲阳污泥	渗滤液
0.03	57.2	−76.01	274.6	42.2	61.76	26.4～29.1	220.17	37.09
0.10	50.2	−83.63	2748.6	43.4	4.95	37.3～41.8	45.00	233.45
2.00	36.0	−88.02	9624.3	48.7	3.12	34.5～37.7	33.75	362.36
5.00	24.5	−70.34	14682.1	31.9	0.03	27.7～30.5	32.14	610.57

注：1 bar=0.1 MPa。

表 4-7　不同膜材质对生活污水和渗滤液污泥的影响

材质	孔径/μm	亲水角/(°)	Zeta 电位/mV	水通量/[L/(m²·h·bar)]	孔隙率/%	阻力/(10¹⁰ m⁻¹)	临界通量/[L/(m²·h)]	污染速率/[10¹⁰/(m·h)] 曲阳污泥	污染速率/[10¹⁰/(m·h)] 渗滤液
PAN	0.01	57.4	−111.4	539.0	57.7	41.76	—	45.0	383.0
PVC	0.01	74.8	−55.84	1309.2	43.4	21.26	—	191.2	391.9
PTFE	0.45	44.2	−81.87	4161.8	27.3	2.60	27.3~30.5	19.3	141.5
PVDF	0.40	97.5	−129.2	1979.8	51.5	6.91	24.5~27.7	75.5	723.0

膜亲水性能对于膜污染的影响，结果见表 4-8。

表 4-8　膜不同亲水性对生活污水和渗滤液污泥的影响

亲水角/(°)	孔径/μm	Zeta 电位/mV	水通量/[L/(m²·h·bar)]	孔隙率/%	阻力/(10¹⁰ m⁻¹)	临界通量/[L/(m²·h)]	污染速率/[10¹⁰/(m·h)] 曲阳污泥	污染速率/[10¹⁰/(m·h)] 渗滤液
56.8	0.08	−75.31	601.2	31.0	64.67	29.1~32.3	46.60	383.79
66.9	0.15	−85.06	5462.4	39.1	2.47	26.8~30.0	20.89	379.43
81.2	0.08	−62.23	272.2	48.7	5.78	34.4~37.5	20.89	235.51
94.2	0.08	−131.9	864.2	37.9	9.62	26.8~29.5	25.71	175.38
112.7	0.45	−82.43	—	32.2	384.79	—	—	—

　　因此，当过滤曲阳好氧池污泥时，膜污染速率随着膜孔径的增加而下降，而当过滤垃圾渗滤液培养的污泥时，膜污染速率则随着膜孔径的增加而增加。随着膜面负电荷的减少，曲阳污泥导致的膜污染速率增加，而对渗滤液的污染并未呈现线性关系。随着膜疏水性的增强，垃圾渗滤液导致膜污染速率降低。相同溶解性有机物浓度下，渗滤液与生活污水的膜污染速率明显不同。

4.2.3　膜污染机理研究

　　为了对成分复杂的垃圾渗滤液的组成成分、可生化性有更深层的了解，根据活性污泥模型的相关理论，对老港生活填埋场的垃圾渗滤液进行了 COD_{Cr} 组分划分实验，结果如图 4-9 和表 4-9 所示。

　　通过上述实验数据，可得到以下结论：垃圾渗滤液中的溶解性 COD_{Cr}（即 S_{COD}）占了相当大的比例，但是这与处理过程中的情况并不十分吻合，可能是由于实验过程中，为了

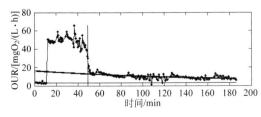
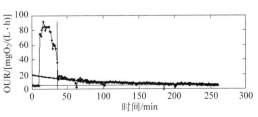

图 4-9

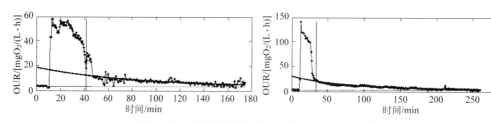

图 4-9　不同垃圾渗滤液与生活污水 OUR 测定

表 4-9　垃圾渗滤液 COD_{Cr} 组分划分结果　　　　单位：mg/L

总 COD T_{COD}	溶解性 COD S_{COD}	S_S	S_H	S_I	X_H	X_S	X_I
169.95	151.87	72.52	32.51	43.84	2.77	50.81	0
224.91	204.69	72.59	99.57	32.52	7.21	103.28	9.30

注：T_{COD} 为总 COD，S_{COD} 为溶解性 COD，S_S 为 COD 中易生物降解组分，S_H 为 COD 中溶解性慢速生物降解组分，S_I 为 COD 中溶解性惰性组分，X_H 为 COD 中异养菌微生物组分，X_S 为 COD 中颗粒性慢速生物降解组分，X_I 为 COD 中颗粒性惰性组分。

达到能够测定的浓度范围，对垃圾渗滤液进行了稀释，从而减弱了包括无机盐离子、难降解有机物对实验过程的影响。

4.2.4　污泥脱水上清液的膜浓缩处理

在目前的工程应用中，渗滤液的常用处理手段多为管式超滤膜-生物反应器+纳滤、反渗透深度处理。管式超滤膜-生物反应器具有出水水质好、占地面积小等优点，但同时其高昂的运行费用、严重的膜污染等问题一直以来是阻碍其发展的瓶颈。

平板膜水力学条件易于控制，抗污染能力强。同时平板膜组件制造组装比较简单，操作比较方便，膜的维护、清洗、更换都比较容易，单位面积水通量较大。缺点是装填密度比较小（＜400 m²/m³），不能反冲洗。

因垃圾渗滤液有机物浓度高，因此实际工程中常采用膜孔径更小的管式超滤膜，其庞大的剩余污泥和脱水上清液产量，为污泥的后处理带来困难。而大量上清液只能回流到前端生化系统，完成系统内的循环，大大增加了生化系统负荷，造成投资上的浪费，且这部分上清液可生化性不高，回流意义不大。

如将这部分上清液通过平板膜浓缩的方式分离，大部分膜滤清水可排出系统，少量浓缩后的污泥直接回流至离心机前端，不但减小了前端处理装置的负荷，而且大大降低了超滤膜组件的运行费用。

配合开发的高效低耗在线膜清洗系统，平板膜污染的问题得以有效缓解，为问题的解决带来了新的思路。膜浓缩/处理-自动清洗装置主要以平板膜抽吸作为污泥及上清液浓缩的手段，辅以自动清洗装置，能在低能耗运行的前提下，有效清除平板膜表面的污染。污泥平板膜浓缩-自动清洗装置通过储存势能并将势能转化为动能，带动机械装置运行，机械装置对膜表面污染物进行刷洗去除。具体原理见图 4-10、图 4-11 及流程说明。

污泥平板膜浓缩/处理-自动清洗装置流程：势能储存装置内的物质注入势能驱动装置。当势能驱动装置中累积的物质重力后克服膜面清洗阻力、沿程传动摩擦力及对应的复位平

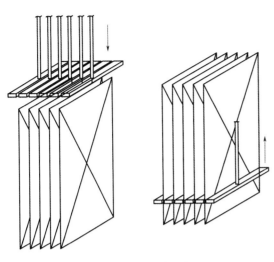

图 4-10　原理示意图（一）

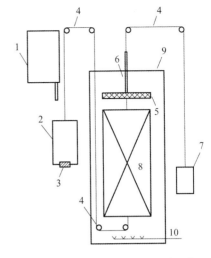

图 4-11　原理示意图（二）

1—势能储存装置；2—势能驱动装置；3—卸载装置；
4—传动系统；5—清洗部件；6—连杆；7—平衡配重；
8—平板；9—反应装置；10—出水口

衡配重重力后，开始向低势能位运动，储存的势能又转化为动能，一部分通过传动系统和连杆带动膜面清洗部件实现对膜面的在线清洗，产生清洗效果，另一部分则通过将复位平衡配重由低势能位升至高势能位而储存起来。清洗完成后，触发物质流卸载装置，将势能驱动装置内的物质排出，重力变小，当复位平衡配重重力克服膜面清洗阻力，沿程传动摩擦力及对应的势能驱动装置重力后，通过传动系统和连杆将膜面清洗部件和势能驱动装置恢复到清洗前状态，一个清洗周期完成。

经济效益分析：原设计的污泥经离心机脱水后，上清液回到污水处理系统的始端，上清液仍然全部需要经过生化处理，然后部分通过排泥再次回到污泥脱水机。这一部分不仅增加了污水处理系统的设计水量，使得处理设备的投资、运行能耗大大增加，同时，由于这部分上清液已经经过生化处理，可生化性很差，因此回流部分降低了原水的可生化性，且再次经过生化处理的意义不大。

而将上清液通过本套设计处理系统后，80%的污水可直接达到排放标准，20%污泥回到污泥脱水机，可以减小污水处理系统的处理量。

为选择该处理系统合适的运行参数和自清洗膜组件形式，在老港生活垃圾填埋场四期开展了中试运行实验，具体参数如下所示。

中试装置规模为 3 t/d，膜通量设计为 5 L/(m²·h)，有效膜面积为 30 m²，装置有效容积为 0.957 m³。物理清洗频率：每两个小时一次。

运行过程分为两个阶段。

第一阶段，以老港四期 SBR 进离心机前的剩余污泥作为浓缩对象（此条件可认为是最不利情况），进行装置的运行调试、设备的改进等，具体运行情况如下，初始进泥浓度：20～22 g/L，排泥浓度：48～55 g/L。通量情况：3 d 左右衰减。

第二阶段，以老港四期 MBR 和 SBR 剩余污泥的离心脱水上清液作为浓缩对象，进行了 330 d 的连续实验，装置的排泥浓度稳定在 20 g/L，其压力和通量情况如图 4-12 和图 4-13 所示。出水 COD_{Cr} 浓度保持在 750～824 mg/L。

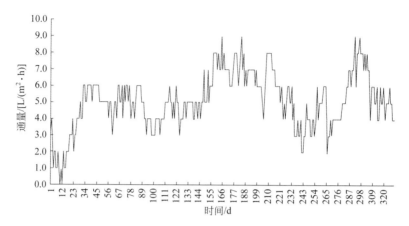

图 4-12　膜浓缩处理装置通量随时间变化图

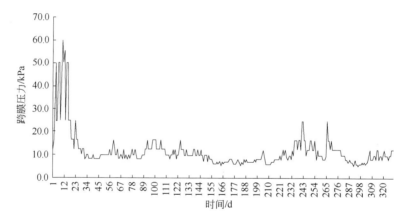

图 4-13　膜浓缩处理装置跨膜压力随时间变化图

在该中试装置运行过程中，出水 COD_{Cr} 和 SS 均能达到排放标准，同时，被浓缩的上清液出水直接排放，不进入生化系统再次循环，不仅大大增强了系统稳定性，而且节省了处理成本。25 t/d 规模的膜浓缩/处理-自动清洗系统示范工程已建成并准备投入使用。

4.3　纳滤/反渗透膜深度处理渗滤液

4.3.1　纳滤膜分离研究

以老港四期垃圾渗滤液管式超滤膜-生物反应器出水作为处理对象，考察不同操作压力条件下，纳滤膜分离 MBR 出水的处理情况。进水水质如表 4-10 所列。

表 4-10　纳滤进水水质

指标	pH 值	COD_{Cr} /(mg/L)	TOC /(mg/L)	TN /(mg/L)	NH_4^+-N /(mg/L)	NO_3^--N /(mg/L)	NO_2^--N /(mg/L)	TDS/(g/L)
MBR 出水	7.6～7.8	626～697	250.3～265	442.3～467	15.4～19.4	292.6～320.1	16.4～17.4	7.86～7.9

纳滤处理过程中 COD_{Cr} 及相应去除率与运行时间的关系如图 4-14 所示。在不同操作压力下，COD_{Cr} 均有一定程度下降，透过液中 COD_{Cr} 可维持在 60% 以上的去除率，表明纳滤系统对渗滤液中有机污染物去除效果良好。同时发现操作压力升高会导致 COD_{Cr} 去除率下降，即纳滤膜对有机物的拦截效果变差。这可能是由于渗滤液 MBR 出水中的主要成分为小分子的腐殖酸，压力升高会使腐殖酸的透过量增大，导致纳滤膜的拦截能力衰减，所以透过液中的 COD_{Cr} 会随着压力提高而提高。

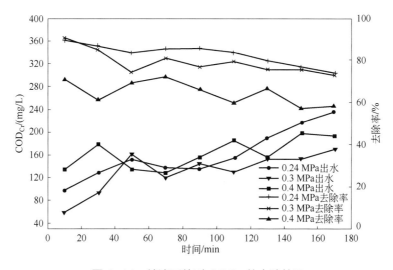

图 4-14　纳滤系统对 COD_{Cr} 的去除效果

纳滤处理过程中 TDS 及相应去除率与运行时间的关系如图 4-15 所示，纳滤系统对渗滤液的 TDS 去除率不高，低于 30%，而且随着运行时间的延长，去除率逐渐下降，最后基本上没有处理效果。同时还发现操作压力与 TDS 去除率没有明显关系。这可能是由于渗滤液 MBR 出水中主要为一价离子，而纳滤对一价离子几乎没有拦截效果，导致 TDS 去除效果不好。

纳滤处理过程中产水率随时间的变化情况如图 4-16 所示。操作压力升高会导致产水率的提高，高压下产水率比低压下产水率衰减幅度更小。这可能是由于低压下污染物更不容易在膜表面累积，膜污染加剧，导致产水率下降。

不同操作压力下纳滤回收率变化情况如图 4-17 所示。操作压力升高会提高纳滤系统的回收率，不过当操作压力高于一定值以后回收率提高并不明显。

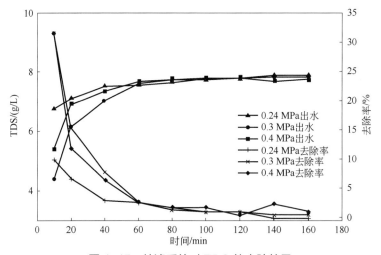

图 4-15　纳滤系统对 TDS 的去除效果

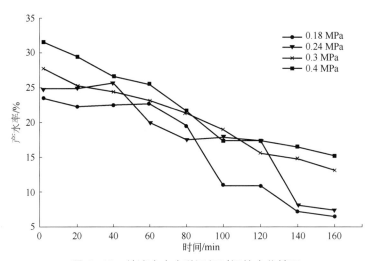

图 4-16　纳滤产水率随运行时间的变化情况

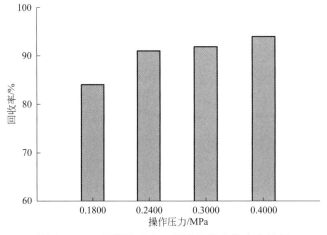

图 4-17　不同操作压力下纳滤回收率的变化情况

4.3.2　反渗透膜分离研究

以纳滤出水作为处理对象，考察不同操作压力条件下，反渗透膜分离纳滤出水的处理情况。反渗透进水的基本水质情况如表 4-11 所列。

表 4-11　反渗透进水水质情况

指标	pH 值	COD_{Cr} /(mg/L)	TOC /(mg/L)	TN /(mg/L)	TDS /(g/L)	NH_4^+-N /(mg/L)	NO_3^--N /(mg/L)	NO_2^--N /(mg/L)
进水	7.6	245～286	35.34～38.465	361.3～380.05	6.4～7.16	4.3～6.4	304.8～362.8	12.5～25.7

反渗透处理过程中 COD_{Cr}、TOC 及相应去除率与运行时间的关系如图 4-18 所示。在不同操作压力条件下，反渗透透过液中 COD_{Cr} 和 TOC 均可达到 85% 以上的去除率，表明

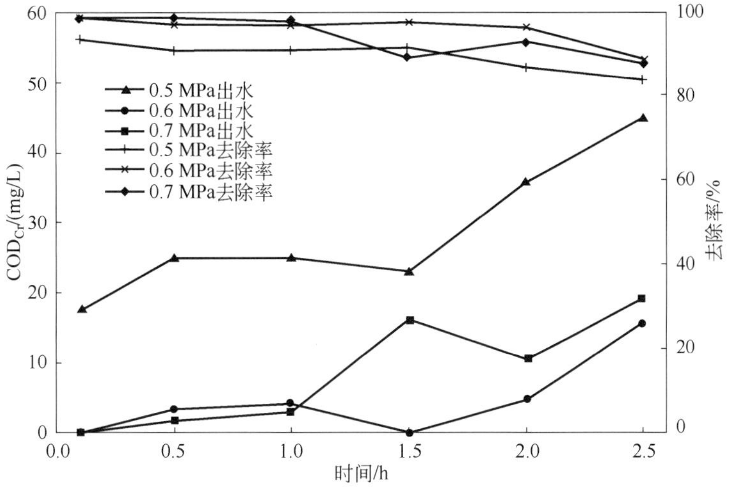

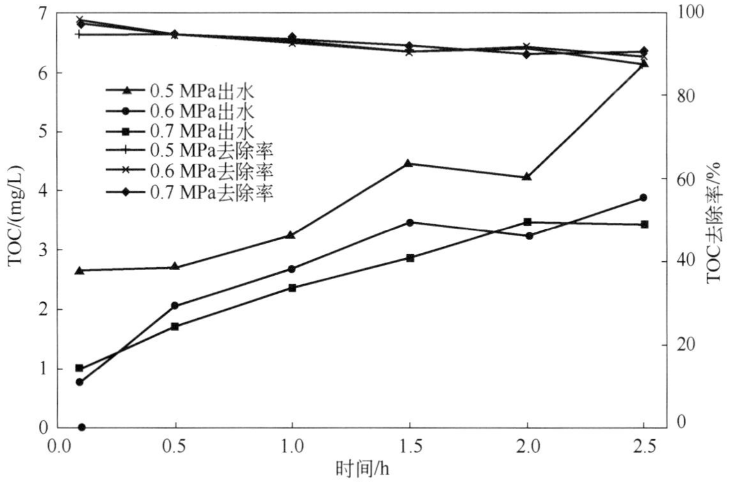

图 4-18　反渗透对 COD_{Cr} 和 TOC 的去除效果

渗滤液中大部分有机物已被去除。另外通过比较不同操作压力下的出水效果可以发现，高压下可以得到更好的有机物去除效果，不过当操作压力大于一定值以后，有机物去除率的提高并不明显。

反渗透处理过程中出水 TN 与运行时间的关系如图 4-19（a）所示。随着运行时间的延长，出水 TN 逐渐上升，最后基本上和进水 TN 差不多。反渗透处理过程中 TDS 及相应去除率与运行时间的关系如图 4-19（b）所示。在实验初期反渗透能有效截留滤液中的金属离子，可以获得 80%以上的去除率，不过随着运行时间的延长，透过液中的 TDS 逐渐升高，去除率降低到近 40%。

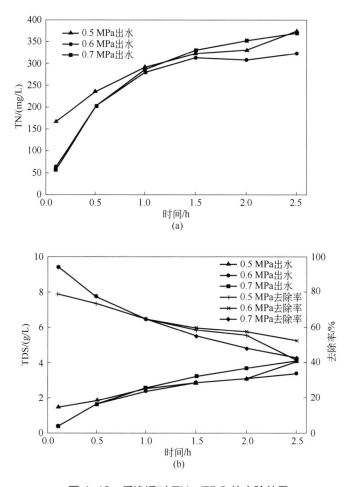

图 4-19　反渗透对 TN、TDS 的去除效果

为了解释反渗透对渗滤液中金属离子截留能力随运行时间衰减这一现象，实验又分析了透过液中不同金属含量与运行时间的关系，具体实验结果如图 4-20 所示。反渗透对不同金属离子具有不同的去除效果，去除效果按从大到小排序依次为 Mg > Ca > Na > K。其中反渗透对二价金属离子（如钙和镁）具有很高的去除率，可以达到 90%以上的去除率，而且二价金属离子的去除效果与运行时间和操作压力没有显著的关系。反渗透对一价金属离

子的去除效果不如二价离子，而且随着运行时间的延长，一价金属离子（钾和钠）的去除效果逐渐降低，这与 TDS 的去除效果一致，由此可推断盐分截留能力的衰减主要是由于反渗透膜对一价金属离子的截留能力下降。

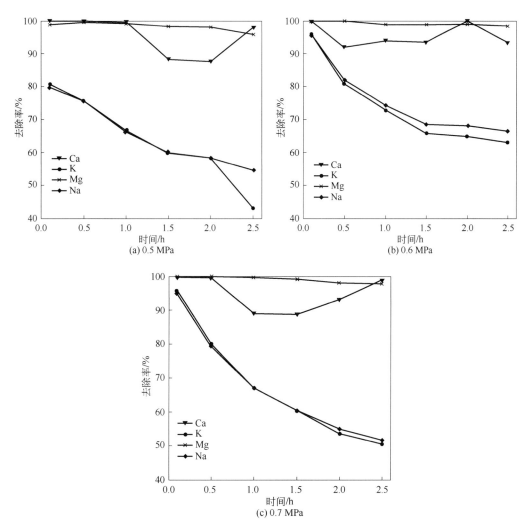

图 4-20　反渗透对不同金属离子的去除效果

另外，操作压力升高会提高一价离子的去除效果，这是由于压力提高会导致产水量加大，同时盐透过量几乎不变，增加的出水量稀释了透过膜的盐分，降低了透盐率，从而提高了一价离子的去除效果，不过当压力超过一定值时，由于过高的回收率，加大了浓差极化，会导致一价离子的透过量增加，抵消了增加的水分，使得一价离子的去除效果不再增加，甚至会有所降低。所以从脱盐率来说，操作压力并不是越高越好。

反渗透处理过程中水通量随着运行时间的变化情况如图 4-21（a）所示。在不同操作压力条件下，水通量随着运行时间的延长呈现逐渐下降的趋势，这可能是由于随着运行时间的延长，膜表面盐层的逐渐累积以及大分子有机物对膜孔的堵塞，导致膜通量下降。虽然操作压力的提高会提高水通量，不过当运行一段时间后，水通量基本都下降到相同的范围内，即 4 L/(m²·h)附近。在图 4-21（b）中也反映出不同操作压力下回收率差别并不十分明显，基本上在 68% 到 73% 的范围内。所以提高操作压力并不能保证回收率的显著提高。

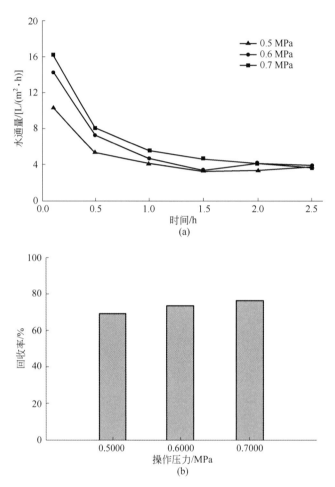

图 4-21　反渗透水通量随运行时间变化（a）和不同操作压力下反渗透回收率变化（b）

不同反渗透膜出水 EEM 图谱如图 4-22 所示（另见书后彩图）

由图 4-22（a）可见，垃圾渗滤液 MBR 出水（即 UF 出水）中，主要有三个荧光峰，位置（E_x/E_m）分别为 250 nm/460 nm（峰 3），310 nm/450 nm（峰 4）和 320 nm/430 nm（峰 5），均与腐殖酸有关，这也说明 MBR 出水主要由腐殖酸等难生物降解物质构成。

其中峰 3 处的荧光峰强度最强，为类富里酸峰，与腐殖酸中的富里酸物质有关。峰 4 处的荧光峰强度最弱，其出现说明进水中有胡敏酸的存在。由于在有机物的腐化过程中，类富里酸是在腐化的初期便形成，而胡敏酸则随有机物腐化进程逐步形成。因此胡敏酸峰的出现可表明 MBR 进水为中老龄渗滤液。在类富里酸峰和类胡敏酸峰之前还出现了一个荧光峰峰 4，其荧光强度仅次于类富里酸峰，据 Shao 等的研究报道可知，该峰也为类腐殖质荧光峰，可能为峰 3 和峰 5 之间过渡类型的荧光峰，来源于富里酸降解生成更为复杂的腐殖质的过程。

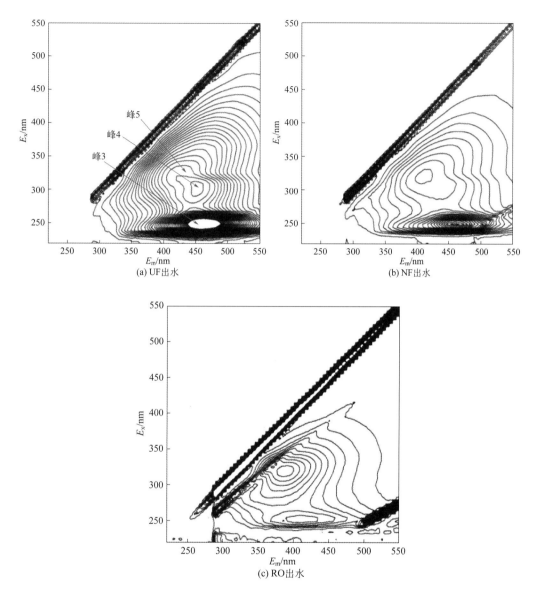

(a) UF出水

(b) NF出水

(c) RO出水

图 4-22　不同反渗透膜出水 EEM 图谱

从荧光峰的位置（见表 4-12）来看，与 UF 出水相比，NF 出水中峰 4 沿着激发波长（E_x）和发射波长（E_m）均发生蓝移，从 310 nm/450 nm 处移至 305 nm/445 nm，峰 5 沿着发射波长（E_m）均发生蓝移，从 320 nm/430 nm 处移至 320 nm/410 nm，蓝移现象的发生，可能是渗滤液中芳香环减少、长链结构中对位键减少、线性环状结构向非线性环状结构转化，而在 RO 出水中蓝移现象更为明显，甚至出现峰 4 消失的现象。由此可见不同膜出水中类腐殖酸的结构也不同。

表4-12　不同膜出水中不同成分荧光峰的位置

名称	峰3	峰4	峰5
	$(E_x/\text{nm})/(E_m/\text{nm})$		
UF 出水	250/460	310/450	320/430
NF 出水	250/460	305/445	320/410
RO 出水	250/410	—	320/390

荧光峰的比荧光强度（荧光强度/TOC 浓度）可以间接反映所对应的物质的浓度大小，由图 4-23 可知，与 UF 出水相比，NF 出水中的比荧光强度下降不是很明显，而 RO 出水中的比荧光强度下降比较明显，这一结果与之前 NF 和 RO 出水中 COD_{Cr} 和 TOC 的分析结果一致，这也进一步说明渗滤液膜出水中 COD_{Cr} 和 TOC 主要由腐殖酸这一类物质构成，膜孔径越小对腐殖酸的拦截效果越好，污染物的去除效果也越好。

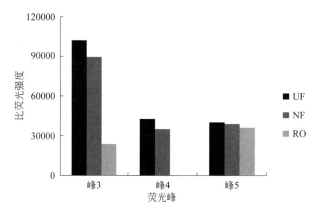

图 4-23　不同膜出水中不同荧光峰的比荧光强度比较

第 5 章
渗滤液浓缩液特征识别及风险评估研究

5.1 浓缩液基本理化指标

5.1.1 浓缩液样品来源

用于渗滤液浓缩液特性分析的样品分别取自于义乌、桂林、重庆、青岛、上海、广州、宁波和南京 8 个不同地域的城市垃圾处理场，分别来源于 7 个填埋场区、2 个焚烧厂区和 1 个堆肥场区。研究主要针对人口密集地区，故采样区域均选择位于胡焕庸线下方。取样时间集中于 2017 年 1～4 月，如表 5-1 所列。

表 5-1　垃圾渗滤液浓缩液样品取样点信息

采样地点	名称	垃圾处理方式	填埋容量/(万立方米)	渗滤液处理工艺	样品名称缩写
义乌	塔山	填埋	230	酸化+膜生物反应器+纳滤	L-YW-NF
桂林	冲口		300	上流式厌氧污泥床+厌氧/好氧膜生物反应器+纳滤	L-GL-NF
重庆	长生桥		1400	调节池+两级厌氧/好氧+超滤+反渗透	L-CQ-UF L-CQ-RO
青岛	小涧西		370	膜生物反应器+纳滤+反渗透	L-QD-NF L-QD-RO
上海	老港		8000	调节池+两级厌氧/好氧+超滤+反渗透	L-SH-Raw L-SH-NF
广州	白云山		2620	上流式厌氧污泥床+序批式活性污泥法+连续膜过滤+纳滤	L-GZ-Raw L-GZ-NF
宁波	东桥镇		647	物化处理+上流式厌氧污泥床+厌氧/好氧膜生物反应器+纳滤+反渗透	L-NB-Raw L-NB-NF L-NB-RO
南京	江北	焚烧	2000 t/d	物化处理+复合型厌氧反应器+纳滤+反渗透	I-NJ-NF I-NJ-RO
上海	江桥		1500 t/d	物化处理+厌氧/好氧膜生物反应器+纳滤	I-SH-NF
上海	青浦	堆肥	1000 t/d	厌氧/好氧膜生物反应器+纳滤	C-SH-NF

5.1.2 常规理化指标识别

由图 5-1 可知，渗滤液浓缩液受垃圾来源影响较大。COD_{Cr} 浓度范围为 510～$1.09×10^4$ mg/L，TOC 浓度范围为 54～$4.48×10^3$ mg/L，其中胡敏酸和富里酸含量较高，占 TOC 含量的 27.4%～52.3%。义乌和桂林的浓缩液有机物含量与其他浓缩液样品有明显区别，TOC 平均浓度分别为 $3.87×10^3$ mg/L 和 $4.48×10^3$ mg/L，可能是因为不同属地垃圾的特殊性，也可能是因为该渗滤液处理厂前端生物处理对有机物处理能力不足。浓缩液中 NH_4^+-N 含量较低，浓度为 0.1～26.2 mg/L，TN 浓度为 43～270 mg/L。pH 值为 6.7～9.3，其含盐量较高，电导率为 7.53～20.05 mS/cm。

对比上海市三个不同垃圾处理处置（填埋、焚烧和堆肥）方式产生的浓缩液性质，填埋场渗滤液浓缩液 COD_{Cr} 和 TOC 明显高于焚烧厂和堆肥场。填埋场渗滤液浓缩液腐殖质含量占 TOC 的 42.8%，其次是堆肥场（36.8%），然后是焚烧厂（16.9%）。填埋场渗滤液浓缩液电导率为 20.05 mS/cm，高于堆肥场（13.42 mS/cm）和焚烧厂（8.90 mS/cm）。填埋场的渗滤液浓缩液中腐殖质含量和盐分含量高，可能是渗滤液在填埋场堆体中停留时间长和浓缩液在填埋场中的回灌对其中腐殖质和盐类造成的积累。

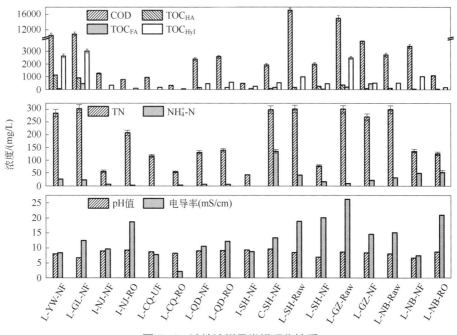

图 5-1　浓缩液样品常规理化性质

　　"厌氧/好氧膜生物反应器+纳滤+反渗透"两级膜滤联用工艺主要应用于南京、青岛和宁波。对比纳滤浓缩液和反渗透浓缩液可以探究不同膜孔径对污染物截留的影响。由图 5-1 可知，反渗透浓缩液的 COD_{Cr} 和 TOC 均低于纳滤浓缩液，其中反渗透浓缩液中富含腐殖质类成分，占总 TOC 的 0.8%～24.4%，低于纳滤浓缩液，说明两级膜滤联用工艺中，大部分的腐殖酸类物质等大分子有机物在前端纳滤过程被有效截留。对比上海、广州等区域渗滤液原液和浓缩液性质，"物化处理+生物处理+膜滤"工艺过程中，COD_{Cr} 浓度大幅度下降（原液：1.50×10^4～1.72×10^4 mg/L，浓缩液 2.02×10^3～3.83×10^3 mg/L）。浓缩液中腐殖质占比提高，由原液中的 16.9%～18.6%提高至 42.8%～52.3%，说明在该工艺中分子量较大的腐殖酸类有机物对生物降解有抗性。

5.1.3　重金属特征识别

　　如图 5-2 所示（另见书后彩图），14 种目标重金属在浓缩液样品中检出率可达 68.8%～100%，As 仅在桂林、青岛和宁波的浓缩液中被检出，浓度为 0.65～1.77 mg/L。Ti 的浓度最高，为 7.28～179 mg/L。Cd、Co 和 Pb 的浓度均为 0.07～1.36 mg/L，平均的浓度为 0.50 mg/L。Cr、Mn、Ni、Sb、Hg 和 Cu 的浓度均为 0.15～5.10 mg/L，平均的浓度可达到 2.20 mg/L。对比上海、广州等区域，浓缩液中重金属含量是对应渗滤液原液的 3.5 倍左右，说明大多数的重金属不能被传统的生物处理有效去除，纳滤几乎可以完全截留二价的离子，浓缩液中的重金属排放对环境存在长期潜在风险。

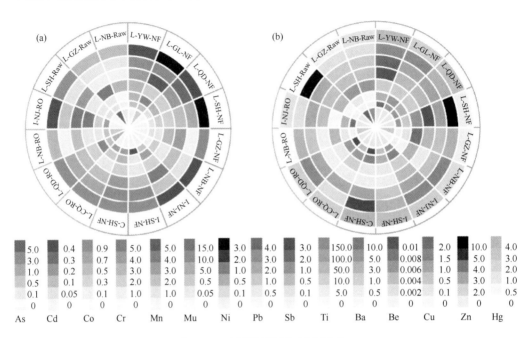

图 5-2　浓缩液样品重金属分布

　　浓缩液中重金属含量受到不同属地不同垃圾来源的影响，重庆、桂林和青岛区域的浓缩液中含有较高的重金属。义乌浓缩液中的 Cr 和桂林浓缩液中 Mn 分别是其他地区的 4.6～26.1 倍和 3.0～36.8 倍，可能是由于不同地区存在工业固体废弃物或建材施工垃圾混合填埋的现象。

5.2　浓缩液新型污染物分布特征

5.2.1　农药特征分布

　　目标农药共 31 种，包括有机氯农药（organochlorine pesticides，OCPs）8 种、有机磷农药（organophosphorus pesticide，OPPs）16 种和菊酯类农药（pyrethroids pesticides，PPs）7 种，属性基本信息如表 5-2 所列，在浓缩液中检出率为 100%，总浓度为 2.03～16.8 μg/L（见图 5-3，另见书后彩图）。

表 5-2　目标农药属性

农药	CAS 序列号	分子式	分子量	lg K_{ow}（pH=7，20 ℃）
α-六六六（α-BHC）	319-84-6	$C_6H_6Cl_6$	290.83	3.8
β-六六六（β-BHC）	319-85-7	$C_6H_6Cl_6$	290.83	3.8
γ-六六六（γ-BHC）	58-89-9	$C_6H_6Cl_6$	290.83	3.8

农药	CAS 序列号	分子式	分子量	lg K_{ow} (pH=7, 20 ℃)
δ-六六六（δ-BHC）	319-86-8	$C_6H_6Cl_6$	290.83	3.8
滴滴涕（p,p'-DDE）	72-55-9	$C_{14}H_8Cl_4$	318.03	6.51
滴滴涕（o,p'-DDT）	789-02-6	$C_{14}H_9Cl_5$	354.49	6.79
滴滴涕（p,p'-DDD）	72-54-8	$C_{14}H_{10}Cl_4$	320.04	6.02
滴滴涕（p,p'-DDT）	50-29-3	$C_{14}H_9Cl_5$	354.49	6.91
甲胺磷（methamidophos）	10265-92-6	$C_2H_8NO_2PS$	141.129	−0.8
敌敌畏（dichlorvos）	62-73-7	$C_4H_7Cl_2O_4P$	220.976	1.47
乙酰甲胺磷（acephate）	30560-19-1	$C_4H_{10}NO_3PS$	183.166	−0.85
氧化乐果（omethoate）	1113-02-6	$C_5H_{12}NO_4PS$	213.192	−0.74
乐果（dimethoate）	60-51-5	$C_5H_{12}NO_3PS_2$	229.257	0.78
甲基对硫磷（parathion-methyl）	298-00-0	$C_8H_{10}NO_5PS$	263.207	2.86
杀螟硫磷（fenitrothion）	122-14-5	$C_9H_{12}NO_5PS$	277.234	3.3
马拉硫磷（malathion）	121-75-5	$C_{10}H_{19}O_6PS_2$	330.358	2.36
毒死蜱（chlorpyrifos）	2921-88-2	$C_9H_{11}Cl_3NO_3PS$	350.586	4.96
水胺硫磷（isocarbophos）	24353-61-5	$C_{11}H_{16}NO_4PS$	289.288	2.7
甲基异硫磷（isofenphos-methyl）	99675-03-3	$C_{14}H_{22}NO_4PS$	331.367	4.16
喹硫磷（quinalphos）	13593-03-8	$C_{12}H_{15}N_2O_3PS$	298.3	4.44
杀朴磷（methidathion）	950-37-8	$C_6H_{11}N_2O_4PS_3$	302.331	2.2
溴丙磷（profenofos）	41198-08-7	$C_{11}H_{15}BrClO_3PS$	373.631	4.68
三唑磷（triazophos）	24017-47-8	$C_{12}H_{16}N_3O_3PS$	313.313	3.34
伏杀硫磷（phosalone）	2310-17-0	$C_{12}H_{15}ClNO_4PS_2$	367.809	3.68
氟氯菊酯（bifenthrin）	82657-04-3	$C_{23}H_{22}ClF_3O_2$	422.868	8.15
甲氰菊酯（fenpropathrin）	39515-41-8	$C_{22}H_{23}NO_3$	349.423	5.7
三氟氯氰菊酯（λ-cyhalothrin）	76703-67-8	$C_{23}H_{19}ClF_3NO_3$	449.850	6.8
氟氯氰菊酯（fluvalinate）	68359-37-5	$C_{22}H_{18}Cl_2FNO_3$	434.288	5.95
氯氰菊酯（cypermethrin）	52315-07-8	$C_{22}H_{19}Cl_2NO_3$	416.297	6.06
氰戊菊酯（fenvalerate）	51630-58-1	$C_{25}H_{22}ClNO_3$	419.900	6.2
溴氰菊酯（deltamethrin）	52918-63-5	$C_{22}H_{19}Br_2NO_3$	505.199	6.2

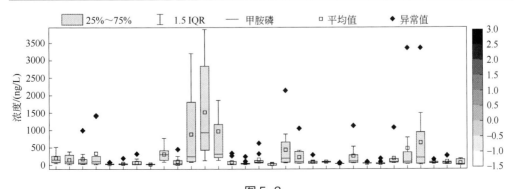

图 5-3

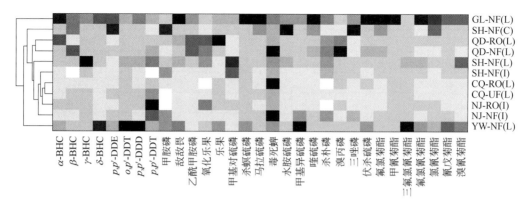

图5-3　浓缩液样品农药分布及聚类分析热图

有机磷农药含量最高，占总残留量的43.4%～87.8%。BHCs、DDTs、甲胺磷和甲基对硫磷已经先后被美国国家环境保护局、欧盟和中国生态环境部列入持久性有机物名录、持久性生物累积性有毒物质名录以及各国的优先污染物控制名录等，被禁止使用，但由于其环境可持续性，残留物仍普遍存在。

5.2.1.1　有机氯农药

浓缩液中有机氯农药总浓度为0.30～29.7 μg/L，中位值为0.86 μg/L，平均值为1.12 μg/L（见图5-3），约为河流水域中检测的10倍以上。其中BHCs（包括α-BHC、β-BHC、γ-BHC和δ-BHC）总浓度为0.18～2.60 μg/L，平均浓度为0.90 μg/L，高于DDTs（包括p,p'-DDE、p,p'-DDT、o,p'-DDT和p,p'-DDD）残留浓度。通过层次分析对农药的含量进行聚类，青岛地区的纳滤浓缩液和反渗透浓缩液被分为一类，重庆地区的超滤浓缩液和反渗透浓缩液被分为一类，可以看出农药残留明显依赖于城市固体废物的来源。

工业生产的BHCs（55%～70% α-BHC、5%～14% β-BHC、10%～18% γ-BHC和6%～10% δ-BHC）和林丹（lindane，>99% γ-BHC）是BHCs残留物的主要来源。义乌和青岛地区的浓缩液中α-BHC/γ-BHC的比值分别为3.44和3.23，说明工业生产的BHCs为其原始来源。其他地区浓缩液中α-BHC/γ-BHC的比值为0.17～1.67，说明BHCs更可能来源于林丹的使用。β-BHC/（α-BHC+γ-BHC）的比值（>0.50，历史残留；<0.50，近年添加）可以作为考察BHCs残留时间的指标。义乌、桂林、南京和上海地区浓缩液中该比值为0.11～0.38，可能该地区垃圾中仍混有新引入的林丹。自20世纪80年代起，中国已经禁止工业BHCs的生产生活利用，但在2014年前，农业上仍有小剂量使用林丹防止蝗虫。

工业生产的DDTs（o,p'-DDT/p,p'-DDT=0.20～0.30）和三氟杀螨醇型DDT（dicofol，o,p'-DDT/p,p'-DDT>7）是DDTs残留物的主要来源。义乌地区浓缩液中o,p'-DDT/p,p'-DDT比值为5.91，说明三氟杀螨醇型DDT可能是该地区DDTs的主要来源。其他地区的o,p'-DDT/p,p'-DDT值为0.61～2.02，平均比值为1.20，说明来源为工业生产的DDTs和三氟杀螨醇型DDT的混合，工业生产的DDTs可能为主要来源。（DDE＋DDD）/DDT值（>1，历史残留；<1，近年添加）可以作为考察DDTs残留时间的指标。所有地区的浓缩液中（DDE＋DDD）/DDT值为1.20～10.8，均值为3.93，说明浓缩液中的DDTs均来源于历史

残留，近些年没有引入新的 DDTs。

5.2.1.2　有机磷农药

浓缩液中有机磷农药总浓度为 1.38～13.3 μg/L，平均值为 5.44 μg/L（见图 5-3），我国在 2008 年发布禁止使用甲胺磷和甲基对硫磷，但其在浓缩液中的残留浓度仍处于较高水平，分别为 (0.32 ± 0.19) μg/L 和 (0.09 ± 0.11) μg/L。浓缩液中有机磷农药含量前三的是氧化乐果、乐果和乙酸甲胺磷，平均浓度分别为 1.52 μg/L、0.98 μg/L 和 0.89 μg/L，农药的残留量主要取决于生产和消耗量以及每个城市的农药使用习惯。甲胺磷被禁止使用以来，乙酸甲胺磷和氧化乐果被广泛使用，在河流水域中均被检测出有较高的浓度。甲胺磷是现阶段仍在使用的乙酸甲胺磷的一种代谢产物，所以该农药仍然有可能被引入到环境中造成环境毒性影响。青岛和桂林等地区检测到较高的有机磷农药的残留，可能是由于该地区种植面积大，对农药有较高的需求。

5.2.1.3　菊酯类农药

浓缩液中菊酯类农药总浓度为 0.32～5.64 μg/L，中位值为 0.58 μg/L，平均值为 1.62 μg/L（见图 5-3）。甲氰菊酯在所有的浓缩液样品中平均检出浓度最高（0.64 μg/L），其次是三氟氯氰菊酯（0.48 μg/L）和氟氯氰菊酯（0.19 μg/L），说明这三种在菊酯类农药中被广泛使用。菊酯类农药残留浓度最高的是桂林和义乌地区的填埋场浓缩液和上海地区堆肥场浓缩液。三氟氯氰菊酯是桂林地区浓缩液中菊酯类农药的主要残留物质，甲氰菊酯是义乌地区浓缩液中菊酯类农药的主要残留物质，说明不同地域的用药依赖不同。

浓缩液中各种类农药的残留浓度受到不同垃圾处理处置方式的影响。焚烧厂浓缩液中有机氯农药残留远低于填埋场，焚烧厂中产生的均为新鲜渗滤液，填埋场中为不同垃圾渗滤液的混合，难被降解的有机氯农药在填埋场中累计并最终在浓缩液中被检出。焚烧厂浓缩液中有机磷农药残留约是填埋场的 1.1 倍，值得关注的是焚烧厂浓缩液中甲胺磷远高于填埋场，这可能因为填埋场中经过长期迁移和生化作用，甲胺磷得到良好的降解。填埋场浓缩液中菊酯类农药是焚烧厂的 4.5 倍。在填埋场浓缩液中，有机氯类农药、有机磷类农药和菊酯类农药分别占 14.2%、63.3%和 22.5%，经过一定时间的垃圾稳定化过程和渗滤液处理过程，有机磷农药仍为主要污染物质，在焚烧厂浓缩液中，有机氯类农药、有机磷类农药和菊酯类农药占比分别为 12.6%、74.4%和 13.0%。相对比填埋场，焚烧厂浓缩液的 pH 值较高，大约为 9.0，同时生活垃圾湿度大，均是农药存在和降解的影响因素。有机氯类农药对微生物存在抗性，在填埋场中会有较长的存在寿命，pH 值会影响微生物生长代谢的性能和有机物的吸附过程，不同种类的农药发生解离和质子化所需的 pH 环境大有不同。菊酯类农药更容易在短时间内被微生物降解。农药在生活垃圾中的停留时间也是一个很重要的影响因素，有机磷农药去除率可以随着停留时间增长而提高，过少的停留时间会降低有机磷农药和微生物的接触机会。

5.2.2　抗生素特征分布

目标抗生素共 28 种，包括磺胺类（sulfonamides，SAs）抗生素 13 种，喹诺酮类

（fluoroquinolones，FQs）抗生素 9 种，四环素类（tetracyclines，TCs）抗生素 5 种和大环内酯类（macrolides，MLs）抗生素 1 种，基本属性信息如表 5-3 所列。

表 5-3　目标抗生素属性

抗生素	CAS 序列号	分子式	分子量	lgK_{ow}(pH=7, 20 ℃)
甲氧苄啶 trimethoprim (TMP)	738-70-5	$C_{14}H_{18}N_4O_3$	290.32	0.91
磺胺 sulfanilamide (SAM)	63-74-1	$C_6H_8N_2O_2S$	172.2	−0.62
磺胺脒 sulfaguanidine (SG)	57-67-0	$C_7H_{10}N_4O_2S$	214.24	−1.22
磺胺嘧啶 sulfadiazine (SDZ)	68-35-9	$C_{10}H_{10}N_4O_2S$	250.28	−0.09
磺胺甲基嘧啶 sulfamerazine (SMR)	127-79-7	$C_{11}H_{12}N_4O_2S$	264.30	0.14
磺胺二甲嘧啶 sulfamethazine (SMZ)	57-68-1	$C_{12}H_{14}N_4O_2S$	278.3	0.19
磺胺噻唑 sulfathiazole (STZ)	72-14-0	$C_9H_9N_3O_2S_2$	255.32	0.05
磺胺甲噻二唑 sulfamethizole (SMT)	144-82-1	$C_9H_{10}N_4O_2S_2$	270.3	0.54
磺胺甲恶唑 sulfamethoxazole (SMX)	723-46-6	$C_{10}H_{11}N_3O_3S$	253.3	0.89
磺胺二甲异噁唑 sulfisoxazole (SFX)	127-69-5	$C_{11}H_{13}N_3O_3S$	267.3	1.01
磺胺氯哒嗪 sulfachloropyridazine (SCP)	80-32-0	$C_{10}H_9ClN_4O_2S$	284.7	0.31
磺胺对甲氧嘧啶 sulfameter (SMD)	651-06-9	$C_{11}H_{12}N_4O_3S$	280.3	0.41
磺胺二甲氧嘧啶 sulfadimethoxine (SAT)	122-11-2	$C_{12}H_{14}N_4O_4S$	310.3	1.63
恩诺沙星 enrofloxacin (ENR)	93106-60-6	$C_{19}H_{22}FN_3O_3$	359.4	1.1
氧氟沙星 ofloxacin (OFL)	82419-36-1	$C_{18}H_{20}FN_3O_4$	361.37	−0.39
诺氟沙星 norfloxacin (NOR)	70458-96-7	$C_{16}H_{18}FN_3O_3$	319.33	−1.03
环丙沙星 ciprofloxacin (CIP)	85721-33-1	$C_{17}H_{18}FN_3O_3$	331.35	0.28
氟甲喹 flumequine (FJK)	42835-25-6	$C_{14}H_{12}FNO_3$	261.25	1.60
沙拉沙星 sarafloxacin (SAL)	98105-99-8	$C_{20}H_{17}F_2N_3O_3$	385.36	—
达弗沙星 danofloxacin (DOF)	112398-08-0	$C_{19}H_{20}FN_3O_3$	357.37	—
氧嗪酸钾 oteracil potassium (OXO)	2207-75-2	$C_4H_2KN_3O_4$	195.18	—
洛美沙星 lomefloxacin (LOM)	98079-51-7	$C_{17}H_{19}F_2N_3O_3$	351.35	−0.30
四环素 tetracycline (TC)	60-54-8	$C_{22}H_{24}N_2O_8$	444.44	−1.30
土霉素 oxytracycline (OTC)	79-57-2	$C_{22}H_{24}N_2O_9$	460.43	−0.90
多西环素 doxycycline (DOC)	564-25-0	$C_{22}H_{24}N_2O_8$	444.43	1.78
美他环素 methacycline (MTC)	914-00-1	$C_{22}H_{22}N_2O_8$	442.43	−1.72
金霉素 chlortetracycline (CTC)	57-62-5	$C_{22}H_{23}ClN_2O_8$	478.88	−0.62
罗红霉素 roxithromycin (ROX)	80214-83-1	$C_{41}H_{76}N_2O_{15}$	837.04	2.84

对浓缩液中 28 种目标抗生素进行测定，其中 TMP、SMR、SMX、SFX、SCP、FJK、OXO 和 DOC 均低于检出限。磺胺类、喹诺酮类和四环素类抗生素在浓缩液中的浓度分别为 0.41～1.59 μg/L、2.50～8.31 μg/L 和 1.29～1.43 μg/L，是河流水域中含量的 5～10 倍。结合文献中渗滤液喹诺酮类抗生素的检测结果分析，该种类抗生素在渗滤液中的检出水平明显高于其他类抗生素，这可能是因为：

① 喹诺酮类抗生素具有抗菌性强、具有一定的耐药专一性等优点，近十年来，被人类和动物广泛使用，用量显著增加，成为全球总利用量较大的三种抗生素之一。而且其在人类或动物内环境保持残留，70%以上的喹诺酮类抗生素未经代谢会排出体外，含高浓度的排泄物便有可能进入填埋场系统。

② 喹诺酮类抗生素在固相中吸附能力弱，溶解性明显高于其他种类抗生素，例如：OFL、NOR 和 CIP 溶解度分别为 $1.08×10^4$ mg/L、$9.44×10^4$ mg/L 和 $3.00×10^4$ mg/L（25 ℃），而磺胺类抗生素中 STZ 和四环素类抗生素中 CTC 溶解度分别为 373 mg/L 和 630 mg/L。

③ 在渗滤液的产生和渗滤液处理过程中多为生物降解，喹诺酮类抗生素作为一种合成药物，难生物降解，会随着填埋龄增加不断在渗滤液中积累，因此后续浓缩液中的喹诺酮类抗生素污染防治应重点考虑。

浓缩液样品抗生素浓度分布如图 5-4 所示。磺胺类抗生素中，SAM 是主要污染物，占磺胺类总浓度的 17.7%～68.7%，其浓度范围为 0.05～1.09 μg/L。喹诺酮类抗生素中，NOR 和 SAL 是主要污染物，浓度范围分别为 0.12～4.54 μg/L 和 0.28～2.01 μg/L，共占喹诺酮类总浓度的 16.1%～68.3%。四环素类抗生素中，OTC（0.35 μg/L）和 CTC（0.35 μg/L）平均浓度稍高于 TC（0.31 μg/L）和 MTC（0.32 μg/L），可能是因为溶解度对其的影响（例：TC 溶解度为 231 mg/L，OTC 的溶解度为 313 mg/L，25 ℃）。为了有效阐明典型新型污染物在后续的渗滤液浓缩液处理过程中的降解转化规律，喹诺酮类的抗生素 NOR 是检出浓度最高的抗生素，同时其溶解性明显高于其他种类抗生素，将其作为抗生素模型物质，重点探究其在渗滤液浓缩液降解体系中的分子结构转化机制和多底物因素对其降解的影响。同时可对该降解体系进行环境影响评估。

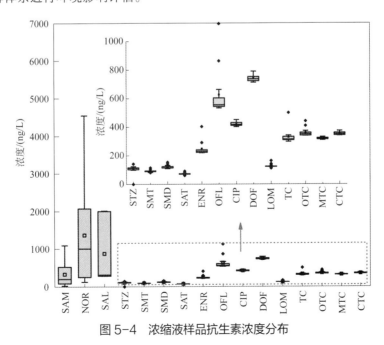

图 5-4　浓缩液样品抗生素浓度分布

浓缩液中的抗生素含量受到垃圾组分、渗滤液处理流程和操作条件影响。通过层次聚类分析，不同区域的浓缩液样品可分为三类（见图5-5，另见书后彩图）。第一类和第二类中检测到较高浓度的磺胺类抗生素，其区域主要分布在上海、重庆、青岛和南京。第三类中检测到较高浓度的喹诺酮类和四环素类抗生素，其区域主要分布在宁波、广州、义乌和桂林。抗生素的残留量主要取决于该药物的消耗量和区域人群的用药习惯。对比填埋场，来自上海和南京的焚烧厂浓缩液和来自上海的堆肥场浓缩液含有较高浓度的磺胺类抗生素，说明在填埋场中更长的停留和降解时间下，该类抗生素容易被缓慢降解。

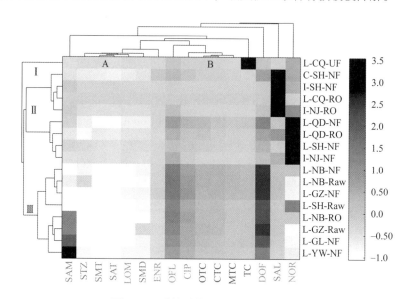

图5-5　浓缩液样品抗生素聚类分析

抗生素总含量最高的三个浓缩液样品均来自焚烧厂，浓度分别为南京纳滤浓缩液 9.71 μg/L，上海纳滤浓缩液 8.32 μg/L 和南京反渗透浓缩液 8.21 μg/L。喹诺酮类抗生素占比最大，说明垃圾在 5 d 短时间的停留，喹诺酮类相对于磺胺类不容易被微生物降解。对不同抗生素进行层次聚类分析，SMT 和 SAT 存在极为类似，可能是两种药物来源均为相似兽药。OTC 和 CTC 极为类似，可能是该两种药物结构相似，存在相似的降解性能。

5.2.3　抗性基因特征分布

目标抗性基因主要包括磺胺类的抗性基因（*sul1*、*sul2*）、β-内酰胺类的抗性基因（*oxa-1*、*oxa-2*、*tem-1*）、氨基糖苷类的抗性基因（*strA*、*strB*）、四环素类的抗生素（*tetA*）、喹诺酮类的抗性基因（*qepA*、*qnrS*）及Ⅰ类整合子基因（*intI1*）。浓缩液中移动遗传元件 *intI1* 和 9 种目标抗性基因含量如图 5-6 所示（另见书后彩图）。

其中 16S-rRNA 含量为每毫升 $1.42 \times 10^7 \sim 2.46 \times 10^8$ 基因丰度。氨基糖苷类的抗性基因 *strB* 和磺胺类的抗性基因 *sul1*、*sul2* 基因丰度最高，相对丰度可达 $-(1.91 \pm 0.67)$ lg(copies/16S-rDNA)，$-(2.62 \pm 1.21)$lg(copies/16S-rDNA)和 $-(2.58 \pm 0.71)$lg(copies/16S-rDNA)。浓缩液中抗性基因含量明显高于其他水体，在北江河水中检测的 *sul1* 和 *sul2* 相对丰度为 $-(2.85 \pm 1.95)$lg(copies/16S-rDNA)和 $-(2.8 \pm 2.8)$lg(copies/16S-rDNA)。

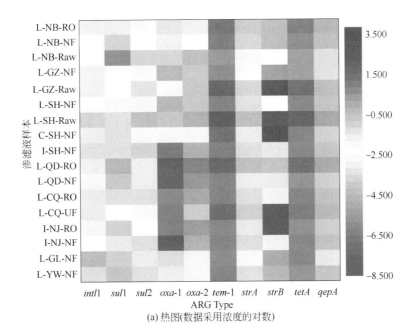

(a) 热图(数据采用浓度的对数)

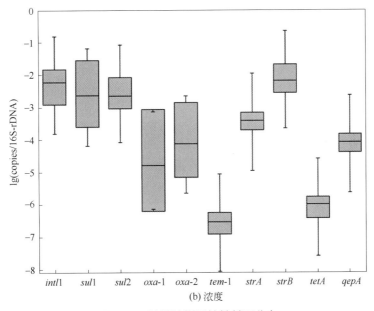

(b) 浓度

图 5-6　浓缩液样品抗性基因分布

　　对比不同地区浓缩液,上海堆肥场中的抗性基因丰度总量最高,相对丰度总量为 3.30 lg(copies/16S-rDNA),其次是广州填埋场和桂林填埋场,相对丰度总量分别为 0.41 lg(copies/16S-rDNA)和 0.19 lg(copies/16S-rDNA)。其他地区抗性基因含量较低,相对丰度总量范围为-(0.16~2.58)lg(copies/16S-rDNA)。义乌和上海地区浓缩液中磺胺类抗性基因(*sul*1 和 *sul*2)相对丰度较高,占丰度总量的 27.9%~43.6%。桂林、青岛、广州和宁波地区浓缩液中氨基糖苷类抗性基因(*strA* 和 *strB*)相对丰度较高,占丰度总量的 58.6%~99.5%。

对比上海、广州和宁波地区，浓缩液中抗性基因丰度高于对应渗滤液原液的 4～6 个数量级，说明抗性基因可以在渗滤液的生物处理过程中有较高的去除，抗性基因的命运同微生物密切相关，这些带有微生物的污泥可以促进抗性基因的水平转移。

5.3 新型污染物与常规指标相关性分析

5.3.1 重金属与其他常规指标相关性分析

为了探究渗滤液浓缩液中重金属与各常规理化性质的相关性，分别考察了重金属与有机物指标（COD_{Cr}、TOC、HA、FA 和 HyI 等）、氮指标（TN、NH_4^+-N 等）、pH 值以及电导率之间的关系，如图 5-7 所示（另见书后彩图）。

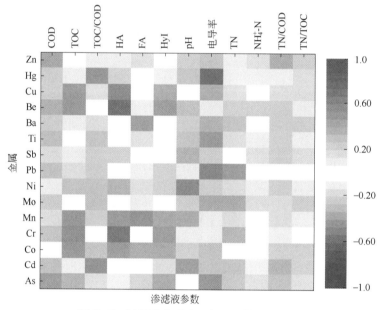

图 5-7　浓缩液中重金属与理化指标相关性

目标重金属与 COD_{Cr} 均无作用相关性，Cr（$R=0.543$，$P<0.05$）、Mn（$R=0.520$，$P<0.05$）和 Be（$R=0.518$，$P<0.05$）与 TOC 为正相关性。Cu、Be 和 Cr 与胡敏酸为显著性正相关性，R 分别为 0.649、0.744 和 0.722（$P<0.01$），Mn 和 Co 与胡敏酸存在正相关性，R 分别为 0.506 和 0.484（$P<0.05$）。Mn 与富里酸存在正相关性（$R=0.559$，$P<0.05$）。以 Cu 为例，夏伟霞借助现在常用的光谱学，探究了渗滤液中溶解性有机物如何同重金属 Cu 相互作用，实验发现随着重金属 Cu 浓度的增加，其对胡敏酸类物质的荧光猝灭变得更加明显，可能是由于 Cu 主要与胡敏酸类物质中的羧基类或酚羟基类含氧官能团相结合。

重金属与含氮指标（TN、NH_4^+-N）未发现有明显的相关性，只有重金属 Cd 与 pH 值存在正相关性（$R=0.530$，$P<0.05$）。Hg（$R=-0.661$，$P<0.01$）和 Pb（$R=0.622$，$P<0.01$）与电导率存在很好的相关性，As（$R=0.556$，$P<0.05$）与电导率有正相关关系。

5.3.2　农药与常规指标相关性分析

5.3.2.1　农药同腐殖酸的相关关系

浓缩液 31 种目标农药中，16 种与腐殖酸类物质（胡敏酸和富里酸）存在显著相关性（见图 5-8，另见书后彩图）。有机氯农药主要与胡敏酸存在显著正相关性，其中包括 δ-六六六（$R=0.984$，$P<0.01$），o,p'-滴滴涕（$R=0.816$，$P<0.01$）和 o,p'-滴滴涕（$R=0.967$，$P<0.01$）。有机氯农药作为脂溶性很强的有机物，容易被胡敏酸吸附。

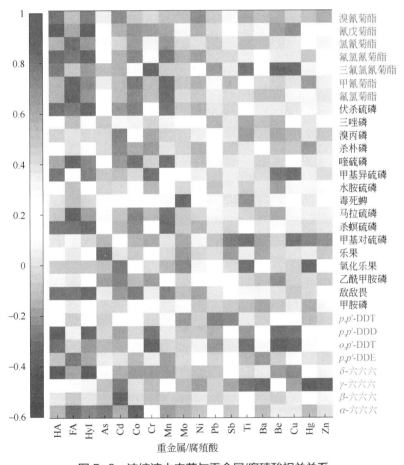

图 5-8　浓缩液中农药与重金属/腐殖酸相关关系

16 种有机磷农药中，有 6 种与胡敏酸和富里酸存在显著正相关性，敌敌畏、杀螟硫磷、喹硫磷、伏杀硫磷与胡敏酸（$R=0.865$，$P<0.01$；$R=0.813$，$P<0.01$；$R=0.626$，$P<0.05$；$R=0.846$，$P<0.01$）和富里酸（$R=0.813$、0.806、0.908、0.774、$P<0.01$）有显著正相关性。马拉硫磷与富里酸（$R=0.947$，$P<0.01$）有显著正相关性，甲基异硫磷与胡敏酸（$R=0.855$，$P<0.01$）有显著正相关性。不同农药可通过一定的分配系数对胡敏酸和富里酸进行吸附，分配系数同碳的含量呈正相关。

菊酯类农药中，氟氯菊酯（$R=0.916$，$P<0.01$）、甲氰菊酯（$R=0.899$，$P<0.01$）和氯氰菊酯（$R=0.821$，$P<0.01$）与富里酸有很强正相关性，氰戊菊酯（$R=0.972$，$P<0.01$）和溴氰菊酯（$R=0.829$，$P<0.01$）与胡敏酸正相关，氟氯氰菊酯与富里酸（$R=0.793$，$P<0.01$）和胡敏酸（$R=0.833$，$P<0.01$）均有着很强的正相关现象。

腐殖酸类物质具有较松散的海绵结构、有较大的比表面积和能量，极有可能与农药发生相互作用。有研究表明，腐殖酸类物质和有机微污染物之间可以通过氢作用力、疏水作用力和电荷转移等相互作用。

5.3.2.2 农药同重金属的相关性

浓缩液中的重金属，是农药降解过程中一类重要的载体。如图 5-8 所示，Cr、Be 和 Cu 与 o,p'-滴滴涕（$R=0.941$、0.949、0.876，$P<0.01$）、o,p'-滴滴涕（$R=0.831$、0.860、0.824，$P<0.01$）、甲基异硫磷（$R=0.876$、0.840、0.927，$P<0.01$）、三氟氯氰菊酯（$R=0.956$、0.943、0.891，$P<0.01$）有显著正相关性，与 δ-六六六（$R=0.656$、0.656、0.719，$P<0.05$）、氰戊菊酯（$R=0.637$、0.646、0.715，$P<0.05$）存在正相关关系。

Ba 和 Zn 与 γ-六六六（$R=0.903$、0.937，$P<0.01$）有显著正相关性，与甲基对硫磷（$R=0.661$、0.720，$P<0.05$）存在正相关关系。

Co 和 Mn 与农药的相互作用有相同的结合机制，与敌敌畏（$R=0.830$、0.799，$P<0.01$）、杀螟硫磷（$R=0.763$、0.907，$P<0.01$）、马拉硫磷（$R=0.772$、0.881，$P<0.01$）、喹硫磷（$R=0.838$、0.916，$P<0.01$）、伏杀硫磷（$R=0.779$、0.848，$P<0.01$）、氟氯菊酯（$R=0.755$、0.905，$P<0.01$）、甲氰菊酯（$R=0.806$、0.957，$P<0.01$）、氟氯氰菊酯（$R=0.749$、0.851，$P<0.01$）有显著正相关性，与 δ-六六六（$R=0.651$、0.638，$P<0.05$）、氯氰菊酯（$R=0.657$、0.698，$P<0.05$）、氰戊菊酯（$R=0.691$、0.630，$P<0.05$）存在正相关性。

Ni 与溴氰菊酯（$R=0.737$，$P<0.01$）有显著正相关性，与 γ-六六六（$R=0.657$，$P<0.05$）、敌敌畏（$R=0.640$，$P<0.05$）、氟氯氰菊酯（$R=0.652$，$P<0.05$）存在正相关性。As 与 α-六六六（$R=0.780$，$P<0.01$）、乐果（$R=0.916$，$P<0.01$）有显著正相关性，与乙酰甲胺磷（$R=0.663$，$P<0.05$）存在正相关性。Mo 与 p,p'-滴滴涕（$R=0.678$，$P<0.05$）存在正相关性，Ti 与三唑磷（$R=0.640$，$P<0.05$）存在正相关性，Sb 与乐果（$R=0.676$，$P<0.05$）存在正相关性，Hg 和 Pb 与文中检测的农药均无相关性。

5.3.3 抗生素/抗性基因与常规指标相关性分析

5.3.3.1 抗生素同抗性基因相关关系

抗生素使用量、残留量抗性基因的分布具有较大的影响（见图 5-9，另见书后彩图）。磺胺结构抗生素 SDZ、SMD 和 SMZ 与对应的抗性基因 sul2 有显著正相关性（$R=0.988$、0.989 和 0.938，$P<0.01$），STZ 与对应的抗性基因 sul2 有显著正相关性（$R=0.674$，$P<0.01$）。SDZ、SMZ 和 SMD 还与 β-内酰胺类抗性基因 oxa-2 存在有显著正相关性（$P<0.01$），与氨基糖苷结构抗性基因 strB 存在正相关关系（$P<0.05$）。

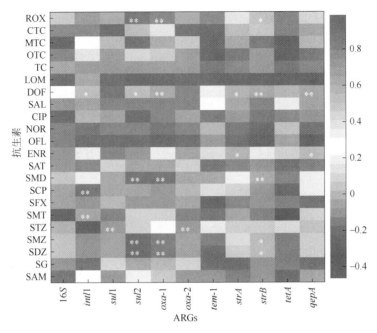

图 5-9　浓缩液中抗生素与抗性基因相关关系

　　喹诺酮结构抗生素 ENR 与 $qepA$ 存在正相关性（$R = 0.509$，$P < 0.05$），DOF 与对应的抗性基因 $qepA$ 有显著正相关性（$R = 0.646$，$P < 0.01$），DOF 与 $sul2$（$R = 0.549$，$P < 0.05$）、$oxa-1$（$R = 0.639$，$P < 0.01$）、$strA$（$R = 0.577$，$P < 0.05$）、$strB$（$R = 0.629$，$P < 0.05$）存在正相关性。四环素类抗生素与文中检测的抗性基因的关系不显著（$P > 0.05$）。

　　抗生素对相对应的抗性基因丰度的增加产生了正向的影响，可以进一步推测，抗生素在生活垃圾和渗滤液中会促进抗性基因的富集，引起更广泛的传播。但是抗性基因的产生受到不同种类抗生素的影响，是不同种类抗生素交叉选择的结果。抗性基因在生活垃圾这种复杂的环境介质中，经过长期的作用通过水平传播富集到浓缩液中，抗性基因与其对应的抗生素存在的正相关性会被大程度地削减，所以，即使抗生素在垃圾处理处置过程中被降解，其中抗性基因仍然存在长期的生态风险。

5.3.3.2　抗生素/抗性基因同腐殖酸的相关关系

　　有机污染物同溶解性有机物存在多种结合可能的机制，例如分子间作用力、静电引力、疏水性作用以及表面络合作用等。渗滤液浓缩液中的抗生素/抗性基因同溶解性有机物的相关关系如图 5-10 所示（另见书后彩图）。浓缩液 28 种目标抗生素中，3 种与腐殖酸类物质（胡敏酸和富里酸）存在强相关性。

　　磺胺类抗生素 SMD 与亲水性物质存在正相关关系（$R = 0.546$，$P < 0.05$）。SAM 与 TOC 存在显著正相关关系（$R = 0.651$，$P < 0.01$），同其中的胡敏酸和亲水性物质存在更加显著的正相关关系（$R = 0.744$、0.627，$P < 0.01$）。SMT 与 TOC 有显著正相关性（$R = 0.639$，$P < 0.01$），同其中的亲水性物质有显著正相关性（$R = 0.623$，$P < 0.01$），同其中的胡敏酸和富里酸存在正相关关系（$R = 0.497$、0.594，$P < 0.05$）。郭学涛探究了 SMT 同腐殖酸具

有一定的吸附作用，且主要受到氢相互作用、离子间作用、静电斥力疏水性作用等，但是表面络合起到主导作用。

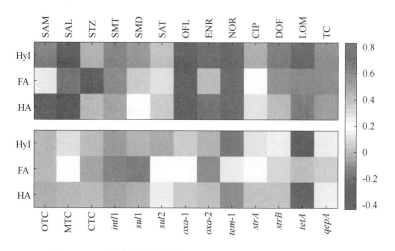

图 5-10　浓缩液中抗生素/抗性基因与腐殖酸的相关关系

喹诺酮类抗生素只有 DOF 与 TOC 存在显著正相关性（$R = 0.669$，$P < 0.01$），同其中的亲水性物质存在显著正相关性（$R = 0.691$，$P < 0.01$），同其中的富里酸存在正相关性（$R = 0.578$，$P < 0.05$）。四环素类抗生素与溶解性有机物中的腐殖酸类物质或亲水性有机物均无相关性（$P > 0.05$）。

浓缩液中移动遗传元件 intl1 和 9 种抗性基因与溶解性有机物的相关性如图 5-10 所示。其中只有 intl1 与 TOC 存在正相关关系（$R = 0.576$，$P < 0.05$），与其中的 FA 有显著正相关性（$R = 0.625$，$P < 0.01$），与其中胡敏酸、亲水性物质存在正相关关系（$R = 0.489$、0.531，$P < 0.05$）。9 种目标抗性基因与溶解性有机物中的腐殖酸类物质或亲水性有机物均无相关关系。

5.3.3.3　抗生素/抗性基因同重金属的相关关系

渗滤液浓缩液中的抗生素同重金属的相关性关系如图 5-11 所示（另见书后彩图）。浓缩液 28 种目标抗生素中，其中 12 种与重金属存在强相关性。

磺胺类抗生素和不同的重金属存在一定的正相关关系，具体如下：SAM 与 Cr 存在显著正相关性（$R = 0.684$，$P < 0.01$），与 Be 存在正相关性（$R = 0.538$，$P < 0.05$）；OFL 与 Mn 有显著正相关性（$R = 0.692$，$P < 0.01$）；SAL 与 Cd、Ti 有显著正相关性（$R = 0.806$、0.626，$P < 0.01$）；STZ 与 Pb 存在正相关性（$R = 0.485$，$P < 0.05$）；SMT 与 Co 有正相关关系（$R = 0.566$，$P < 0.05$），与 Mn 有显著正相关性（$R = 0.631$，$P < 0.01$）；SMD 与 As、Pb 有显著正相关性（$R = 0.906$、0.613，$P < 0.01$）。

喹诺酮类抗生素和不同的重金属存在一定的正相关关系，具体如下：ENR 与 Sb、Ti 存在正相关关系（$R = 0.521$、0.597，$P < 0.05$）；NOR 与 Mn 有显著正相关性（$R = 0.711$，$P < 0.01$）；CIP 与 Mn 有显著正相关性（$R = 0.693$，$P < 0.01$）；DOF 与 As 存在正相关性（$R = 0.494$，$P < 0.05$）。

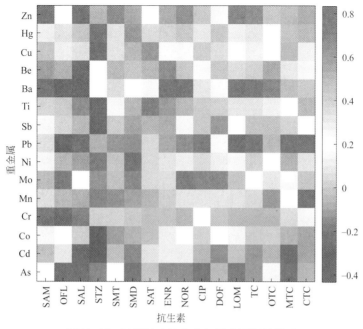

图 5-11　浓缩液中抗生素与重金属相关关系

四环素类抗生素和不同的重金属存在一定的正相关关系，具体如下：MTC 与 Co、Ni 存在正相关性（$R = 0.494$、0.519，$P < 0.05$）；CTC 与 Hg 有显著正相关性（$R = 0.489$，$P < 0.05$）。

渗滤液浓缩液中的抗性基因同重金属的相关性关系如图 5-12 所示（另见书后彩图）。基因 *intl1* 与 Co、Ti 存在正相关性（$P < 0.05$），抗性基因在浓缩液中的存在与分布主要受到 As、Cr、Mn 和 Pb 重金属的影响。磺胺类抗性基因 *sul1* 和 *sul2*，β-内酰胺类抗性基

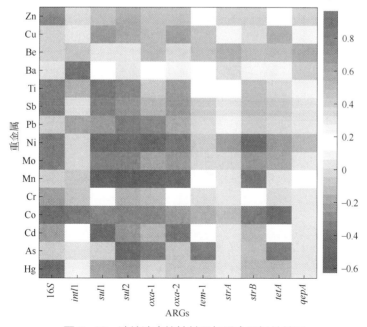

图 5-12　浓缩液中抗性基因与重金属相关关系

因 *oxa-1* 和 *oxa-2* 与重金属有相关性。*sul1* 与 Pb 存在正相关性（$R = 0.614$，$P < 0.05$），*sul2* 与 As（$R = 0.963$，$P < 0.01$）、Pb（$R = 0.753$，$P < 0.01$）存在显著正相关性，*sul2* 与 Cr（$R = 0.512$，$P < 0.05$）存在正相关性。*oxa-1* 与 As（$R = 0.963$，$P < 0.01$）、Pb（$R = 0.737$，$P < 0.01$）有显著正相关性，*oxa-2* 与 Pb（$R = 0.589$，$P < 0.05$）存在正相关性。然而 Mn 与 *sul1*（$R = -0.504$，$P < 0.05$）、*sul2*（$R = -0.627$，$P < 0.01$）、*oxa-1*（$R = -0.567$，$P < 0.05$）存在负相关性。重金属是抗性基因键合和转化的一种重要的载体，可通过与抗生素的共同选择增加其耐药性。

5.4 浓缩液风险评估

5.4.1 重金属毒性风险及排放估计

5.4.1.1 重金属毒性风险评估

对照《生活垃圾填埋场污染控制标准》（GB 16889—2008），渗滤液浓缩液中的 Cd、Cr、Pb 和 Hg 分别为标准值的 7.3～43 倍、12.6～71 倍、5.7～44 倍和 150～4695 倍。

考虑到重金属是国家《危险废物鉴别标准 毒性物质含量鉴别》（GB 5085.6—2007）中较重要的毒性物质，重金属的含量对于判断渗滤液浓缩液是否为危险废物尤为重要，将其归一化计算后，其归一化指数处于 0.04～0.62 之间，上海堆肥场浓缩液，南京焚烧厂浓缩液和桂林填埋场浓缩液归一化指数位于前三，分别为 0.62、0.61 和 0.51。归一化指数大于 1 被认为危险废物，由于危险废物鉴别标准中还有其他种类毒性物质的浓度在本研究中未一一检测，仅看重金属的含量，可以得出渗滤液浓缩液具有高毒性风险。

5.4.1.2 我国重金属排放总量估计

根据全国现有的 1955 个填埋场和 214 个焚烧厂的渗滤液浓缩液的产生量，将胡焕庸线下方的地区分为华东地区、华中地区、华北地区、东北地区、华南地区和西南地区，通过不同地区的重金属平均释放量估计全国范围内浓缩液中重金属每年的释放总量。

华东地区浓缩液每年释放的重金属总量为 169.6 kg，华东地区主要包含上海市、江苏省、浙江省、安徽省、福建省、山东省和江西省，相对应的浓缩液每年释放的重金属总量分别为 17.2 kg、15.9 kg、44.2 kg、20.5 kg、19.8 kg、31.6 kg 和 20.4 kg。除了上海之外，杭州是华东地区浓缩液每年释放的重金属总量最高的城市，为 10.8 kg。

华中地区浓缩液每年释放的重金属总量为 70.3 kg，华中地区主要包含河南省、湖南省和湖北省，相对应的浓缩液每年释放的重金属总量分别为 12.3 kg、40.2 kg 和 17.8 kg，相对全国其他地区浓缩液每年释放的重金属总量处于较低水平。

华北地区浓缩液每年释放的重金属总量为 84.0 kg，华北地区主要包含北京市、天津市、河北省、山西省和内蒙古自治区中部地区，相对应的浓缩液每年释放的重金属总量分别为 39.2 kg、5.9 kg、26.3 kg、10.6 kg 和 2.0 kg。其中，北京是华北地区浓缩液重金属释放量最高的城市。

东北地区浓缩液每年释放的重金属总量为 165.9 kg，东北地区主要包括黑龙江省、吉林省和辽宁省，相对应的浓缩液每年释放的重金属总量分别为 13.0 kg、26.9 kg 和 42.0 kg。沈阳是东北地区浓缩液每年释放的重金属总量最高的城市，为 26.0 kg。

华南地区浓缩液每年释放的重金属总量为 211.9 kg，华南地区主要包括广东省、广西壮族自治区和海南省，相对应的浓缩液每年释放的重金属总量分别为 175.0 kg、33.0 kg 和 3.9 kg。其中广州和深圳是华南地区浓缩液每年释放的重金属总量最高的城市，分别为 46.8 kg 和 38.7 kg。

西南地区浓缩液每年释放的重金属总量为 74.9 kg，西南地区主要包括重庆市、四川省、贵州省和云南省，相对应的浓缩液每年释放的重金属总量分别为 11.7 kg、16.4 kg、4.4 kg 和 42.5 kg。

综上所述，渗滤液浓缩液中每年的重金属释放量较大的地区主要集中于沈阳、北京、上海、杭州以及广州、深圳等地。

5.4.2　农药生态风险及排放估计

5.4.2.1　农药生态风险评估

根据《地表水环境质量标准》（GB 3838—2002），本研究中检测的 γ-BHC、DDT、敌敌畏、氧化乐果、甲基对硫磷、马拉硫磷和溴氰菊酯均低于标准，说明该七种农药在浓缩液中处于一个安全的水平。但是将其排放到环境中，浓缩液中的农药残留仍然具有很高的潜在生态风险，本研究采用国际上广泛评估药物在环境中残留风险的风险熵值法，代表其急性和慢性风险的 EC_{50} 和 NOEC 等相关系数见表 5-4 和表 5-5，生态风险分布如图 5-13 所

表 5-4　目标农药的 EC_{50} 值

农药	环境敏感型物种	EC_{50} /(µg/L)	农药	环境敏感型物种	EC_{50} /(µg/L)
α-六六六（α-BHC）	无脊椎动物	370	乙酰甲胺磷（acephate）	藻类	980
	藻类	1000	氧化乐果（omethoate）	无脊椎动物	5
β-六六六（β-BHC）	无脊椎动物	1938			22
γ-六六六（γ-BHC）	无脊椎动物	278	乐果（dimethoate）	藻类	1100
δ-六六六（δ-BHC）	无脊椎动物	300	甲基对硫磷（parathion-methyl）	藻类	3000
滴滴涕（p,p'-DDE）	无脊椎动物	1		无脊椎动物	7.3
滴滴涕（o,p'-DDT）	无脊椎动物	5	杀螟硫磷（fenitrothion）	无脊椎动物	8.6
滴滴涕（p,p'-DDD）	无脊椎动物	9	马拉硫磷（malathion）	藻类	13000
滴滴涕（p,p'-DDT）	无脊椎动物	5			28.1
甲胺磷（methamidophos）	无脊椎动物	270	毒死蜱（chlorpyrifos）	无脊椎动物	0.1
		0.00016	水胺硫磷（isocarbophos）	无脊椎动物	14
	藻类	178000	甲基异硫磷（isofenphos-methyl）	藻类	660
敌敌畏（dichlorvos）	无脊椎动物	0.19	喹硫磷（quinalphos）	无脊椎动物	0.66
	藻类	0.07	杀朴磷（methidathion）	无脊椎动物	6.4

续表

农药	环境敏感型物种	EC_{50}/(μg/L)	农药	环境敏感型物种	EC_{50}/(μg/L)
溴丙磷 (profenofos)	无脊椎动物	500	三氟氯氰菊酯 (λ-cyhalothrin)	无脊椎动物	0.36
三唑磷 (triazophos)	无脊椎动物	2.6	氟氯氰菊酯 (fluvalinate)	藻类	10000
伏杀硫磷 (phosalone)	无脊椎动物	0.74		无脊椎动物	74
氟氯菊酯 (bifenthrin)	无脊椎动物	0.11	氯氰菊酯 (cypermethrin)	无脊椎动物	0.21
甲氰菊酯 (fenpropathrin)	藻类	2000	氰戊菊酯 (fenvalerate)	无脊椎动物	0.03
	无脊椎动物	0.53	溴氰菊酯 (deltamethrin)	无脊椎动物	0.56

表 5-5　目标农药的 NOEC 值

农药	环境敏感型物种	NOEC/(μg/L)	农药	环境敏感型物种	NOEC/(μg/L)
α-六六六 (α-BHC)	鱼类	320	毒死蜱 (chlorpyrifos)	鱼类	0.14
β-六六六 (β-BHC)	藻类	1900		无脊椎动物	4.6
	浮游动物	8	喹硫磷 (quinalphos)	鱼类	10
γ-六六六 (γ-BHC)	—	—	杀朴磷 (methidathion)	无脊椎动物	0.5
δ-六六六 (δ-BHC)	藻类	3.1	溴丙磷 (profenofos)	无脊椎动物	0.1
滴滴涕 (p,p'-DDE)	鱼类	0.23		鱼类	3.6
滴滴涕 (o,p'-DDT)	无脊椎动物	100	三唑磷 (triazophos)	无脊椎动物	10
滴滴涕 (p,p'-DDD)	藻类	100		鱼类	0.5
滴滴涕 (p,p'-DDT)	鱼类	130	伏杀硫磷 (phosalone)	无脊椎动物	0.14
甲胺磷 (methamidophos)	鱼类	650		鱼类	56
敌敌畏 (dichlorvos)	鱼类	110	氟氯菊酯 (bifenthrin)	无脊椎动物	0.0013
	藻类	212		鱼类	0.012
	鱼类	4700	甲氰菊酯 (fenpropathrin)	鱼类	0.44
乙酰甲胺磷 (acephate)	无脊椎动物	43000	三氟氯氰菊酯 (λ-cyhalothrin)	无脊椎动物	300
氧化乐果 (omethoate)	无脊椎动物	0.004		鱼类	0.25
乐果 (dimethoate)	无脊椎动物	40	氟氯氰菊酯 (fluvalinate)	无脊椎动物	0.02
	鱼类	400		鱼类	0.01
甲基对硫磷 (parathion-methyl)	浮游动物	0.002	氯氰菊酯 (cypermethrin)	无脊椎动物	0.04
杀螟硫磷 (fenitrothion)	无脊椎动物	0.078		鱼类	0.03
马拉硫磷 (malathion)	无脊椎动物	0.06	氰戊菊酯 (fenvalerate)	无脊椎动物	0.08
	鱼类	91	溴氰菊酯 (deltamethrin)	无脊椎动物	0.0041

示（另见书后彩图）。

有机氯农药中，BHCs 中除了 γ-BHC 的急性和慢性风险外均为中低风险，γ-BHC 表现为急性中风险和慢性高风险，γ-BHC 是林丹的主要成分，具有特定的杀虫效果，对生态造成长期的后果，值得关注。DDTs 的 RQ_A 和 RQ_C 值分别为 6.8～46.2 和 0.03～23.7，表现为高风险，其他研究也表明 p,p'-DDE、o,p'-DDT、p,p'-DDD 和 p,p'-DDT 在其他的水体环境中的 RQ 值均大于 1，表现为高生态风险。有机磷农药中，13 种表现为高急性风险或超高

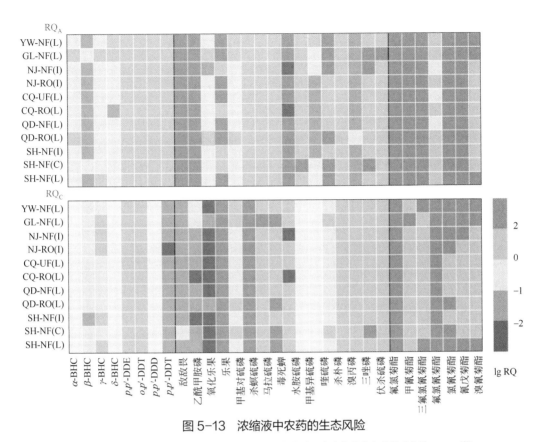

图 5-13　浓缩液中农药的生态风险

(lgRQ$_A$ 和 lgRQ$_C$ 分别为急性毒性和慢性毒性，灰色代表没有在文献中查到相对应的 NOEC 值)

急性风险，11 种表现为高慢性风险或超高慢性风险。甲胺磷、敌敌畏、氧化乐果、毒死蜱和喹硫磷为超高急性风险，氧化乐果、甲基对硫磷、马拉硫磷、水胺硫磷、甲基异硫磷为超高慢性风险，明显高于其他有机磷农药。菊酯类农药对诸如水生无脊椎动物或鱼类等对环境敏感型物种存在极高的急性和慢性毒性风险。我国河流系统中，氧化乐果、甲基对硫磷、马拉硫磷、溴丙磷、伏杀硫磷和菊酯类农药均处于高生态风险。

农药在浓缩液中的风险总值，说明对周围环境表现出很高的生态风险。桂林和青岛地区浓缩液生态风险高于其他地区，焚烧厂和堆肥场浓缩液中农药残留低却表现出比填埋场浓缩液更高的生态风险，说明一些有毒和持久性农药不容易被生物降解，他们可以在焚烧厂的垃圾存储坑中短期保留 5 d，并累积到浓缩液中。甲胺磷是焚烧厂浓缩液中主要残留的农药，明显高于其他被检测的农药。甲胺磷对无脊椎动物的 EC$_{50}$ 值为 1.6×10^{-7} mg/L（见表 5-4），在焚烧厂浓缩液中表现出重大急性风险。

5.4.2.2　我国农药排放总量估计

根据全国现有的 1955 个填埋场和 214 个焚烧厂的渗滤液浓缩液的产生量，将胡焕庸线下方的地区分为华东地区、华中地区、华北地区、东北地区、华南地区和西南地区，通过不同地区的农药平均释放量估计全国范围内浓缩液中农药每年的释放总量。

华东地区浓缩液每年释放的农药总量为 35.9 kg，华东地区主要包含上海市、江苏省、浙江省、安徽省、福建省、山东省和江西省，相对应的浓缩液每年释放的农药总量分别为 3.7 kg、3.4 kg、9.3 kg、4.3 kg、4.2 kg、6.7 kg 和 4.3 kg，其中上海、绍兴和杭州是华东地区浓缩液每年释放农药总量排名前三的城市，分别为 3.7 kg、2.4 kg 和 2.3 kg。

华中地区浓缩液每年释放的农药总量为 12.7 kg，华中地区主要包含河南省、湖南省和湖北省，相对应的浓缩液每年释放的农药总量分别为 2.2 kg、7.3 kg 和 3.2 kg，其中长沙和武汉是华中地区浓缩液每年释放农药总量最高的城市，分别为 1.2 kg 和 1.1 kg。

华北地区浓缩液每年释放的农药总量为 10.0 kg，华北地区主要包含北京市、天津市、河北省、山西省和内蒙古自治区中部地区，相对应的浓缩液每年释放农药总量分别为 4.7 kg、0.7 kg、3.1 kg、1.3 kg 和 0.2 kg。其中，北京是华北地区浓缩液农药释放量最高的城市。

东北地区浓缩液每年释放的农药总量为 9.7 kg，东北地区主要包括黑龙江省、吉林省和辽宁省，相对应的浓缩液每年释放的农药总量分别为 1.5 kg、3.2 kg 和 5.0 kg。沈阳是东北地区浓缩液每年释放农药总量最高的城市，为 3.1 kg。

华南地区浓缩液每年释放的农药总量为 23.8 kg，华南地区主要包括广东省、广西壮族自治区和海南省，相对应的浓缩液每年释放的农药总量分别为 19.7 kg、3.7 kg 和 0.4 kg。其中广州和深圳是华南地区浓缩液每年释放农药总量最高的城市，分别为 5.3 kg 和 4.4 kg。

西南地区浓缩液每年释放的农药总量为 3.3 kg，西南地区主要包括重庆市、四川省、贵州省和云南省，相对应的农药每年释放的农药总量分别为 0.5 kg、0.7 kg、0.2 kg 和 1.9 kg。

综上所述，渗滤液浓缩液中每年农药的释放量较大的地区主要集中于沈阳、北京、上海、杭州、绍兴以及广州、深圳等地。

5.4.2.3 农药源头管控

渗滤液浓缩液中农药的残留主要来源有 3 个：a.农业固体废物，例如带有残存农药的瓶子等；b.生活垃圾，例如驱蚊喷剂等；c.餐厨垃圾，例如带有农药残留的食物等。为了更好地控制农药残留量和其带有的风险，研究应该更加注重源头控制、源头分类的重要性，具体的建议如下：

① 在农药的使用过程中，应当提高和增强农民的公共意识和保护环境的责任感，采用毒性较小、易于生物降解的农药，例如高效的生物农药，代替现阶段大量使用的常规化学类农药；

② 政府必须严格控制农药的使用，以最大限度地减少相关农药残留的生态风险；

③ 目前，垃圾分类在中国已经成为新时尚，食物垃圾被视为湿垃圾，具有农药残存的垃圾被视为有害垃圾，应该分开处理处置，对于农药的进一步降解应该考虑添加更多处理过程。

5.4.3 抗生素生态风险及排放估计

5.4.3.1 抗生素生态风险评估

本研究中采用国际上广泛评估药物在环境中残留风险的风险熵值法，代表其急性和慢

性风险的 EC_{50} 和 NOEC 等相关系数见表 5-6 和表 5-7，生态风险分布如图 5-14 所示（另见书后彩图）。

表 5-6　目标抗生素的 EC_{50} 值

抗生素	环境敏感型物种	EC_{50}/(μg/L)
甲氧苄啶（trimethoprim，TMP）	Green algae	2680
磺胺（sulfanilamide，SAM）	S. vacuolatus	25830
	L. minor	5090
磺胺脒（sulfaguanidine，SG）	Hyalella azteca	190
	D. magna	869
磺胺嘧啶（sulfadiazine，SDZ）	Phaeodactylum tricornutum	110
磺胺甲基嘧啶（sulfamerazine，SMR）	Hyalella azteca	1030
	E. coli	210
	藻类	1.6
磺胺二甲嘧啶（sulfamethazine，SMZ）	Spirulina platensis	6060
	D. magna	4250
	Selenastrum capricornutum	2300
磺胺噻唑（sulfathiazole，STZ）	C. vulgaris	16340
	Escherichia coli DH5α	5110
	Hyalella azteca	410
	Chlorella vulgaris	64
磺胺甲噻二唑（sulfamethizole，SMT）	Aliivibrio fischeri	581400
	D. magna	140990
磺胺甲噁唑（sulfamethoxazole，SMX）	C. dubia	15510
	Green algae	6620
	Lemna gibba	3.4
	Chlorella vulgaris	1570
磺胺二甲异噁唑（sulfisoxazole，SFX）	E. coli	210
磺胺氯哒嗪（sulfachloropyridazine，SCP）	Escherichia coli DH5α	2100
磺胺对甲氧嘧啶（sulfameter，SMD）	E. coli	290
磺胺二甲氧嘧啶（sulfadimethoxine，SAT）	Pseudokirchneriella subcapitata	2300
恩诺沙星（enrofloxacin，ENR）	Pseudokirchneriella subcapitata	3100
	M. aeruginosa	49
氧氟沙星（ofloxacin，OFL）	C. dubia	17410
	P. subcapitata	440
诺氟沙星（norfloxacin，NOR）	Microcystis wesenbergii	38
	V. fischeri	22
	Lemna gibba	697
环丙沙星（ciprofloxacin，CIP）	A. flosaquae	10.2
氟甲喹（flumequine，FJK）	Pseudomonas putida	820
	Daphnia magna	1200

抗生素	环境敏感型物种	$EC_{50}/(\mu g/L)$
氟甲喹（flumequine，FJK）	*Microcystis aeruginosa*	159
	V. fischeri	19
沙拉沙星（sarafloxacin，SAL）	*cyanobacteria*	< 100
	M. aeruginosa	15
达弗沙星（danofloxacin，DOF）	*S. leopolensis*	316
氧嗪酸钾（oteracil potassium，OXO）	*Vibrio fischeri*	23
洛美沙星（lomefloxacin，LOM）	*Daphnia magna*	64500
	E. coli	10.5
四环素（tetracycline，TC）	*M. aeruginosa*	90
土霉素（oxytetracycline，OTC）	*Pseudomonas putida*	220
	Pseudokirchneriella subcapitata	170
多西环素（doxycycline，DOC）	*Lemna gibba*	300
	G. intraradices	45
美他环素（methacycline，MTC）	*E. coli*	637
金霉素（chlortetracycline，CTC）	*C.aurat*	34680
	Zea mays L.	2290
罗红霉素（roxithromycin，ROX）	*P. subcapitata*	2

表 5-7 目标抗生素的 NOEC 值

抗生素	环境敏感型物种	$NOEC/(\mu g/L)$
甲氧苄啶（trimethoprim，TMP）	*D. magna*	3120
磺胺脒（sulfaguanidine，SG）	*D. magna*	395
	S. dimorphus	1250
磺胺嘧啶（sulfadiazine，SDZ）	*Phaeodactylum tricornutum*	10
磺胺甲基嘧啶（sulfamerazine，SMR）	*D. magna*	1563
磺胺二甲嘧啶（sulfamethazine，SMZ）	*Selenastrum capricornutum*	529
磺胺噻唑（sulfathiazole，STZ）	*Daphnia magna*	11000
磺胺甲噻二唑（sulfamethizole，SMT）	*D. magna*	2220
磺胺甲噁唑（sulfamethoxazole，SMX）	*Tetrahymena pyriformis*	0.3
磺胺二甲氧嘧啶（sulfadimethoxine，SAT）	*Pseudokirchneriella subcapitata*	529
恩诺沙星（enrofloxacin，ENR）	*Penaeus monodon*	400
	A. flosaquae	19
氧氟沙星（ofloxacin，OFL）	*V. fischeri*	1.13
诺氟沙星（norfloxacin，NOR）	*Microcystis aeruginosa*	1.6
	72h *P. subcapitata*	2000
环丙沙星（ciprofloxacin，CIP）	*Xenopus laevis*	100000
	Pseudokirchneriella subcapitata	500
	A. flosaquae	5.7

续表

抗生素	环境敏感型物种	NOEC/(μg/L)
氟甲喹（flumequine，FJK）	*Pseudomonas putida*	< 200
	Vibrio fischeri	310
沙拉沙星（sarafloxacin，SAL）	*Microbes*	30
氧嗪酸钾（oteracil potassium，OXO）	*Vibrio fischeri*	0.73
洛美沙星（lomefloxacin，LOM）	*V. fischeri*	2
四环素（tetracycline，TC）	*Microcystis aeruginosa*	50
	Lemna gibba	30
土霉素（oxytetracycline，OTC）	*Pseudomonas putida*	< 40
	Lemna minor	< 1000
金霉素（chlortetracycline，CTC）	*P. subcapitata*	0.5
罗红霉素（roxithromycin，ROX）	72h *P. subcapitata*	10

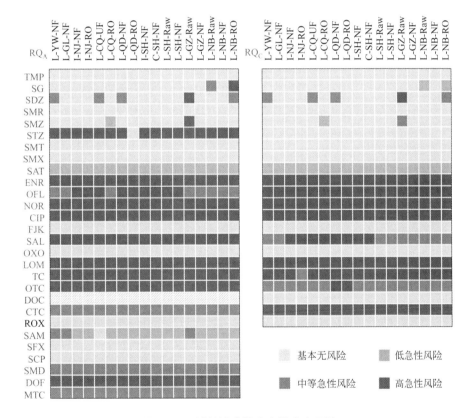

图 5-14　浓缩液中抗生素的生态风险

（RQ$_A$ 和 RQ$_C$ 分别为急性毒性和慢性毒性，灰色代表没有在文献中查到相对应的 EC$_{50}$ 值）

磺胺类抗生素中 STZ、SAM 和 SMD 均表现为基本无风险，浓缩液中 SAM 的平均 RQ$_A$ 值为 0.1，为低急性风险，SMD 的平均 RQ$_A$ 值为 0.5，为中等急性风险（在文献中没有查到该两种农药的 NOEC 值）。浓缩液中 STZ 的平均 RQ$_A$ 值为 1.8，表现出高急性风险。

喹诺酮类和四环素类抗生素是浓缩液中含量较高的抗生素，对所选择的生物具有较高的 RQ 值。除了 FJK 和 OXO 浓度较低外，其他七种的喹诺酮类抗生素均表现为高急性风险和高慢性风险。浓缩液中 NOR、CIP 和 LOM 的平均 RQ_A 值分别高达 27.8、40.9 和 11.8，平均 RQ_C 值分别为 38.2、7.3 和 6.2，该三种抗生素的风险水平远高于其他任何 FQs 风险水平。故后续针对 NOR 的去除和转化研究是对降低渗滤液浓缩液环境风险的重要组成部分。

四环素类抗生素中除了 DOC，均表现为中等风险以上。CTCs 表现为中等急性风险和高等慢性风险，其对土壤、水等环境均可能存在持久性的风险，值得更多关注。ROX 是大环内酯类抗生素的代表，其检出浓度较低，风险较小。由于各种抗生素的贡献，浓缩液中抗生素的风险 RQ_A 和 RQ_C 总值分别为 94.5～164.3 和 131.0～563.3，对周围环境表现出很高的生态风险。

5.4.3.2 我国抗生素排放总量估计

根据全国现有的 1955 个填埋场和 214 个焚烧厂的渗滤液浓缩液的产生量，将胡焕庸线下方的地区分为华东地区、华中地区、华北地区、东北地区、华南地区和西南地区，通过不同地区的抗生素平均释放量估计全国范围内浓缩液中抗生素每年的释放总量。

华东地区浓缩液每年释放的抗生素总量为 27.3 g，华东地区主要包含上海市、江苏省、浙江省、安徽省、福建省、山东省和江西省，相对应的浓缩液每年释放的抗生素总量分别为 2.8 g、2.5 g、7.1 g、3.3 g、3.2 g、5.1 g 和 3.3 g。除了上海之外，绍兴和杭州是华东地区浓缩液每年释放的抗生素总量最高的城市，分别为 1.8 g 和 1.7 g。

华中地区浓缩液每年释放的抗生素总量为 8.7 g，华中地区主要包含河南省、湖南省和湖北省，相对应的浓缩液每年释放的抗生素总量分别为 1.5 g、5.0 g 和 2.2 g，长沙和武汉是华中地区是浓缩液抗生素释放量最高的城市，分别为 0.8 g 和 0.7 g。

华北地区浓缩液每年释放的抗生素总量为 4.5 g，华北地区主要包含北京市、天津市、河北省、山西省和内蒙古自治区中部地区，相对应的浓缩液每年释放的抗生素总量分别为 2.1 g、0.3 g、1.4 g、0.6 g 和 0.1 g。其中北京是华北地区浓缩液抗生素释放量最高的城市。

东北地区浓缩液每年释放的抗生素总量为 4.3 g，东北地区主要包括黑龙江省、吉林省和辽宁省，相对应的浓缩液每年释放的抗生素总量分别为 0.7 g、1.4 g 和 2.2 g。沈阳是东北地区浓缩液每年释放的抗生素总量最高的城市，为 1.4 g。

华南地区浓缩液每年释放的抗生素总量为 6.2 g，华南地区主要包括广东省、广西壮族自治区和海南省，相对应的浓缩液每年释放的抗生素总量分别为 5.1 g、1.0 g 和 0.1 g。其中广州和深圳是华南地区浓缩液每年释放的抗生素总量最高的城市，分别为 1.4 g 和 1.1 g。

西南地区浓缩液每年释放的抗生素总量为 10.4 g，西南地区主要包括重庆市、四川省、贵州省和云南省，相对应的浓缩液每年释放的抗生素总量分别为 1.6 g、2.3 g、0.6 g 和 5.9 g。

综上所述，渗滤液浓缩液中每年的抗生素释放量较大的地区主要集中于沈阳、北京、上海、杭州以及广州、深圳等地。

第6章
渗滤液浓缩液关键处理技术进展

△ 转移处置
△ 就地减量技术
△ 就地无害化处理技术

有效地对渗滤液浓缩液进行减量化和无害化的处理处置是膜滤技术应用过程中必不可少的部分，不仅要充分考究其技术可行方案，还要对其经济是否可行和生态是否保护进行预判。现阶段国内外渗滤液浓缩液主要采取 4 种处理方式：a.异地处置，如焚烧厂焚烧技术等；b.就地减量技术；c.填埋场回灌；d.就地无害化处理。

6.1 转移处置

6.1.1 填埋场回灌技术

填埋场回灌法主要是将生物塑料填埋堆体中的垃圾理解为生物滤床中的填料，将渗滤液浓缩液回灌至有防渗层的填埋场的覆盖层表面或内部，利用其中的吸附、机械阻流等物理作用，其中的微生物的好氧、厌氧等生物固定作用，实现渗滤液浓缩液污染物的削减。回灌技术的特点为：a.有利于加快填埋物的稳定化；b.提高渗滤液浓缩液污染物的去除效率。

浓缩液回灌技术与渗滤液回灌技术的机理是一样的，差别就是回灌液的污染物浓度不同，浓缩液成分比渗滤液更复杂，可生化性更差、重金属离子浓度高、微生物的含量多等，其回灌效果可能与渗滤液的回灌不同，但可以借鉴渗滤液回灌的基本理论来指导浓缩液的回灌。

德国从 1986 年开始将反渗透浓缩液回灌到填埋场，研究表明填埋场回灌对前端渗滤液的产量和浓度没有明显的改变，因此被认为是较为可行的浓缩液处置方法。国内对浓缩液的处理处置重视度不高，但在 1955 年徐迪民在同济大学学报发表了《垃圾填埋场渗滤液回灌技术的研究》，标志着我国开始涉足填埋场生物反应器的研究。国家颁布了《生活垃圾填埋场污染控制标准》（GB 16889—2008）后，膜处理技术成了广泛应用的托底技术，而浓缩液的问题也为人们所重视，结合大量的回灌渗滤液的理论研究，我国的学者开始慢慢探索浓缩液回灌的研究。

刘研萍等研究发现浓缩液回灌对有机污染物有很好的去除效果，在厌氧条件下，COD_{Cr}、BOD_5、氨氮去除率可分别达到 81.6%、82.5%和 60%～70%；在实验条件下得到了最佳的浓缩液回灌水力负荷为 32.38 mL/(L·d)，通过调节回灌液的 pH 值，可得到不同的净化效果，当 pH 值为 9.0 时，COD_{Cr} 去除效能最高，当 pH 值为 11.0 时，氨氮去除效能最高。

梁文等采用矿化垃圾作为浓缩液回灌载体，发现当浓缩液回灌矿化垃圾后，对其中污染物均具有很好的去除效果，COD_{Cr}、氨氮和 SS 去除率分别为 20%～95%、20%～93%和 10%～86%。同时，水力停留时间是浓缩液回灌效能的重要影响因素，当水力停留时间提高后，COD_{Cr} 去除率可随之下降，回灌次数也是重要影响因素，当次数增加时有利于 COD_{Cr} 的进一步提高。田宝虎对比了渗滤液浓缩液的回灌与传统的厌氧填埋场反应堆对有机物降解的区别，提出渗滤液浓缩液的回灌不仅可以削减排放量，还可以降低排放至环境中的污染物量。王晓东采用在垃圾填埋场中人工建立回灌装置，将渗滤液浓缩液回灌至厌氧填埋反应堆，COD_{Cr}、BOD_5 和氨氮等去除效能分别达到 81.6%、82.5%和 60.7%，同时渗滤液浓缩液的回灌提高了垃圾降解速率，对比其回灌 20 周后以及不回灌的垃圾沉降情况提高了 2.75 倍。

我国地域地形千奇百怪，填埋场具有不同的特性，有山谷型、平原型等，宋延冬等以宜昌、宁国、蒙城等地垃圾填埋场为例，进行了现场回灌研究，结果表明：回灌方式要结合当地垃圾填埋场的地理特征，针对山谷型填埋场，最好采用石笼法回灌技术，针对平原型填埋场宜采用两层生物滤化床法进行回灌。

但是随着渗滤液浓缩液回灌的持续运行，回灌技术的弊端逐渐显现出来，具体表现为：

① 集中存在于浓缩液中的难生化降解的有机物，在回灌过程中并不能在生物反应堆体中被完全降解，不仅对后续的渗滤液出水水质有影响，同时填埋场中微生物存在一定的毒性作用。I.A.Talalaj 等针对波兰某生活垃圾填埋场，动态监测渗滤液浓缩液回灌后对渗滤液出水水质的影响，在其回灌的 12 个月期间，渗滤液出水的 COD_{Cr}、氨氮、硫酸根离子以及电导率均出现了上升的趋势。P.S.Calabra 等对意大利某生活垃圾填埋场也进行了 32 个月回灌污染物动态监测，结果表明，出水水量可以保持平衡稳定，但出水水质中的 COD_{Cr} 和铅镍等重金属离子均表现为浓度增加的趋势。

② 渗滤液浓缩液中含有大量无机盐离子，对后续的渗滤液出水水质和运行工艺有消极影响。喻本宏等对 RO 浓缩液回灌至填埋场堆体后，对其中盐分累积以电导率变化建立填埋扩建和填埋封场两种预测模型，以某县 A 生活垃圾填埋场为例，填埋库区中生活垃圾堆体的有效容积 V_0 为 1.0×10^6 m^3，即将进入封场，处理浓缩液的规模 Q 为 200 t/d，渗滤液初始电导率为 2.00 S/m，浓缩液产率为 20.0%，带入 $C_t = C_{t0}e^{(Qt/V_0)}$ 中得到 C_{10} 为 4.15 S/m。可以看出经过 10 年回灌后，产生的渗滤液的盐度提高 2 倍以上。

③ 大量渗滤液浓缩液的回灌可能造成垃圾填埋堆体的塌陷，破坏其稳定性。詹良通等人利用非饱和-饱和三维渗流模型和 Slope/W 软件，模拟预测渗滤液浓缩液回灌后对填埋堆体中渗滤液深度的影响以及填埋堆体的运行平稳程度，分析表明：在现在水位条件刚好满足填埋场安全要求时，渗滤液浓缩液的回灌会导致填埋场整个水位上升，稳定性能不高，影响其安全作业，不能符合稳定运行、安全控制的条件。

6.1.2 焚烧技术

渗滤液浓缩液的异地处置主要途径为转移至焚烧厂进行焚烧处理，焚烧技术采用高压泵将渗滤液浓缩液雾化喷洒至焚烧炉膛中，在燃烧的高温烟气中，污染物被氧化分解，以此达到渗滤液浓缩液中的减量和处置。焚烧技术的优势在于：a.对地要求低；b.废液处理迅速；c.在一定程度上，可通过降低炉体中的温度，减缓结焦；d.可充当水媒介对焚烧产生的飞灰起到润湿和捕捉作用。

渗滤液浓缩液焚烧工艺的基本原理与渗滤液焚烧类似，都是通过高压泵或压缩空气将液体雾化后喷入焚烧炉内进行焚烧。欧美等发达国家垃圾热值较高，含水率较低，渗滤液产量较少，因此使用垃圾焚烧炉焚烧处理渗滤液的工艺较为常见。国内由于渗滤液产量高，膜处理技术不断地推广普及，导致了渗滤液浓缩液产量也越来越多。不少的学者展开了关于渗滤液和浓缩液焚烧方面的研究。研究的重点集中于焚烧处理的实际过程对焚烧系统自身以及烟气排放、焚烧设备等造成的潜在影响。张海元根据济南某公司的渗滤液焚烧处理的实际运行经验总结了该技术的要点，认为保证渗滤液的清洁程度、雾化效果，并控制好渗滤液的回喷量是焚烧处理良好运行的关键。郭冏对焚烧炉焚烧处理渗滤液进行了技术可行性分析，研究认为通过保证雾化效果、合理控制喷射流量等手段可将渗滤液焚烧对烟气和设备腐蚀的影响控制在可接受的范围内，主要的技术限制在于热值。

管锡珺等将生活垃圾填埋场产生的浓缩液回灌至焚烧炉中，研究表明：将回喷比控制在 3.9%以内，既不会影响垃圾焚烧工况，又能实现对垃圾浓缩液的高效处理，且产生的烟气焚烧污染物均满足该行业的污染物排放标准。吴子涵等利用马弗炉模拟了渗滤液浓缩液的焚烧过程，实验结果表明在浓缩液焚烧过程中保持 900 ℃及以上温度条件，可有效减轻黏结性积灰程度，从而避免固相物质的产生造成受热面腐蚀加剧。

焚烧处理渗滤液或者浓缩液最直接的问题是热值。戎静对几种常用的浓缩液处理技术进行分析比较，认为浓缩液焚烧会带有害物质排放、结焦结渣以及炉体腐蚀等潜在问题，但限制焚烧技术发展的主要原因是垃圾热值不足，建议采用辅助燃料补充热值。焚烧技术仍有很大弊端，主要在于：a.焚烧过程操作控制要求严苛；b.焚烧过程中产生的有害物质和过多的盐分对焚烧炉有腐蚀作用；c.对烟气、飞灰等二次污染物控制有潜在风险。吴子涵等研究渗滤液浓缩液回灌至喷炉膛对焚烧系统的影响，通过模拟结果表明：炉内腐蚀主要取决于渗滤液浓缩液中含有大量的氯、硫等物质，氯腐蚀尤为严重。同时，焚烧法处置填埋场渗滤液浓缩液有一定的局限性，填埋场和焚烧厂相距较近时才便于焚烧，若相距较远，建设新的成套焚烧设备费用昂贵。

6.2 就地减量技术

6.2.1 蒸发技术

蒸发是利用不同组分的沸点不同，将挥发性（大多为水分、挥发性烃、氨和有机酸等）的组分去除，得以将非挥发性组分分离进而浓缩的一种化学物理反应过程。蒸发过程主要由两个方面组成：一是加热溶液使水沸腾汽化；二是不断去除汽化的水蒸气。经过蒸发浓缩后，可以极大减少浓缩液的体积，仅为原体积的 2%～10%。现阶段主要的蒸发手段有浸没式燃烧蒸发、负压蒸发、气动雾化蒸发和机械蒸汽压缩蒸发等。

早在 2005 年，岳东北等研究发现，膜滤浓缩液的 pH 值变化能显著影响蒸发浓缩的效果，氨氮的挥发可通过调节渗滤液浓缩液的 pH 值以及蒸发时间进行控制。潘松青等探究渗滤液浓缩液的蒸发特性，实验表明：浓缩液和蒸发液有机物的主要成分在结构上区别明显，分别为以富里酸为一定比例的腐殖质和类磷酸蛋白、色氨酸等物质，出水满足 GB 16889—2008 标准。褚贵祥等以北京某城市生活垃圾填埋基地的纳滤浓缩液为研究对象，采用机械式蒸汽压缩蒸发技术，可达到 10 倍以上的浓缩倍数，产生的蒸发液 COD_{Cr} 控制在 200 mg/L 以下。许玉东等较早地研究垃圾渗滤液的蒸发浓缩工艺，结论表明：蒸发浓缩处理可把渗滤液浓缩减量到原液的 90%～98%，且该工艺对渗滤液水质特性的变化并不敏感，适应性强。关键以成都市长安垃圾填埋场的渗滤液反渗透浓缩液为研究对象，探究了蒸发实验，结果表明：蒸发液中的 COD_{Cr}、氨氮、氯离子等污染物在蒸发 12 min 时达到稳定，COD_{Cr} 随着蒸发时间略有增加，氨氮和 pH 值较稳定。

蒸发技术具有一定优势，表现为：a.针对不同水质、水量弹性强及出水水质平稳；b.设备工艺较成熟。蒸发技术也存在一定的弊端，表现为：a.传统蒸发技术能耗较高，需要开发具有节能效果的新型蒸发技术；b.大量的氨氮、氯离子以及钙离子等结垢离子容易在设备上产生高温腐蚀、结垢等现象；c.蒸发条件中 pH 值对其影响较大，需加入药剂提高处理成本；d.反应持续产生大量泡沫，需考虑消泡剂的投加；e.污染物在反应中没有实质性去除，被浓缩后停留在残留液中，形成危废，加大后续处理难度。

低能耗蒸发工艺在传统的废水蒸发处理技术上进行了改良与发展，现在也运用于浓缩液的处理中。这个工艺是以当机械压缩机压缩蒸汽时，蒸汽的压力与温度同时升高为理论基础，使浓缩液低能耗蒸发工艺为重新利用再生蒸汽作为蒸发热源提供了可能。浓缩液蒸发处置运行成本通过低耗能的能源循环利用技术可以降到最低。在实际应用和生产过程中，浓缩液中高浓度有机物和盐会使蒸发设备受到严重腐蚀，但目前的保护处理措施及防腐技术在蒸发设备材料的选择上还缺乏经济合理性，并且业界经常使用的材料均无法满足反渗透浓缩液蒸发装置的防腐等级要求。根据目前国内正在运行的采用浓缩液蒸发系统的项目的实际情况看，蒸发装置的主材必须是采用不锈钢以上的耐腐蚀材料，这也同步带来造价上昂贵的支出以及后期不菲的维养费用。

欧洲的一些国家在 20 世纪初率先开始寻找解决常压高压蒸发一起的设备腐蚀问题，如荷兰、法国等，他们对负压蒸汽法进行了研究，并且运用在处理养殖业粪便和垃圾渗滤液等含有高浓度氯离子的废水中。水在负压蒸汽法中沸点会降低，正是运用这个条件，才可以减缓氯离子对金属的腐蚀，同时又不会降低沸腾蒸发速率。法国在 21 世纪初将负压蒸发的工艺逐渐应用在生活垃圾填埋场渗滤液的处理过程中，其工艺流程组合为：二级负压蒸发、冷凝液的反渗透处理、浓缩液的处理处置等主要单元。该填埋场渗滤液平均产量，平均填埋垃圾。预处理和负压蒸发两段组成了该工艺流程的核心单元。预处理主要是预加热（至 55 ℃，一次预热源为蒸发器冷凝液，二次预热源为填埋气体锅炉冷却水），除气除沫处理以及渗滤液的 pH 调节（调节 pH 值为 6.0～14.0，预防蒸汽逸出是带出多余的氨氮以及预防蒸发器内碳酸盐结垢）。渗滤液经过预处理后，以浓缩液和冷凝液存在于负压蒸发器中。

王青采用真空、低温蒸发对浓缩液进行处理，实验表明在 pH 值为 7 时，真空度控制为 0.07 MPa，蒸发效率可超过 62.5%，最大程度上降低了运行费用，同时蒸发冷凝液可以达到 GB 16889—2008 排放标准。

与传统的常压高温蒸发相比，负压蒸发工艺的特点是：a.设备的使用年限由于设备腐蚀现象的缓解而明显增长；b.加热过程对热源温度相对要求较低，对填埋气的能源利用不产生影响；c.对大气不会产生污染负荷。蒸发工艺在生物出水反渗透工艺中，一定程度上可以替代生物处理，其替代优势为：a.对不同填龄的渗滤液均有稳定的处理效果，不存在生物处理对长填龄渗滤液失效的问题；b.出水的盐度、胶体含量更低，有利于降低反渗透环节的处理成本。

浸没燃烧蒸发技术是一种新型的高效蒸发技术，是将空气与燃料混合后送入燃烧室完全燃烧，然后将燃烧过程中产生的高温烟气直接与被处理液体接触，将液体进行加热。由于高温烟气在液体中鼓泡排出，气液混合和搅动剧烈，气液两相直接接触传热，大大增加了传热面积，强化传热过程，提高了传热效率。浸没燃烧的传热效率高，可达到 90%～96%，尤其是液体在低温加热时，传热效率接近 100%。岳东北等在国内首次采用浸没燃烧蒸发技术对北京某生活垃圾渗滤液反渗透浓缩液进行处理，实验结果表明：该方法可有效将难降解有机物分离出来，处理后渗滤液浓缩液出水的 COD_{Cr} 可稳定在 230 mg/L 以下，浓缩率可达 80%～90%，同时填埋场产生的填埋气可被有效地利用，实现以废治废的目的。安瑾等采用浸没式燃烧蒸发装置对垃圾焚烧发电厂渗滤液 RO 浓水进行处理，发现该工艺在处理 RO 浓水时浓缩倍数能达到 10 倍以上，且蒸发冷凝水符合冷却塔回用标准，不凝烟气能够达标排放，且该装置能稳定运行 3 个月以上，成本也低于其他蒸发设备的运行费用。聂永丰等利用研发的二阶段浸没燃烧蒸发技术处理北京市北神树卫生填埋场的反渗透浓缩液，可使蒸发器出水 COD_{Cr} 浓度能由 11000～134000 mg/L 降低至 230 mg/L，具有较好的污染物分离作用，然而该过程设备费较为昂贵、运行成本高、能耗大，并不利于推广。

机械蒸汽再压缩（MVR）技术的原理是利用高能效的蒸汽压缩机压缩蒸发产生的二次蒸汽，提升二次蒸汽的焓，二次蒸汽进入蒸发系统作为热源重新循环利用，替代大部分的生蒸汽，从而降低了蒸发器的生蒸汽需要，达到节能的目的。该技术在很多水处理领域，例如：海水淡化、油田污水等，均有了较好的应用。孙辉跃等以厦门东部垃圾填埋场渗滤液处理站的膜滤浓缩液为研究对象，采用"预处理+MVR 蒸发+酸洗塔+碱洗塔"的处理工艺开展了 3 个月的连续中试研究，结果表明：该工艺处理时蒸馏水出水水质稳定，且符合 GB 16889—2008 中规定的限值，为蒸发技术在渗滤液浓缩液的应用提供了依据和经验。

6.2.2 多级膜减量技术

多级膜减量技术是采用多级物料膜对渗滤液浓缩液中的腐殖酸等大分子有机物以及盐分等物质进行进一步的浓缩，从而实现渗滤液浓缩液减量化的处理技术。多级膜减量化技术具有以下优势：a.设备成熟、自控程度较高；b.处理能力强、连续性好；c.集成度高、占地面积小；d.运行成本低，吨处理成本仅 3～4 元。

杨姝君将老港综合填埋场配套渗滤液厂中产生的纳滤浓缩液和反渗透浓缩液，分别经过两级物料膜和两级碟管式反渗透膜进行减量化处理，结果表明：系统的清液产率可达到 85.0%以上。陈刚等采用两级物料膜对渗滤液浓缩液进行减量处理，一级物料膜用于对渗滤液浓缩液中的腐殖酸类物质的提取，再经过二级物料膜进一步提高清液产率，可以实现整体的回收率为 95.0%以上。李敏等以苏州某生活垃圾焚烧厂为例，将渗滤液纳滤/反渗透浓缩液经过碟管式反渗透膜工艺对其进一步减量化，进而能够浓缩 60.0%～70.0%，使得最终的反渗透浓缩液大幅度降低。

但多级膜减量化技术存在一定弊端，主要表现为膜污染问题，渗滤液浓缩液中含有大量的无机盐离子和大分子有机物在膜表面沉积，快速降低膜通量。

6.2.3 膜蒸馏技术

膜蒸馏技术主要是借助具有疏水性质的微孔膜作为分离膜的媒介，通过蒸汽技术将膜两侧造成蒸汽压力差，使得水蒸气从压力高的一端透过微孔膜进入压力低的一端，从而实现渗滤液浓缩液的分离浓缩。膜蒸馏技术对浓缩液中的无机盐离子和大分子有机物的截留率为 100%。膜蒸馏作为一种新型的浓缩液减量化技术，与其他常用的分离技术相比，具有以下优势：a.膜蒸馏为热驱动分离过程，其在常压下即可运行，操作方便且设备简单，蒸馏设备空间要求小；b.运行时不需要将处理液加热至沸点，只需要维持膜两侧的温度差即可，可以采用廉价能源代替，如太阳能、温热的工业废水、地热等，因此膜蒸馏的产热成本可以降低；c.对于有机物和重金属离子的去除也有着较高的效率，快速浓缩、获得较好的处理效果；d.对膜与处理液之间的相互作用以及膜的力学性能要求不高，对膜材料的孔径要求相较于其他膜处理工艺要低。

根据蒸汽在冷侧收集方式的不同，膜蒸馏可以分为直接接触式膜蒸馏（DCMD）、气扫式膜蒸馏（SGMD）、气隙式膜蒸馏（AGMD）和真空膜蒸馏（VMD）四种形式。膜蒸馏法在处理浓缩液这类有机物浓度较高的溶液时，可以将溶液浓缩至过饱和状态直至出现结晶，也是目前唯一能够从浓度较高的溶液中直接分离出结晶的膜分离技术。

刘东等开发的新功能型聚偏氟乙烯具有中空纤维结构的疏水膜，利用减压膜蒸馏技术对石化废水的浓缩液进行浓缩作用，实验表明：在温度为 70 ℃、真空度为 0.095 MPa、液体浓度为 0.66 m/s，其膜通量可以达到 2.83 kg/(m²·h)，当浓缩系数达到 20 倍时，其膜通量可以达到 11.7 kg/(m²·h)，通过膜的水质电导率小于 4.00 μS/cm。李玖明等采用疏水聚四氟乙烯（PTFE）中空纤维膜，对垃圾渗滤液反渗透浓缩液进行了真空膜蒸馏试验，结果表明，增大膜蒸馏过程的曝气量、浓缩液温度和冷侧的真空度，产水通量随之升高；当浓缩倍数超过 4 倍时，产水通量会显著降低；控制曝气量为 4 m³/(m²·h)、浓缩液温度 75 ℃、冷侧的真空度为 -95 kPa 时，出水的 COD_{Cr}、BOD_5、氨氮、色度以及电导率均可达到 GB 16889—2008 规定的排放限值。

但膜蒸馏技术存在一定弊端，表现为：a.制作疏水膜和微孔膜的材料有限，主要为 PTFE、PVDF、PP 等，且膜制作成本高，维持整个蒸馏过程处理成本需求高；b.蒸馏的热量转化效率处于低水平，膜过程中的热效率和膜通量仍有待提高，仍需对膜组件进行改进，提高热量传递效率，且设计热回收形式，降低热能的损耗；c.渗滤液浓缩液中含有大量的无机盐离子和易沉积在膜表层的有机物，加快降低膜通量，易导致膜污染问题。

6.3　就地无害化处理技术

6.3.1　混凝沉淀技术

混凝沉淀法通过向渗滤液浓缩液中添加有效制剂，使其悬浮颗粒及胶态物质相互吸附结合成大颗粒，从而可以达到与水分离的物理化学反应的过程。混凝沉淀法用于垃圾渗滤液膜滤浓缩液的处理，既可以降低浓缩液的浊度和有机物浓度，又能去除浓缩液中部分重金属和氨氮，通常作为渗滤液膜滤浓缩液的预处理工艺使用，现阶段研究的作用和机理主要分为四种。

（1）吸附-电性中和原理

当混凝剂与废水中胶粒带不同电荷时，两者间存在明显的作用力，混凝剂的电荷和污染物中胶粒的电荷会发生部分或全部中和作用，使得带有同种电荷的废水胶粒之间的排斥力减弱，互相凝聚形成球状絮体结构；吸附作用的驱动力可以是静电引力、氢键、范德华力以及配位键等，主要驱动力取决于胶体的特性和吸附物质的结构。但是，当废水中加入大量的异号离子后，胶体颗粒可能会带上相反的电荷而重新稳定，因此吸附-电性中和作用机理能够很好地解释在实际的水处理过程中，混凝剂投加过量时处理效果反而变差的现象。

（2）压缩双电层作用机理

废水中的胶体颗粒通常带负电荷，电荷之间的排斥作用使得颗粒之间相互排斥而稳定。压缩双电层的作用机理是通过向废水中加入大量的高价正离子，这些高价态的正离子在静电引力的作用下接触到胶体颗粒的表面，置换出原来的低价态正离子，从而使得双电层厚度变薄，排斥能降低，胶体颗粒间接触则以吸引力为主，相互聚集。压缩双电层作用很好地解释了水中加入高价反离子的电解质后，胶体颗粒脱稳而凝聚的实验现象。

（3）吸附架桥原理

利用不带电或者与废水中胶粒电荷相同的链式结构的具有高分子量的絮凝药剂，两端分别吸附不同的胶粒，使废水中散落的胶粒结合起来；吸附架桥作用机理能够很好地解释废水处理中胶体保护的现象，即向废水中加入过量的高分子物质后，由于胶体颗粒的表面被高分子物质覆盖，使得胶体颗粒相互接触时，由于受到胶粒之间的高分子挤压的反弹力和带电的高分子之间的静电斥力而难以凝聚，使得混凝效果变差。

（4）网补卷扫原理

氢氧化物絮体产生于无机盐混凝药剂的混凝过程，利用卷扫、网补等方式去除胶粒态污染物，进而产生分离作用。网捕-卷扫的作用是一种机械作用，除浊效率需要试验验证。水中胶体颗粒的数量决定了所需投加的混凝剂的量，水中颗粒杂质较少时，所需的混凝剂反而较多，水中的颗粒杂质较多时，所需的混凝剂的量反而较少。

常见混凝剂的种类繁多，其按作用分，主要包括凝聚剂、絮凝剂和助凝剂；按化学组成分，可以分为无机和有机混凝剂；按其来源分，可以分为天然混凝剂和合成混凝剂；按其分子量又可分为低分子和高分子混凝剂，常见的混凝剂及特点如表6-1所列。

表6-1 常见的混凝剂及特点

类型	分类	名称	特点
无机类	低分子	铝盐类和铁盐类，如硫酸铝、硫酸铁、三氯化铁、硫酸亚铁，其他的如硫酸铝钾、镁盐等	原料来源广、成本低，但是投加量大且絮凝效果较差，具有一定的腐蚀性
	高分子	聚合氯化铝（PAC）、聚合硫酸铝（PAS）、聚合氯化铁（PFC）、聚合硫酸铁（PFS）和聚硅酸金属盐等	形成絮凝体的速率快且絮凝体的沉降性能好，原水水质适应能力强，投加量较无机低分子要少
有机高分子	天然高分子	蛋白质类、树胶、动物胶、淀粉和木质素等	可选择性大，可以通过改性使其受温度、pH值影响小，无毒无害且无二次污染，但其易被生物降解且絮凝效果有待验证
	阳离子型合成	阳离子性聚丙烯酰胺（CPAM）、聚乙烯醇季氨化产物以及丙烯酰胺的共聚物等	所适用pH值范围广，对无机物和有机物都有较好的净化作用，投加量少且毒性较小

续表

类型	分类	名称	特点
有机高分子	阴离子型合成	聚丙烯酸钠、聚苯乙烯磺酸钠以及丙烯酰胺与丙烯酸钠的共聚物等	研发技术相对成熟，但其应用范围有限
	非离子型合成	聚乙烯醇、聚氧化乙烯、聚丙烯酰胺（PAM）、酚醛缩合物等	受原水 pH 值和盐类的影响小，絮凝效果在酸性条件较好
	两性型合成	聚丙烯酰胺类两性高分子絮凝剂	同时具有阴阳离子基团的特点，在酸性或碱性环境中都能够使用，在污泥脱水、去除可溶性有机物或中小分子量的有机物方面有较好的表现
微生物絮凝剂		微生物细胞，如酵母、霉菌和放线菌等；微生物细胞壁的提取物，如酵母细胞壁的蛋白质、葡萄糖等；微生物细胞代谢产物，如细菌的荚膜	受温度和 pH 值的影响较大，产量低且制备成本高
复合型絮凝剂	无机-无机复合	聚合硫酸铝铁（PAFS）、聚合氯化铁（PAFC）、聚合硫酸硅酸铁（PFSS）等	兼具两种无机盐类混凝剂的优点，提高了混凝效率
	无机-有机复合	PAC-PAM 复合絮凝剂、氢氧化铝-丙烯酰胺复合絮凝剂以及氯化镁、氢氧化镁与 PAM 的复合等	结合了有机高分子和无机盐絮凝剂的优点，絮凝效果好
	有机复合	壳聚糖-海藻酸盐复合絮凝剂、罗望子内核多糖接枝聚丙烯酰胺复合絮凝剂	既解决了单独使用天然高分子絮凝效果差的问题，又能降低絮凝剂降解产物的毒性
	复合型微生物絮凝剂	PY-M3 和 PY-F6 微生物絮凝剂与 PAC 形成的复合絮凝剂等	使得微生物絮凝剂的投加量降低，减少成本，反应时间缩短且提高了体系的稳定性

郝理想采用聚合氯化铝和聚丙烯酰胺作为混凝药剂，针对漳州九龙岭填埋场渗滤液浓缩液为处理对象，以中试为例，实验分析表明：当聚合氯化铝和聚丙烯酰胺浓度分别为 2000 mg/L 和 9 mg/L 时，经过混凝处理后，COD_{Cr} 和色度的平均去除率分别可以达到 45.0% 和 50.0%。袁延磊以广州市李坑焚烧厂渗滤液反渗透浓缩液为处理对象，小试结果表明：硫酸铝聚合物相比其他两种具有更强的去除效能，在投加量为 1000 mg/L，pH 值为 5.5 时，反渗透浓缩液的 COD_{Cr} 和色度去除率分别达到 57.1% 和 80.5%。王庆国等借助混凝沉淀技术处理渗滤液浓缩液中的污染物，COD_{Cr} 去除率为 30.0%，腐殖酸去除率可达 40.0%。

混凝沉淀技术具有以下优势：a.原料易得、成本低廉；b.去除有机物效能高、性能高效；c.设备简单、维护操作要求低。但混凝沉淀法存在一定弊端，表现为：a.混凝剂种类少、选择范围小；b.使用量大、受环境影响大；c.无机混凝剂的添加存在一定的腐蚀性；d.无法有效解决其中有机物降级问题，仅仅实现了有机物的转移；e.污泥产量大、二次污染严重。陈赟等利用铁盐或铝盐作为混凝剂对渗滤液纳滤浓缩液进行前处理，以珠海西坑尾渗滤液浓缩液为处理对象，实验表明：絮凝剂投加量为 0.2%～0.3%，絮凝时间为 30 min，沉淀时间为 120 min，渗滤液浓缩液的 COD_{Cr} 降低了 45.0%～60.0%。

6.3.2　高级氧化技术

高级氧化技术（advanced oxidation processes，AOPs），又称深度氧化，是利用外部作

用（超声、紫外、电刺激、高温、高压、催化等），产生以羟基自由基（·OH）为主的具有高度氧化作用的活性物质，与有机物进行反应，实现渗滤液浓缩液中难降解大分子污染物向小分子转移，复杂物质转化为结构单一物质，最终实现有机物的矿化过程。高级氧化技术具有以下优势：a.·OH 的氧化电极电位高（2.80 V），远优于其他氧化剂，例如：臭氧（2.07 V）、过氧化氢（1.70 V）；b.·OH 可广泛作用于多类有机物，无选择性，反应高效，一般为 10^9 mol/（L·s）；c.操作条件易于控制。高级氧化技术可以将渗滤液浓缩液中的有毒有害难降解有机物进行矿化去除，在其深度处理中被广泛研究。

6.3.2.1　Fenton 氧化技术

Fenton 氧化技术原理是利用 Fe^{2+} 的催化作用，将 H_2O_2 有效转化为极具氧化优势的·OH，氧化有机物分子使其降解为小分子有机物或矿化为 H_2O 和 CO_2 等无机物，其相关的过程可描述为下式所示：

$$Fe^{2+}+H_2O_2 \longrightarrow Fe^{3+}+·OH+OH^- \tag{6-1}$$

$$Fe^{3+}+H_2O_2 \longrightarrow Fe^{2+}+HOO·+H^+ \tag{6-2}$$

$$Fe^{3+}+HOO· \longrightarrow Fe^{2+}+O_2+H^+ \tag{6-3}$$

$$Fe^{2+}+HO· \longrightarrow Fe^{3+} + OH^- \tag{6-4}$$

$$H_2O_2+HO· \longrightarrow H_2O + HOO· \tag{6-5}$$

$$HOO·+HOO· \longrightarrow H_2O_2+O_2 \tag{6-6}$$

$$HOO·+ H_2O_2 \longrightarrow HO·+H_2O+O_2 \tag{6-7}$$

$$HOO·+Fe^{2+}+H^+ \longrightarrow Fe^{3+}+H_2O_2 \tag{6-8}$$

$$RH+HO· \longrightarrow R·+H_2O \tag{6-9}$$

$$R·+Fe^{3+} \longrightarrow R^++Fe^{2+} \tag{6-10}$$

$$R^++H_2O \longrightarrow ROH+H^+ \tag{6-11}$$

在 Fenton 反应过程中，主要通过式（6-1）来产生羟基自由基，而式（6-4）和式（6-5）是其中主要的抑制反应，会对反应产生不利的影响，在反应过程中应该予以抑制。反应式（6-9）是羟基自由基降解有机物的主要过程，在该反应后羟基自由基再进一步将 R·基团进行深度氧化。单独 Fenton 的氧化效率难以将浓缩液彻底降解，目前的研究主要集中在 Fenton 和混凝等处理方法的联用，以提高降解效率。

王凯等研究了 Fenton 联合特种絮凝工艺对垃圾渗滤液纳滤浓缩液的处理效果，结果表明：单独使用絮凝剂来处理浓缩液时降解效果较差，单独 Fenton 处理时的效果高于絮凝，但其 COD_{Cr}、BOD_5 及色度的去除率仍不高。采用二者的组合工艺后发现，沉降比为 36%，COD_{Cr}、BOD_5 及色度的去除率分别为 82.4%、63.7%和 87.5%，同时极大地提升了浓缩液的可生化性，出水 BOD_5/COD_{Cr} 值为 0.415。李领明等利用传统 Fenton 和光-Fenton 组合工艺，为解决渗滤液浓缩液污染物去除问题，借助 Fenton 氧化耦合絮凝和光耦合 Fenton 组合工艺，Fe^{2+}/H_2O_2 投加量分别为 8 mmol/L/35 mmol/L 和 10 mmol/L/90 mmol/L，COD_{Cr} 和 TOC 均可以实现 90.0%去除效率，浓缩液中 13 种目标多环芳烃，经过该 Fenton 组合工艺后，残留量低于 10.0%。张爱平等采用微波-Fe⁰/H₂O₂ 类 Fenton 技术，对渗滤液浓缩液处理效能进行分析，实验表明：传统 Fenton 和微波-Fe^0/H_2O_2 类 Fenton 技术均可以使浓缩液中的有机物分子量、芳香度和缩合度降低，但后者反应效率明显高于传统 Fenton 反应过程。在初始 pH（3.0）、Fe^0（0.5 g/L）、H_2O_2（20 mL/L）和微波功率（400 W）的条件下，经过 14 min 的反应，渗滤液浓缩液的 COD_{Cr}、色度和 UV_{254} 去除效能分别可达到 58.7%、85.7% 和 88.3%。王思宁利用电絮凝-类电芬顿耦合工艺，通过电极板阴极产生的亚铁离子和铁离子同阳极产生的次氯酸，生成·OH，浓缩液中的有机物得到深度去除。反应体系在电压为 9.0 V、极板间距为 1.0 cm 时，反应过程中 80.0% 的 COD_{Cr} 将被去除。郭芳基于"氧化絮凝-芬顿高级氧化"组合技术，以将浓水回流至渗滤液处理系统进行循环处理为目标，对比了不同种氧化絮凝技术和芬顿高级氧化技术对 NF 浓水难降解有机物的去除性能，H_2O_2/亚铁氧化絮凝阶段初始 pH 值为 4.0，$FeSO_4 \cdot 7H_2O$ 和 H_2O_2 投加量分别为 30 mmol/L 和 40 mmol/L，UV-Fenton 阶段 H_2O_2 投加量为 100 mmol/L，氧化絮凝将 COD_{Cr}、UV_{254} 和 TOC 去除 75% 以上，UV-Fenton 将上述指标进一步降低 66.7%～74.6%。

　　Fenton 氧化技术具有以下优势：a.试剂广泛易得；b.设备简单、操作便捷；c.反应条件不苛刻；d.可得到促进混凝作用的氢氧化铁。但是 Fenton 氧化技术存在一些问题，表现为：a.传统 Fenton 中外加的 H_2O_2 存在储存和运输问题；b.芬顿处理劳动力大，需投加大量药剂；c.加药系统复杂，前期需加碱和诱导剂，然后要投加酸调节 pH 值在 3.0 左右，最后还需要调节 pH 值到 7.0 左右；d.产生的二次产物、污泥需要进一步处理；e.处理后容易反色，出水色度可能由于药剂投加比例不适呈黄色或黄褐色；f.在酸性条件下较适宜，对反应池等腐蚀性大。

6.3.2.2　湿式氧化技术

（1）传统湿式氧化技术（wet air oxidation，WAO）

　　湿式氧化技术是由美国的 Zimmerman 在 20 世纪 50 年代提出的水处理新方法，是一种在有机物与水和氧气之间发生的液相反应，其基本原理是：在温度为 180～310 ℃、压强为 2～15 MPa 的条件下，利用空气或氧气，将复杂有机物转化成简单有机物，最后分解为小分子的 CO_2 和 H_2O。

　　一般认为，湿式氧化技术的降解过程是一种自由基链式反应，主要过程是 H_2O_2 的形成，而后通过 H_2O_2 来推进有机物的氧化去除。反应式中 RH 代表有机物。

$$RH + O_2 \longrightarrow R \cdot + HOO \cdot \tag{6-12}$$

$$2RH + O_2 \longrightarrow 2R \cdot + H_2O_2 \tag{6-13}$$

$$H_2O_2 \longrightarrow 2HO \cdot \tag{6-14}$$

以上反应为自由基链式反应的启动步骤，链式反应的传递和终止过程如下式：

$$RH + HO \cdot \longrightarrow R \cdot + H_2O \tag{6-15}$$

$$R \cdot + O_2 \longrightarrow ROO \cdot \tag{6-16}$$

$$ROO \cdot + RH \longrightarrow ROOH + R \cdot \tag{6-17}$$

$$R\cdot + R\cdot \longrightarrow R-R \qquad (6-18)$$

$$ROO\cdot + R\cdot \longrightarrow ROOR \qquad (6-19)$$

$$ROO\cdot + ROO\cdot \longrightarrow ROOR + O_2 \qquad (6-20)$$

（2）催化湿式氧化（catalytic wet air oxidation，CWAO）

催化湿式氧化是在湿式氧化体系中引入了催化剂，催化剂降低了反应所需活化能，使得反应在比湿式氧化法低的压力和温度下也能进行，同时取得更高的氧化效率。在催化湿式氧化法中，催化剂除了降低了反应条件外，还提高了其对难降解化合物（乙酸、氨氮等）的降解效率。但湿式氧化法去除氨氮的条件要求苛刻，反应温度必须在 540 ℃以上才能实现对氨氮的明显氧化去除。

根据催化湿式氧化法的催化剂的存在状态，催化剂可分为均相湿式催化剂和非均相湿式催化剂两大类。均相湿式催化剂的研究主要集中于催化湿式氧化技术应用的初期，主要是一些可溶性的金属盐类充当催化剂，通常为可溶性的过渡金属盐类，如 Co、Cu、Ni、Fe、Mn 和 V 等，通过以上离子态的盐类的作用来加速反应进程。均相湿式催化反应的主要优势是：a.反应具有特定的选择性；b.反应过程比较温和，不会发生剧烈的化学反应过程；c.反应性能高。

非均相湿式催化剂又称固体催化剂，非均相催化剂分为金属及其盐类或者金属氧化物催化剂，一般将其附着于载体上，常见于报道的有贵金属、铜和稀土催化剂。非均相催化剂具有易分离、催化活性高、稳定性好等优点，是目前催化湿式氧化技术的研究热点。采用均相催化剂一般处理流程较复杂，主要是由于金属离子在溶液中容易流失，为避免二次污染需回收添加的催化剂，在末端要配备混凝沉淀或离子交换单元，从而增加处理流程和难度。但均相催化剂的催化效率一般比非均相催化剂高，处理构筑物简单，反应时间较短。非均相催化剂很好地解决了催化剂的流失问题，还具有反应流程短、反应后易分离等优势，但是非均相催化剂容易失活，主要由水中的悬浮物等包覆和堵塞催化剂而引起。

陈朋飞等以北京市某垃圾填埋场纳滤浓缩液为处理对象，利用 Cu 负载型活性炭作为催化剂在反应釜中催化湿式氧化技术，结果表明：在反应温度为 220 ℃，单位氧化剂投加量为 1.8，经过 2 h 的处理后，浓缩液的 COD_{Cr} 去除效能超过 88.5%。通过溶胶/凝胶法，汪诗翔等合成了具有孔状结构的 CeO_2 膨润土颗粒物作为催化剂催化湿式氧化技术，结果表明：在体系温度为 210 ℃，压强为 1.0 MPa，催化剂投加量为 15 g/L 条件下，渗滤液浓缩液在反应 10 min 后去除率可达到 52.4%，比相同条件下不加催化剂的对照组提高了 42.4%。

由于相对温和的反应温度和压力条件，催化湿式氧化方法的投资和运行成本较低，为其大规模应用提供了可能。催化湿式氧化法不能将有机污染物进行完全矿化，如果和生物法或者物理化学方法结合能够取得更佳的效果。该方法目前尚待完善的问题主要集中在两方面：一是催化剂的活性组分的流失造成催化剂的失活，Cu 作为常见廉价的催化剂，在酸性高温条件下，基于 Cu 的金属氧化物催化剂和混合金属氧化物（CuO、ZnO 和 CoO）催化剂容易发生流失而使催化剂失活的现象。贵金属（Pt、Pd、Ru、Rh、Ir 和 Ag）催化剂很少出现流失现象，但是价格较高；二是反应仍需在较高的温度和压力条件下进行，要求反应器能够耐酸碱、高温及高压等。

（3）紫外催化湿式氧化工艺（UV-catalytic wet oxidation process，UV-CWOP）

紫外催化湿式氧化工艺是在催化湿式氧化体系中引入紫外光和氧化剂（H_2O_2），利用紫外光的作用直接光解有机污染物或者通过紫外光协助促进催化氧化作用降解有机污染物，将难降解的有机废水中的有机和部分无机污染物彻底分解成 CO_2、水等无害成分，同时可以除臭、脱色及杀菌消毒，实现有毒废水的无害化处理。由于高强紫外光和液体氧化剂（H_2O_2）的引入，使得本方法的反应条件为常温（25～80 ℃）、常压（1 atm），降低了传统催化湿式氧化法所需的高温高压的反应条件要求，对于大规模的应用具有极其重要的意义。

在紫外催化湿式氧化工艺中除了通过 Fenton 反应式（6-1）产生羟基自由基外，还可以通过以下两种途径产生。

① UV 能促进双氧水产生羟基自由基，Jacob 等研究表明，在波长小于 300 nm 的 UV 光的照射下，H_2O_2 能够分解产生羟基自由基。反应过程如下：

$$H_2O_2 + h\nu \longrightarrow 2HO\cdot \tag{6-21}$$

因此即使不加入催化剂，单纯 UV/H_2O_2 就能取得一定的降解效果。Shu 等采用 UV/H_2O_2 处理垃圾渗滤液，结果显示在 4 支灯管、232.7 mmol/L 的 H_2O_2 投加量下，渗滤液的 COD_{Cr} 去除率能达到 65%。

② UV 在酸性条件下，能够通过光解反应将三价铁水解的混合物进行分解，产生羟基自由基，同时有二价铁生成，降低了反应中的催化剂的用量。此外光解反应还能够使三价铁羧酸盐去羧化，生成二价铁。具体反应过程如下所示：

$$Fe(OH)^{2+} + h\nu \longrightarrow Fe^{2+} + HO\cdot \tag{6-22}$$

$$Fe(Ⅲ)(RHCO_2) + h\nu \longrightarrow Fe^{2+} + CO_2 + RH\cdot \tag{6-23}$$

彭俊杰等以深圳某垃圾填埋场渗滤液浓缩液为处理对象，利用紫外协同催化湿式氧化工艺降解其中的难降解环境激素，例如塑化剂、多环芳烃和农药等，可以有效降低渗滤液浓缩液中有机物和毒性。杨亚新以深圳市某垃圾填埋场的纳滤浓缩液为处理对象，通过前期探索，对比了 UV/H_2O_2、Fenton、紫外催化湿式氧化三种不同的高级氧化方法，发现紫外催化湿式氧化的处理效果优于其他两种高级氧化方法，随后对紫外催化湿式氧化高级氧化方法中的操作条件进行了优化，在最佳条件下，即温度 25 ℃，初始 pH 值为 3.0，$FeSO_4 \cdot 7H_2O$ 投加量 2 g/L，连续投加 H_2O_2 为 400 mmol/L，处理时间为 3 h 时，渗滤液浓缩液中 COD_{Cr} 去除率为 92.8%，出水 COD_{Cr} 低于 100 mg/L，达到了排放标准。

湿式氧化技术具有以下优势：a.相对绿色，产物中不产生二次污染，过程中不会产生 NO_x、SO_2、HCl、二噁英、呋喃和飞灰等有毒有害物质；b.处理范围广泛，对有机物的去除没有选择性，能够适用于大部分有机废水的处理；c.处理速率快，氧化效率高，将复杂有机污染物氧化成简单有机物，同时提高废水的可生化性；d.原料和能量可回收再利用。但是湿式氧化技术存在一些弊端，表现为：a.运行成本高；b.设备精度高，必须要抗腐蚀、耐高压和耐高温；c.不能将有机物完全转化成二氧化碳，造成小分子酸类物质的积累。

6.3.2.3 光催化氧化技术

光催化（photocatalytic）氧化技术是借助具有半导体性能的催化剂作用于特定波长光源，利用光子能量发生电子和空穴的分离，进一步同其他离子或分子反应，从而产生具有强氧化性的自由基。目前采用的催化剂主要有 TiO_2、C_3N_4、Fe_2O_3、ZnO 等。

光催化氧化技术具有以下优势：a.对温度、pH 值要求不高；b.耐冲击能力强，对高负荷有机物仍有效果；c.实验过程无二次污染。光催化技术在渗滤液浓缩液中应用较少。张红梅选用漂浮态 TiO_2 光催化分解腐殖酸，结果表明光催化氧化腐殖酸效能明显高于单独光解法，反应时间为 3 h 时，腐殖酸的去除率分别为 65.5% 和 34.7%，37.5% 的 TOC 得到了进一步的去除。

但是光催化氧化技术存在一些弊端，表现为：a.产物氧化不彻底；b.催化剂稳定性差、难分离；c.催化剂固定、寿命、再生问题大；d.太阳能转化率不高，采用紫外光源利用成本高；e.大规模应用目前为止受限严重。

6.3.2.4 电催化氧化技术

（1）传统电催化氧化（electrocatalytic oxidation，EO）技术

电催化氧化技术是利用在极板上得失电子产生氧化性强的·OH，进而对有机物有降解作用的过程。电催化氧化作用有直接氧化和间接协同氧化两类。直接氧化是废水中的有机物先附着于阳极极板再被氧化的过程，析氧电极的表层可以构成吸附·OH 金属氧化物和高价态金属氧化物，从而将大分子物质降解为小分子酸或直接矿化为二氧化碳。间接氧化是指溶液中的基团在极板上发生电子转移转变为具有强氧化性的氧化剂，进一步降解废水中的有机物的过程，主要包含：a.氧气在阴极得电子得到氧化性更强的过氧化氢；b.氯离子在阳极失去电子，产生强氧化活性物质。

王庆国等借助电催化氧化法降解渗滤液纳滤浓缩液，不需要格外加入其他电解质离子，其中的氯离子对电解有促进的作用。实验表明：在水流控制在 1 m³/h，循环流量控制为 15 m³/h，电流强度控制为 420 A，停留时间控制在 3 h 时，COD_{Cr} 去除效能超过 57.7%，同时 BOD_5/COD_{Cr} 值由初始 0.03 改变至 0.31，使得浓缩液的可生化能力显著提高。田朝军探究了不同极板材料（不锈钢、Pt/Ti、Ti/IrO_2-RuO_2 和 Ti/SnO_2-RuO_2）对渗滤液浓缩液的降解影响，实验结果发现：Ti/IrO_2-RuO_2 材质电极对其处理效果最突出，在电流密度设置为 15 A/dm²，电解时间设置为 6 h，浓缩液的脱色效能和 COD_{Cr} 的去除效能分别可以达到 84.2% 和 89.6%，腐殖酸类物质在反应过程 2 h 被完全去除，氨氮在反应过程 5 h 被完全去除。

龚逸等借助电化学可以在高含盐量的渗滤液浓缩液中显现出氧化能力，实验表明：在初始 pH 值为 6.0，电压为 10 V，极板间距为 2.0 cm 时，COD_{Cr}、TN、TP 的浓度可以分别从 4.16×10^3 mg/L、280 mg/L 和 8.1 mg/L 降解至 1.28×10^3 mg/L、85 mg/L 和 1.9 mg/L，同时其中的例如类胡敏酸大分子物质被转化为易分解、有机物缩合程度和腐殖化程度低的小分子物质。

（2）微电解技术

我国从 20 世纪 80 年代起开展铁碳微电解领域的研究，发展非常迅速，现已经成为目前研究最多、也较为成熟的化学还原工艺，同时，学者们也将研究视角扩展到了铝、铜等其他金属。铁碳微电解的基本原理是：利用铁碳颗粒之间的电位差，在电解质溶液中接触浸泡形成众多原电池。在这些原电池中，铁的电位低，为阳极；碳的电位高，为阴极；并在电解质中溶解形成电场。水中带电的污染物分子在电场力的作用下会向相反电荷的电极移动，并吸附在电极表面上，发生氧化还原反应而得以去除，同时生成的中间产物也能与溶液中的污染物反应，通过吸附、絮凝混凝等作用，使污染物得到进一步去除，主要反应如下：

阳极：$\quad\quad\quad\quad\quad Fe-2e^- \longrightarrow Fe^{2+}\quad\quad E^0(Fe^{2+}/Fe)=-0.44V$ $\quad\quad$ (6-24)

阴极：$\quad\quad$ 酸性条件 $2H^++2e^- \longrightarrow 2[H] \longrightarrow H_2\uparrow \quad\quad E^0(H^+/H_2)=0.00V$ $\quad\quad$ (6-25)

酸性充氧条件 $\quad\quad O_2+4H^++4e^- \longrightarrow 2H_2O \quad E^0(O_2/H_2O)=1.23V$ $\quad\quad$ (6-26)

中性条件 $\quad\quad\quad O_2+2H_2O+4e^- \longrightarrow 4OH^- \quad\quad E^0(O_2/OH^-)=0.41V$ $\quad\quad$ (6-27)

除此之外，微电解技术对水中污染物的去除机理还有以下几种作用。

1）电场作用

在废水中的胶体物质和悬浮的微细有机颗粒污染物质一般都带有电荷，在微电场力的作用下形成电泳，会向相反电荷的电极方向移动，并吸附在电极上发生氧化还原反应而得以降解。

2）还原作用

由于铁具有很强的活泼性和还原能力，可以将金属活动顺序表中排在它后面的金属从盐溶液中置换出来，其他氧化性较强的离子或化合物也能被其还原。在偏酸性条件下，阴极上的 H^+ 被还原成的 [H] 具有很强的还原性，能与许多污染物质发生氧化还原反应，使大分子有机物分解成小分子有机物，使显色物质的发色结构被破坏而得以脱色，提高废水的可生化性。

铁的还原：$\quad\quad\quad\quad\quad\quad Fe+2H^+ \longrightarrow Fe^{2+}+H_2$ $\quad\quad$ (6-28)

有氧条件：$\quad\quad\quad\quad\quad\quad Fe^{2+}-e^- \longrightarrow Fe^{3+}$ $\quad\quad$ (6-29)

酸性条件：$\quad\quad\quad\quad\quad Fe+2H^+ \longrightarrow Fe^{2+}+2[H]$ $\quad\quad$ (6-30)

3）氧化作用

该过程生成的羟基自由基的氧化性很强，且无选择性，能使大部分有机物彻底氧化分解。

$$4Fe^{2+}+O_2+4H^+ \longrightarrow 4Fe^{3+}+2H_2O \quad\quad (6-31)$$

$$Fe^{2+}+H_2O_2 \longrightarrow Fe^{3+} + HO\cdot +OH^- \quad\quad (6-32)$$

4）混凝作用

铁离子是有效的絮凝剂。在酸性条件下，铁屑会被氧化成 Fe^{2+} 和 Fe^{3+}，当在有氧的条件下，将溶液 pH 调成碱性，会形成 $Fe(OH)_2$ 和 $Fe(OH)_3$ 絮凝体，具有较好的吸附和脱色效能，在反应过程中 Fe^{3+} 还可以形成其他铁盐，例如，$Fe(H_2O)_6^{3+}$、$Fe(OH)^{2+}$ 或 $Fe(OH)^+$，这些羟基铁离子具有很强的絮凝作用。铝盐也是很好的絮凝剂，而且在铝碳微电解法中，无论是酸性条件还是碱性条件，最终都会生成 $Al(OH)_3$，具有较好的絮凝作用，去除水中大部分悬浮物质。

电催化氧化技术有以下优势：a.工艺设备简单、投资成本低；b.具有增强吸附效率、杀菌消毒等作用；c.能量效率高；d.易于掌握反应速率、不受溶液变化的影响；e.无其他污染物产生，环境友好。

但是电催化氧化技术存在一定弊端，表现为：a.电流效率仍有待提高；b.可用的电极材料缺乏、电极重复利用性差。

6.3.2.5 臭氧氧化技术

臭氧具有很出色的氧化能力，可以有效降解废水中的污染物，同时该技术在去除色度、臭味和杀毒杀菌等方面优势明显。臭氧氧化技术对废水中的有机物作用途径为两种：

① 臭氧氧化。环加成反应利用臭氧分子加成到不饱和键产生羧基和羰基化合物，亲核反应发生于臭氧分子中带负电荷的氧和具有得电子基团的碳，亲电反应发生于臭氧分子和具有含电子基团对位或邻位的碳；

② 产生·OH 氧化，其中电子转移反应是·OH 可以从有机物获得电子进行氧化作用，亲电加成反应是·OH 加成到芳香化合物或烯烃的双键上，脱氢反应是利用具有抢夺有机物取代基上的氢的·OH 基团，转变有机物为有机物自由基。

如表 6-2 所列，臭氧在纯水中产生羟基自由基的链反应存在两种机理，分别为是 SBH（Hoigne，Staehelin，Bader）机理和 GTF（Gordon，Tomiyasu，Fukutomi）机理，SBH 链反应引发机理为臭氧中的氧原子同氢氧根离子的电子相互传递，而 GTF 链反应引发机理为两个电子的传递过程，臭氧中的氧原子向氢氧根离子传递。

表 6-2 臭氧氧化技术链式反应方程式

SBH 机理	GTF 机理
$O_3 + OH^- \longrightarrow O_2^- \cdot + HO_2 \cdot$	$O_3 + OH^- \longrightarrow O_2 \cdot + HO_2^-$
$HO_2 \cdot \longrightarrow O_2^- \cdot + H^+$	$HO_2^- + O_3 \longrightarrow O_3^- \cdot + HO_2 \cdot$
$O_3 + O_2^- \cdot \longrightarrow O_3^- \cdot + O_2$	$HO_2 \cdot \longrightarrow O_2^- \cdot + H^+$
$O_3^- \cdot + H^+ \longrightarrow HO_3 \cdot$	$O_3 + O_2^- \cdot \longrightarrow O_3^- \cdot + O_2$
$HO_3 \cdot \longrightarrow \cdot OH + O_2$	$O_3^- \cdot + H_2O \longrightarrow \cdot OH + O_2 + OH^-$
$\cdot OH + O_3 \longrightarrow HO_4 \cdot$	$O_3^- \cdot + \cdot OH \longrightarrow O_3 + OH^-$
$HO_4 \cdot \longrightarrow HO_2 \cdot + O_2$	$\cdot OH + O_3 \longrightarrow HO_2 \cdot + O_2$
$HO_4 \cdot + HO_4 \cdot \longrightarrow H_2O_2 + 2O_3$	$\cdot OH + CO_3^{2-} \longrightarrow OH^- + CO_3^- \cdot$
$HO_4 \cdot + HO_3 \cdot \longrightarrow H_2O_2 + O_3 + O_2$	$CO_3^- \cdot + O_3 \longrightarrow CO_2 + O_2^- \cdot + O_2$
$HO_4 \cdot + HO_2 \cdot \longrightarrow H_2O + O_3 + O_2$	$HO_2 \cdot + H_2O \longrightarrow H_2O_2 + \cdot OH$

臭氧氧化技术具有以下优势：a.臭氧氧化能力强；b.臭氧的制备原料仅为电能和空气，操作容易控制；c.绿色友好型技术，无副产物生成；d.污染物的终结者，不会留下更多的浓缩液，降低后续压力。

　　陈炜鸣考察了臭氧体系对垃圾渗滤液浓缩液中难凝聚类有机物的去除效果,实验表明:当臭氧流速为 0.5 L/min,经过 30 min 的氧化降解,COD_{Cr}、色度和 UV_{254} 去除效能分别达到 41.3%、83.5%和 68.8%,且其中分子量 > 1.0×10^5 的有机物明显被去除,分子量 < 1000 的有机物大量增加。同时,研究了臭氧体系与微波-芬顿体系,其中两者对渗滤液浓缩液的可生化性均有显著的提高,其中微波-芬顿体系对有机物降解效果高于臭氧体系,但产生大量铁泥,臭氧体系和微波-芬顿体系的用电量分别为 124.2 kW·h/m³ 和 1287.4 kW·h/m³,可以看出臭氧体系的能耗远远低于类芬顿体系。李民等采用臭氧氧化技术降解腐殖化较高的渗滤液膜滤浓缩液,实验结果表明:在臭氧投加量为 1.67 g/h、温度为 27 ℃时,经过 90 min 的反应,其 COD_{Cr} 和色度去除效能分别为 37.6%和 58.0%,3D-EEM 结果表明,臭氧对浓缩液中的类富里酸物质存在降解有效性,经过臭氧氧化处理过后的渗滤液浓缩液分子量变小,趋于简单。

　　郑可等采用臭氧氧化技术处理渗滤液反渗透浓缩液并建立了其反应动力学模型,实验结果表明:初始 pH 值、臭氧投加量、反应温度以及初始的渗滤液浓缩液 COD_{Cr} 均为该反应体系的影响因素,在最佳的条件下,COD_{Cr} 去除率可以达到 67.6%,同时臭氧对浓缩液中有机物的降解动力学满足拟一级模型 (R^2=0.969～0.996)。

　　尽管臭氧氧化技术存在以下弊端,表现为:a.臭氧产生效率低;b.臭氧氧化选择性相对较强,自身的氧化效率不能使有机物得到彻底的矿化,·OH 产量有待进一步提高。但是臭氧具有的优质氧化能力、绿色无污染等被认为是应用前景有良好优势的高级氧化技术,并在污染物处理处置行业应用广泛。

第 7 章
渗滤液浓缩液臭氧氧化强化技术进展

近些年，针对臭氧氧化技术存在的局限性，学者们通过促进对臭氧的溶解、传质、利用来提高羟基自由基产量，进而对臭氧氧化单元模块进行改进。目前常用的以臭氧氧化为基础的高级氧化协同技术主要包括以下几种：催化臭氧氧化技术、紫外光协同臭氧耦合技术、超重力协同臭氧耦合技术、过氧化氢协同臭氧耦合技术以及电化学协同臭氧耦合技术等。

7.1　微纳米臭氧氧化技术

微纳米级气泡通常指直径位于几百纳米和 50 微米之间的气泡，主要采用剪切空气法、超声波法和加压减压法等。微纳米气泡的作用机制主要取决于其自身的性质，其相对于普通气泡有着突出的性能，如图 7-1 所示。

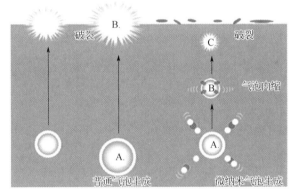

图 7-1　不同尺寸气泡在液体中的行为

利用曝气来处理污染水体是一项古老的技术，提高曝气效率、降低气泡直径从而增加气相在水体内的滞留时间是研究的主要方向之一。20 世纪 80 年代以后，以 OHR（original hydrodynamic reaction）方式生成微细气泡一度颇受瞩目，但其生成的气泡直径仍局限于毫米级。直到 90 年代中期，气泡生成技术才有所突破，气泡直径达到微米级，并有成型的商用设备问世，在地表水体污染修复、水产养殖、工业废水处理等领域有所应用。

现有的微纳米气泡发生技术，有溶气释气法、超声波法、化学反应法以及剪切空气法等，其中应用最为广泛的是剪切空气法和溶气释气法。剪切空气法的原理是利用高速搅拌、剪切等方式制造人工极端条件，把空气反复剪切破碎，与水体混合得以产生微纳米气泡。该方法的优势是：耗能低，气泡产率高，而且不会产生任何二次污染，但缺点是对发生设备的制造要求较高。溶气释气法主要是通过将气体和水混合后输入到压力装置中进行加压，使气体溶解在水中，然后通过释气装置将已溶解的气体释放出来，这样便产生微纳米气泡。该方法的优势在于：产生的微纳米气泡量多且稳定，耗能较剪切空气法也较低，但如何实现溶气释气速率的进一步提高是一项仍需探索改善的技术。

微气泡技术具有以下特性。

① 增强气泡停留时间：普通气泡随着压力的变化会发生汇聚作用，体积不断增大，很快上升到水面并破裂消失，因此在液相中的存在路径短。体积显著降低的微纳米气泡可在液相中无规则流动，在水中由产生到最终破裂消失会有几十秒钟甚至达到几分钟，上升速率相对缓慢，进一步增加了在溶液中的路径长度和停留时间。根据 Stokes 定则计算，尺径为 1 mm 的气泡上升速率为 6 m/min，而尺径为 100 nm 的气泡上升速率仅为 5 μm/min。

② 空化作用：气泡内部的压力和表面张力有关，气泡的直径越小，内部压力越大。而正是由于微米气泡的这种内部增压和比表面积大的优势，它的气体溶解能力是毫米级气泡的几百倍之多。因为溶解度与压力有很大关系，所以微米气泡内部压力增大到一定阈值时，会使界面达到过饱和状态，在将更多气泡内的气体溶解到水中的同时，自身也会慢慢溶解消失，在气泡涨破的瞬间造成一定范围的高温高压，积蓄的能量形成剧烈的冲击波和速率 > 400 km/h 的微射流，迸发出大量以羟基自由基为主的活性物质，具有较强的氧化效率，实现微纳米气泡空化过程的热效应、机械效应和氧化效应。

③ 界面电荷作用：微纳米气泡相对普通气泡带有更高的负电荷，尺径为 30 μm 的气泡表面电荷大约为 –40 mV，这也是微米气泡能大量聚集在一起时间较长而不破裂的原因之一，同时，微纳米气泡表面形成双电层，两层之间产生的界面电动势决定了微纳米级气泡具有较高的吸附能力，对去除水中悬浮物或污染物的吸附和分离起到很好的效果。

④ 提高与污染物接触面积：经计算，在一定的体积条件下气泡的表面积同气泡的直径呈反比例关系，具有较高比表面积的微纳米气泡提高了其与污染物之间的接触面积，从而有着更好的传质效率。

在曝气处理废水的过程中，氧的传质效率是影响废水处理效率的重要因素之一，与普通气泡相比，微纳米级气泡的臭氧在液体中具有更高的溶解效率和传质效率，将微纳米气泡作为臭氧的载体，由于微米气泡具有很大的比表面积，在水中能停留较长时间，加上自身的增压性，使得气液界面的传质效率能持续增强，可以使得微纳米气泡和臭氧共同迸发更多以羟基自由基为主的活性物质，进一步同废水中的污染物发生氧化分解反应。与微纳米气泡的空气或氧气相比，微纳米气泡臭氧具有更高的界面电动势，可以提高其吸附效能和气浮效率。

7.2 催化臭氧氧化技术

在臭氧反应体系添加催化剂，被认为是一种促进产生·OH 能力，高效提升有机物氧化能力的应用技术。

7.2.1 均相催化臭氧氧化技术

均相催化臭氧氧化技术借助具有 d 轨道特性的过渡金属离子，例如 Fe^{2+}、Mn^{2+}、Co^{2+}、Cu^{2+} 和 Zn^{2+} 等作为催化剂，能够促进臭氧的分解，强化·OH 的产生，进一步达到提高臭氧体系的氧化能力。如表 7-1 所列，其反应原理主要有以下 2 种：a. 过渡金属起到催化剂作用时，可直接推动臭氧的分解步骤，进一步提高·OH 的产量；b. 过渡金属离子可先同小分子污染物络合，臭氧进一步与有机络合物产生·OH，最终实现对大分子有机化合物的氧化降解。

表 7-1　均相催化臭氧氧化技术反应方程式

自由基理论	$Mn^{2+}+O_3+H^+ \longrightarrow Mn^{3+}+\cdot OH+O_2$	(1)
	$2Mn^{3+}+2H_2O \longrightarrow Mn^{2+}+MnO_2+4H^+$	(2)
络合物理论	$\equiv Cu(II)\,C_2O_4^{2-}+O_3 \longrightarrow \equiv Cu(III)\,C_2O_4^{2-}+O_3^-\cdot$	(3)
	$\equiv Cu(III)\,C_2O_4^{2-} \longrightarrow \equiv Cu(II)+C_2O_4^-\cdot$	(4)
	$C_2O_4^-\cdot+O_2 \longrightarrow 2CO_2+O_2^-\cdot$	(5)

王璐借助均相催化臭氧技术降解分散燃料废水，探究了不同催化剂（Mn^{2+}、Fe^{2+}、Co^{2+}、Ni^{2+}）的处理效能，实验结果表明：采用的 4 种催化剂离子对分散燃料废水的降解均有催化作用，在 pH 值为 7.0～8.0 的条件下，Fe^{2+} 和 Co^{2+} 的催化氧化能力强，其催化原理符合上述自由基理论。刘卫华等采用二价铁、二价锰以及二价铜作为催化剂催化臭氧降解生活垃圾渗滤液中的腐殖质类污染物，实验分析显示：相比较单一形式的臭氧氧化技术，可以明显提高 TOC 和 COD_{Cr} 的去除效率，碱性条件有利于催化臭氧氧化有机物，三种催化剂的作用效果为 $Cu^{2+}>Mn^{2+}>Fe^{2+}$。黄报远等借助自制微孔扩散结构的设备，采用 Fe^{2+} 催化氧化填埋场老龄渗滤液，实验结果表明：当臭氧流量为 8.9 mg/min，Fe^{2+} 投加量为 10 mg/L时，经过反应 90 min 后，渗滤液的 BOD_5/COD_{Cr} 值由初始的 0.17 明显提升至 0.35。

均相催化臭氧氧化技术在广泛应用上存在瓶颈，现阶段，非均相催化臭氧技术由于兼具强氧化能力和可重复利用催化剂等优势颇受研究人员的重视。

7.2.2　非均相催化臭氧氧化技术

非均相催化臭氧氧化技术是采用改性金属的多孔材料作为臭氧催化剂，原理是利用臭氧可以在金属氧化物表面羟基基团上产生吸附作用，进一步有利于臭氧向羟基自由基的转化效能，生成的自由基还可以在溶液中和催化剂表面进行一系列的链式反应产生更多的自由基活性物质。目前采用的多孔材料主要为活性炭、沸石及改性后的金属氧化物，将这些多孔材料直接应用于或负载更多活性成分，参与非均相催化臭氧反应，显著提高臭氧氧化速率，非均相臭氧氧化技术链式反应方程式如表 7-2 所列。

表 7-2　非均相催化臭氧氧化技术反应方程式

自由基理论	$\equiv Me-OH+O_3 \longrightarrow \equiv Me+O_2^-\cdot+HO_2\cdot$	(1)
	$O_2^-\cdot+O_3 \longrightarrow O_3^-\cdot+O_2$	(2)
	$O_3^-\cdot+H^+ \longrightarrow HO_3\cdot$	(3)
	$HO_3\cdot \longrightarrow \cdot OH+O_2$	(4)
氧空位理论	$Ni(II)Fe_2O_4-OH^-+O_3 \longrightarrow Ni(II)Fe_2O_4-OH^--O_3$	(5)
	$Ni(II)Fe_2O_4-OH^--O_3 \longrightarrow Ni(III)Fe_2O_4+HO_2^-\cdot+O_2^-\cdot$	(6)

氧空位理论	$O_3+HO_2^- \longrightarrow \cdot OH+O_2^-\cdot +O_2$	(7)
	$3e^-+4Ni^{3+}+O_2^-\cdot \longrightarrow 4Ni^{2+}+O_2$	(8)
	$O_2+4e^- \longrightarrow 2O^{2-}$	(9)
表面氧原子理论	$Pd^*+O_3 \longrightarrow Pd^*O+O_2$	(10)
	$Pd^*O+O_3 \longrightarrow Pd^*O_2+O_2$	(11)
	$Pd^*O_2 \longrightarrow Pd^*+O_2$	(12)
	$Ce^{IV}C_2O_4^{2-}+{}^*O+2H^+ \longrightarrow Ce^{IV}+2CO_2+H_2O$	(13)
络合物理论	$O_3+Cu(I) \longrightarrow O_3^-\cdot +Cu(II)$	(14)
	$\equiv Cu(II)C_2O_4^{2-}+O_3 \longrightarrow \equiv Cu(III)C_2O_4^{2-}+O_3^-\cdot$	(15)
	$\equiv Cu(III)C_2O_4^{2-} \longrightarrow \equiv Cu(II)+C_2O_4^-\cdot$	(16)
	$C_2O_4^-\cdot +O_2 \longrightarrow 2CO_2+O_2^-\cdot$	(17)
臭氧直接氧化理论	$H—X+OH^- \longrightarrow X^-+H_2O$	(18)
	$X^-+nO_3+H_2O \longrightarrow 产物+OH^-$	(19)

注：Me 指金属元素。

现阶段研究中主要有以下 5 种理论：

① 自由基理论：主要利用臭氧在特殊的催化剂表层产生以极具氧化能力的·OH［表 7-2 中式（1）～式（4）］。

② 氧空位理论：利用氧化物表面存在大量的晶格缺陷，对催化剂表面的臭氧分解途径有较大的影响，以 NiFe₂O₄ 催化臭氧为例，铁离子不是其中主要关键因子，Ni^{3+}/Ni^{2+} 和 O_2^-/O_2 之间的平衡转换可以促进·OH 的产生［式（5）～式（9）］。

③ 表面氧原子理论：中间转化活性物质的表面氧原子，具有较强的氧化能力［式（10）～式（13）］。

④ 络合物理论：在酸性条件下，金属氧化物催化剂同小分子酸类物质在表明络合，产生的络合有机物容易进一步与臭氧发生氧化还原反应［式（14）～式（17）］。

⑤ 臭氧直接氧化理论：臭氧自身具有较强的氧化能力，可以直接与有机污染物接触，进一步发生氧化降解［式（18）、式（19）］。

刘亚蓓选用多相催化臭氧技术氧化降解渗滤液浓缩液，分别考察了催化剂类型、催化剂投加量等对浓缩液 COD_{Cr} 去除效能，实验分析显示：金属氧化物负载型催化剂可显著提高臭氧单一体系的降解效率，催化剂颗粒大小同催化臭氧效能呈负相关关系。蒋宝军研究了催化剂协调臭氧处理垃圾渗滤液，实验结果得出：铜负载 γ-Al₂O₃ 催化剂对渗滤液 COD_{Cr} 去除效率最高，镍负载 γ-Al₂O₃ 催化剂对其氨氮去除效率最高。秦航道等探究了富里酸是渗滤液反渗透浓缩液的主要成分，占总 COD_{Cr} 的 45.3%，借助 Ce/AC 负载型催化剂协同臭氧对反渗透浓缩液中提取的富里酸进行去除研究，实验结果表明：对比臭氧单独反应，Ce/AC 负载型催化剂催化臭氧反应对反应物中的富里酸去除效能提高了 10.0%，TOC 去除效能提高 39.0% 以上，富里酸分子经过催化臭氧反应后向小分子有机物转化行为良好，出水分子量 < 1000 的占比为 64.0%。袁鹏飞制备了硅藻土负载纳米 Fe₃O₄ 多相臭氧催化剂，

探究其催化臭氧处理浓缩液的效能，浓缩液初始 pH 值为 7.0，臭氧体积流量为 1.0 L/min，催化剂投加量为 0.8 g/L，反应时间为 90 min 的条件下取得最佳处理效果，此时，出水的 COD_{Cr} 和 UV_{254} 去除率分别为 67.8%和 86.3%。动力学分析结果表明臭氧催化氧化降解浓缩液有机物的过程更符合拟二级反应动力学。催化剂的重复利用试验表明，催化剂在经过五次重复使用后，对浓缩液 COD_{Cr} 仍能保持 60%以上的去除率，通过自由基淬灭试验验证了硅藻土负载纳米 Fe_3O_4 能够催化臭氧产生羟基自由基（·OH），从而氧化降解浓缩液中的有机物。

不同的催化剂针对不同的有机物存在选择性，废水水质复杂，需要研究具有专项性的催化剂，同时催化剂的开发工艺复杂，成本较高，一定程度上限制了其工程化的应用。

7.3　基于臭氧氧化的协同耦合技术

7.3.1　超重力协同臭氧耦合技术

"超重力"在采用超重力场进行物质的吸收和蒸馏等分离工艺的研究中发现超重力环境可以大幅度提高气液相间的传质速率系数。其基本原理为借助离心力场的作用达到类似超重力模拟环境，技术关键主要为针对传质过程和微观条件下的混合状态的提升作用，可以应用于多相内微观混合强化的反应和混合过程。针对臭氧氧化技术，超重力作用可以增大臭氧气体与废水的接触面积，增大液体湍流程度，可以有效提高臭氧的传质效率。采用超重力工艺具有以下优点：a.占地小、质量轻；b.运转较容易、安全可靠灵活；c.一旦在某个行业示范成功后易于推广。

王永红采用旋转填料床制造超重力环境，当物料受到强烈的离心力作用时，分子间扩散和不同相界面的传质作为传质的两种途径可以得到显著的强化，废水受到填料的撕扯、破裂作用变成小体积的液丝或者液膜，与传统臭氧单独的反应器相比，高速旋转的填料使得臭氧与废水两相间界面更新速率加快，其传质得到了显著的提高，液相中不断提高的溶解臭氧浓度为诱发更多的活性自由基物质造就一定的理论基础。杨培珍采用旋转填料床为载体的超重力技术，以硝基苯作为一种典型难降解的模型污染物，实验表明：相较于传统的气液反应设备，该装置中的气液传质系数提升了 1～2 个数量级，进而加快废水中臭氧产生·OH 的速率。魏清借助超重力旋转床耦合臭氧氧化降解实际的焦化污水，均匀池和曝气后水样 COD_{Cr} 去除效能分别为 36.4%和 37.4%，而公司中焦化废水处理工艺在预处理阶段 COD_{Cr} 去除率为 30.0%左右，因此，超重力旋转床强化臭氧高级氧化可以有效应用于实际焦化废水中。

7.3.2　过氧化氢协同臭氧耦合技术

过氧化氢协同臭氧耦合技术是现阶段较为成熟的臭氧高级氧化技术，利用过氧化氢分解生成的 HO_2^- 作为促使臭氧进一步分解为羟基自由基的引发剂，使得该方法降解有机物速率是单独臭氧氧化的 2～200 倍，不仅充分利用反应物臭氧，同时节省了能耗。其链式反应机理如表 7-3 所列。

表 7-3 过氧化氢协同臭氧耦合技术反应方程式

$H_2O_2 \longrightarrow H^+ + HO_2^-$	(1)	$HO_3 \cdot \longrightarrow \cdot OH + O_2$	(6)
$O_3 + OH^- \longrightarrow HO_2 \cdot + O_2 \cdot$	(2)	$O_3 + \cdot OH \longrightarrow HO_2 \cdot + O_2$	(7)
$O_3 + HO_2^- \longrightarrow \cdot OH + O_2 + O_2^- \cdot$	(3)	$H_2O_2 + \cdot OH \longrightarrow HO_2 \cdot + H_2O$	(8)
$O_3 + O_2^- \cdot \longrightarrow O_3^- \cdot + O_2$	(4)	$HO_2^- + \cdot OH \longrightarrow HO_2 \cdot + OH^-$	(9)
$O_3^- \cdot + H^+ \longrightarrow HO_3 \cdot$	(5)		

陈炜鸣等采用过氧化氢协同臭氧预处理渗滤液浓缩液，实验表明：4 mL/L（30%浓度）的过氧化氢投加量可以显著提高臭氧对渗滤液浓缩液中污染物的去除，对比单独臭氧反应，COD_{Cr}、UV_{254} 和色度的去除效能分别提升了 11.0%、12.9% 和 10.7%。郑可等也采用了过氧化氢协同臭氧处理渗滤液浓缩液，实验表明：过氧化氢可以促进臭氧产生更多的 $\cdot OH$，可以大大提高臭氧的利用效率，从而对浓缩液的降解有较好的强化作用，在初始 pH 值为 8.0，臭氧和过氧化氢的投加量分别为 2.53 g/h 和 90 mmol/L，经过 0.5 h 的反应后，臭氧/过氧化氢体系中对浓缩液的腐殖酸物质和 COD_{Cr} 的去除效能相对于单独臭氧反应提高了 26.4% 和 40.8%。

然而，当过氧化氢浓度过高时，其对臭氧转化为羟基自由基存在一定的抑制作用，故控制一定的过氧化氢和臭氧的投加比例，对该工艺的高效运行有非常重要的影响。童少平等利用氯苯酚、硝基苯和乙酸三种对自由基链反应作用活性不同的有机物，探讨过氧化氢投加量的控制条件，实验表明：对于不同的有机物，过氧化氢投加量最终计算为臭氧单独处理过程水中的溶解臭氧浓度的 20～30 倍（质量比值），该研究成果对实际污水的污染物控制有一定的指导意义。

过氧化氢协同臭氧耦合技术尽管大幅度提高了臭氧氧化有机物的效率，但其仍然存在以下亟须解决的问题是过氧化氢为易制爆化学品，属于危险品，不易长时间保存，其在运输和储存方面均有较高风险，同时过氧化氢协同臭氧技术不适用于含盐量较高的废水。

7.3.3 紫外光协同臭氧耦合技术

紫外光协同臭氧耦合技术于 20 世纪 70 年代由 Houston 研究中心的科学家提出，直至 20 世纪 80 年代主要应用于饮用水领域，现在扩展到废水的应用中。其作用原理的链式反应如表 7-4 所列，当照射光波长小于 300 nm 时，臭氧分子可以向氧原子和氧气转化[式(1)]，具有一定活性强度的氧原子会和水反应生成具有氧化性能的过氧化氢，进一步分解为羟基自由基 [式（2）和式（3）]。

表 7-4 紫外光协同臭氧耦合技术反应方程式

$O_3 + h\nu \longrightarrow O_2 + O \cdot$	(1)	$HO_2 \cdot \longrightarrow H^+ + O_2^- \cdot$	(5)
$O \cdot + H_2O \longrightarrow H_2O_2$	(2)	$O_3 + O_2^- \cdot \longrightarrow O_3^- \cdot + O_2$	(6)
$H_2O_2 \longrightarrow 2 \cdot OH$	(3)	$O_3 + \cdot HO_2 \cdot \longrightarrow \cdot OH + 2O_2$	(7)
$O_3 + \cdot OH \longrightarrow HO_2 \cdot + O_2$	(4)		

胡兆吉等采用紫外协同臭氧耦合工艺针对生活垃圾填埋场二级出水渗滤液深度处理，实验结果表明：紫外协同臭氧技术对其 COD_{Cr}、氨氮和色度去除率分别为 80.6%、64.5% 和 91.7%，相比单独臭氧处理结果分别提高了 19.3%、17.8% 和 6.1%。童少平等利用紫外协同臭氧耦合降解技术，降解不同类型的有机物，例如硝基苯、乙醇酸和乙酸，实验结果证明：乙醇酸作为对可促进自由基链式反应的有机物，尽管有较弱的引发效应，乙醇酸也可以得到很好的降解；但乙酸作为具有抑制自由基激发反应性能的有机物，其能得到较好降解的前提是要引发足够多的羟基自由基。金晓玲等以水杨酸为·OH 的模型探针分子，实验表明：紫外/臭氧体系中，水杨酸的初始降解速率低于紫外/过氧化氢体系，但羟基化产物的降解时间明显短于紫外/过氧化氢体系，进一步说明了紫外/臭氧体系经过了先产生过氧化氢，再产生·OH 的过程。

7.3.4　电化学协同臭氧耦合技术

电化学同臭氧技术联用，是利用电化学与臭氧结合，电化学阴极可以将混杂在臭氧中 70.0%～80.0% 的氧气（采用氧气源臭氧发生器）原位产生过氧化氢，形成过氧化氢强化臭氧产生更多的·OH（见表 7-5）。

表 7-5　电化学协同臭氧耦合技术反应方程式

$O_2 + 2H^+ + 2e^- \longrightarrow H_2O_2$	(1)
$2O_3 + H_2O_2 \longrightarrow 2 \cdot OH + 3O_2$	(2)

曹海欧采用电化学联合臭氧技术处理阿莫西林废水，·OH 的产量和臭氧的利用率均得到了提高。李兆欣采用电化学协同臭氧处理垃圾渗滤液，将电化学原位产 H_2O_2 协同臭氧氧化技术与电化学芬顿技术和传统过氧化氢协同臭氧技术进行了对比，突出了其优越性，可以将其应用于难降解有机污染物的去除过程。

渗滤液浓缩液富含无机阴离子，例如：氯离子，其在臭氧处理过程中容易消耗氧活性物质，采用电化学技术可以将氯离子在阳极板处转化为氯活性物质。故针对难降解、水质复杂、盐分含量高的废水处理，采用电化学协同臭氧耦合技术可能是一种高效新型的水处理技术，发展前景良好。

第 8 章
微纳米臭氧降解
浓缩液有机物效能

△ 臭氧影响条件优化
△ 有机物转化过程特性
△ 活性物质作用效能分析

　　渗滤液浓缩液成分复杂，针对富含分子量较大的类腐殖质有机物，本章拟采用臭氧高级氧化技术对老港填埋场渗滤液纳滤浓缩液进行深度处理。采用微纳米气泡协同 O_3 体系，阐明气泡尺寸、臭氧投加量、初始 pH 值以及反应时间等关键因素对浓缩液有机物降解影响；以 UV/vis、3D-EEM、腐殖酸含量和分子量分布等技术，从有机物不同组分特征和分子量特征等方面揭示渗滤液浓缩液中溶解性有机物的去除转化机制；深入讨论了该体系中臭氧的直接和间接氧化以及各因素条件下自由基的作用机理。

8.1　臭氧影响条件优化

8.1.1　气泡尺寸影响

　　臭氧气泡尺寸是影响臭氧氧化过程和臭氧利用效率的重要因素，故在温度为 25 ℃，浓缩液初始 pH 值为 8.3，臭氧投加浓度为 80 mg/L 和流量为 1 L/min，经过 75 min 的反应的条件下，考察了微纳米气泡（micro-bubble，曝气头孔径 0.22～50 μm）、中尺寸气泡（medium-bubble，曝气头孔径 100～500 μm）和大尺寸气泡（large-bubble，曝气头孔径 500～1000 μm）对臭氧氧化降解浓缩液中有机物的影响。

　　如图 8-1 所示，微纳米气泡臭氧对浓缩液中有机物的降解相对中、大尺寸气泡有明显的提高。在 75 min 臭氧处理后，浓缩液 COD_{Cr} 去除率分别为 62.7%、26.7%和 29.3%，TOC 的去除效能可达到 54.2%、20.3%和 19.5%。

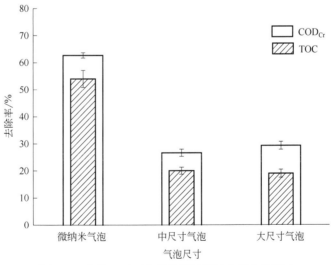

图 8-1　气泡尺寸对臭氧降解浓缩液有机物的影响

　　在微纳米气泡臭氧体系中有机物易被降解，中尺寸和大尺寸气泡对臭氧氧化系统的影响不明显，可能是在微纳米气泡和中尺寸气泡之间存在一个临界气泡大小值。根据 Young-Laplace 方程如式（8-1）所示：

$$\Delta P = 4\gamma/d \tag{8-1}$$

式中　γ——表面张力；

　　d——气泡尺寸；

　　ΔP——气泡内部产生的压力。

气泡内部压力受到气泡尺寸的影响，本研究中的三个尺寸气泡系统中，微纳米气泡的内部压力高于其他两个系统，高压下的微纳米气泡更容易快速破裂溶解，从而在浓缩液中有更高的溶解臭氧，增强了与其中有机物的接触面积和接触时间。同时臭氧经过孔径较小的曝气头会产生大量高压气泡，在破裂瞬间容易转化更多高效的·OH。

8.1.2　臭氧投加量影响

臭氧投加量是影响臭氧氧化过程的重要因素，也直接关系到臭氧所需要的成本，为了合理利用臭氧，故在室温（25 ℃），初始 pH 值为 8.3，微纳米曝气头，经过 75 min 的反应条件下，探究了臭氧投加量（0.9 g/L、1.8 g/L、2.4 g/L、3.0 g/L 和 3.8 g/L）对微纳米 O_3 降解浓缩液中有机物的影响。

如图 8-2 所示，当臭氧投加量由 0.9 g/L 增加到 3.8 g/L 时，浓缩液中 COD_{Cr} 去除率从 22.6% 提高到 66.2%，相应的 TOC/COD_{Cr} 值分别为 0.43、0.44、0.51、0.55 和 0.52，说明经过臭氧化的浓缩液的可生化性随着臭氧投加量的增加而提高。臭氧投加量的提高使得溶解在浓缩液中的臭氧浓度也增加，进一步提高了臭氧和浓缩液中的污染物质的有效接触，同时臭氧浓度的增大促进了其自分解速率，有利于·OH 的生成，臭氧投加量的增加同时促进了臭氧的直接氧化过程和间接氧化过程。但当臭氧投加量由 2.4 g/L 增加到 3.8 g/L 的过程中，浓缩液的 COD_{Cr} 去除效能较平缓，原因可能是溶解于浓缩液中的臭氧分子可能达到了一定的饱和状态，持续地增加臭氧投加量并不能大幅度地增加浓缩液中溶解臭氧的浓度，因此对其中的·OH 的生成不能有进一步的促进作用。

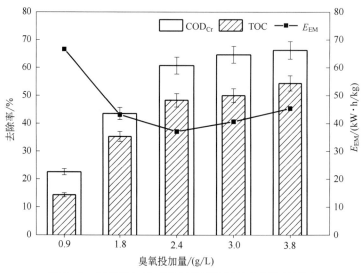

图 8-2　臭氧投加量对臭氧降解浓缩液有机物的影响

在臭氧投加量的选择上，能量利用是不可忽略的考量标准。每去除单位质量（1 kg）

有机物所用的电能为能量效率（E_{EM}），根据 Malpass 计算方程式（8-2）所示：

$$E_{EM}=1000Pt/(C_i-C_f)V \tag{8-2}$$

式中　P——电功率；

　　　t——反应时间；

　C_i、C_f——最初和最终 COD_{Cr} 浓度；

　　　V——浓缩液体积。

当臭氧投加量分别为 2.4 g/L 和 3.8 g/L 时，其能量效率分别为 37 kW·h/(kg COD_{Cr})和 45 kW·h/(kg COD_{Cr})，综合 COD_{Cr} 去除效率和能量利用效率，臭氧最佳的投加量为 2.4 g/L。

8.1.3　初始 pH 值影响

初始 pH 值会直接影响臭氧在浓缩液中自分解反应，进一步影响臭氧和有机物之间的直接氧化和间接氧化，故在室温为 25 ℃，臭氧投加浓度为 80 mg/L，流量为 1 L/min，反应时间为 75 min，微纳米曝气头的条件下，考察了初始 pH 值（4.0～13.0）对微纳米 O_3 降解浓缩液中有机物的影响。

如图 8-3 所示，在初始 pH 值为 9.0 时，微纳米气泡臭氧氧化浓缩液达到了最高的 COD_{Cr} 和 TOC 去除效率，分别为 67.0% 和 56.7%。结果表明，pH 值在臭氧化过程中是非常重要的因素之一。

在 pH 值小于 7.0 时，臭氧分子同有机物的直接氧化是该反应体系中的主导反应，臭氧分子可以直接对污染物进行亲电子攻击。当反应条件 pH 值为 7.0～9.0 时，COD_{Cr} 的去除率增加到 67.0%，碱性条件有利于对臭氧的诱导分解，产生间接氧化因子（·OH），同时·OH（2.8 V）的氧化电位比臭氧本身（2.07 V）高。然而，在较高 pH 值（pH>9.0）的条件下，浓缩液中 COD_{Cr} 的去除率变低，可能是由于过剩的·OH 相互之间的泯灭作用。通过计算 TOC/COD_{Cr} 的比值，可以得知臭氧在酸性条件下可以氧化一些容易降解的物质，而在碱性条件下，·OH 有针对性地降解顽固性有机物。

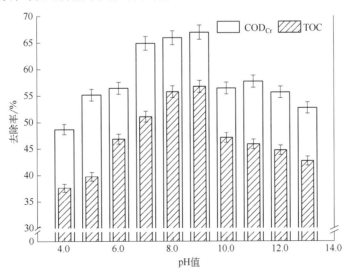

图 8-3　初始 pH 值对臭氧降解浓缩液有机物的影响

8.1.4 反应时间影响

在室温为 25 ℃，臭氧投加浓度为 80 mg/L，流量为 1 L/min，pH 值为 9.0 时，微纳米曝气头的条件下，考察了反应时间对臭氧降解浓缩液中有机物的影响。臭氧降解浓缩液中 COD_{Cr} 和 TOC 随反应时间的变化如图 8-4 所示。

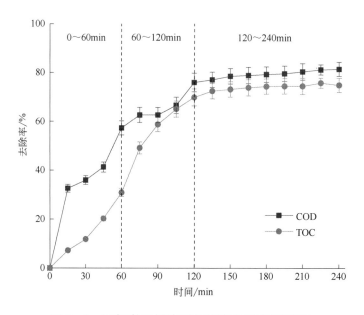

图 8-4 反应时间对臭氧降解浓缩液有机物的影响

在 0～60 min 反应阶段，COD_{Cr} 和 TOC 的去除效能可达到 57.3%和 30.8%，在 60～120 min 反应阶段，COD_{Cr} 去除率由 57.3%提高至 76.0%，TOC 的去除率由 30.8%提高至 69.9%。可以看出，臭氧在最初的反应阶段倾向于对具有还原性能的无机物的氧化，例如 Cl^-、S^{2-} 等，由于渗滤液浓缩液中的有机物主要是难降解的大分子有机物，在反应初期可能会转化为中等分子量的有机物，所以在臭氧过程应该给予相对较长的反应时间，进一步将有机物降解为小分子酸或二氧化碳。

平均氧化态（mean oxidation state，MOS）代表臭氧过程中化学结构中有机物的变化，可以通过式（8-3）所示计算。一些有机物和对应的 MOS 值如表 8-1 所列。

$$MOS=4(TOC-COD_{Cr})/TOC \tag{8-3}$$

表 8-1 一些有机物和对应的 MOS 值

有机物	MOS 值	有机物	MOS 值
甲醛	0	草酸	3
马来酸	1	尿素	4
甲酸	2		

渗滤液浓缩液的初始平均氧化态为-2.73，MOS 值为负数表示渗滤液浓缩液中含有高浓度的多环有机物，例如腐殖酸类物质。经过微纳米 O_3 氧化 60 min 和 120 min 后的平均氧化态变为 1.21 和 2.36，说明渗滤液浓缩液的有机物在微纳米 O_3 氧化过程中发生明显的改变，与文献中的结果相吻合。

当臭氧反应时间从 120 min 延长至 240 min 时，COD_{Cr} 和 TOC 的去除率仅仅增加了 5.5% 和 5.0%，故反应后期造成了大量的臭氧浪费，在后续的处理中，选择 120 min 的微纳米 O_3 氧化过程作为最佳的反应时间。

8.2　有机物转化过程特性

为了探究微纳米 O_3 降解渗滤液浓缩液中溶解性有机物的特征变化，分别采用紫外可见光谱、三维荧光光谱、腐殖酸定量分析以及分子量分析等手段，探究在微纳米气泡臭氧投加浓度为 80 mg/L，臭氧流量为 1 L/min，初始 pH 值为 9.0 的条件下，经过 120 min 的反应，其中溶解性有机物的特征变化。

8.2.1　不同组分特征变化

采用紫外可见光谱仪，通过全光谱扫描，将不同波长下吸光度的变化作为衡量水中有机污染物的综合评价指标，其在微纳米气泡臭氧反应过程中随时间变化如图 8-5 所示（另见书后彩图）。

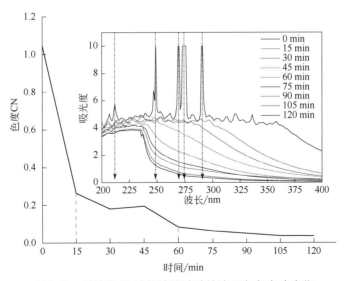

图 8-5　微纳米 O_3 降解渗滤液浓缩液吸光度/色度变化

以波长 λ=250 nm 为边界点，可以看出微纳米 O_3 对渗滤液浓缩液富含的波长 λ > 250 nm 的有机物有更高效的降解效果，主要为分子量较大的有机物。在反应前 15 min 时，位于 205～210 nm、240～250 nm、270～275 nm 和 290～295 nm 波长下的峰明显降低，可能是渗滤液浓缩液中芳香族化合物（254 nm）、不饱和化合物（240～250 nm、280～290 nm）

和烯烃类物质（200～210 nm）被降解。

利用不同波长下的吸光度（$A_{620\,nm}$、$A_{525\,nm}$和$A_{436\,nm}$）可以计算色度（colour number，CN），计算如公式（8-4）所示。

$$CN = (A_{620\,nm}^2 + A_{525\,nm}^2 + A_{436\,nm}^2) / (A_{620\,nm} + A_{525\,nm} + A_{436\,nm}) \qquad (8-4)$$

如图 8-5 所示，微纳米 O_3 对渗滤液浓缩液的色度去除明显，在反应初期 0～15 min，CN 值快速下降，去除率可达 75.2%，说明在臭氧降解有机物前期，优先破坏带有颜色基团的有机物。15～60 min 的反应阶段中，CN 值下降相对较慢，结合全光谱扫描，说明前期渗滤液浓缩液中的有色芳香族和烯烃化合物与臭氧反应迅速。经过 120 min 的微纳米 O_3 氧化过程，渗滤液浓缩液的 CN 去除率达到 96.0%，可以看出基于臭氧的化学氧化反应对带有颜色基团的有机物有较高的去除效率，有研究表明采用臭氧氧化猪粪废水，其色度去除率可达到 89.0%。

采用三维荧光光谱，探究微纳米 O_3 对渗滤液浓缩液处理前后有机物种类的变化规律，如图 8-6 所示（书后另见彩图）。

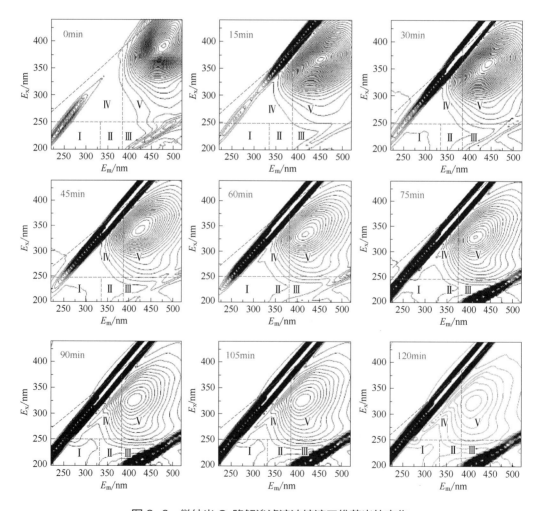

图 8-6　微纳米 O_3 降解渗滤液浓缩液三维荧光的变化

　　渗滤液浓缩液中主要存在的峰 P_1（E_m/E_x 为 475nm/390nm）位于区域 V，被认为是类胡敏酸物质，在微纳米 O_3 氧化过程中，可以看到峰 P_1 明显发生蓝移现象，其峰位置 E_m/E_x 在微纳米 O_3 处理的 120 min 变为 410nm/325nm，可以推断出微纳米 O_3 氧化可以降解渗滤液浓缩液中的芳香族长链有机物，其中有机物的链式结构、官能团均存在显著的变化，同时类腐殖质有机物结构的复杂程度也随之降低。同时经过微纳米 O_3 氧化后，P_1 峰值明显发生降低，可以看出其中不仅仅发生了有机物的转化，同时还有有机物的降解去除，与前文探讨的 TOC 去除、不同波长下吸光度的变化的趋势是一致的。

　　为了进一步考察微纳米 O_3 对渗滤液浓缩液中腐殖酸类物质的去除，反应前后类胡敏酸含量、类富里酸含量和亲水性有机物含量分布如图 8-7 所示。渗滤液浓缩液原液中类富里酸占溶解性有机物的 49.6%，类胡敏酸占比为 24.1%，亲水性有机物占比为 26.3%，经过 120 min 微纳米 O_3 氧化处理，有 50% 的腐殖酸物质（类胡敏酸和类富里酸）转化为亲水性有机物，测得反应前后的 UV_{254} 分别为 5.10 和 1.02，与上述实验结果相符，可以看出微纳米 O_3 氧化渗滤液浓缩液确实降低了其中有机物的腐殖化程度。

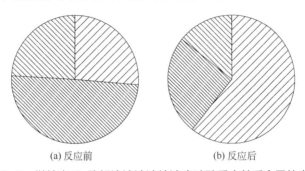

| (a) 反应前 | (b) 反应后 |

图 8-7　微纳米 O_3 降解渗滤液浓缩液腐殖酸反应前后含量的变化

HyI；　　FA；　　HA

8.2.2　分子量特征变化

　　微纳米 O_3 反应 120 min 的过程中，分子量特征分布如图 8-8 所示。渗滤液浓缩液中分子量为 > 10000、5000～10000 和 2000～5000 的溶解性有机物占比分别为 29.0%、28.0% 和 43.0%。

　　在微纳米 O_3 氧化渗滤液浓缩液中，当反应时间为 45 min 时，分子量 < 2000 的有机物占比由 0 增长至 14.0%，分子量 > 10000 的有机物由初始的 29.0% 降低至 17.0%。说明臭氧反应在至少 45 min 时，难降解大分子物质到小分子有机物有较好的转化行为。根据上文中三维荧光数据，在反应初期 45 min 时，峰 P_1 位置（E_m/E_x）由 475nm/390nm 蓝移至 420nm/340nm，同时出现分子量 < 2000 的有机物，说明一些含羰基和羧基的亲水性有机物 [E_m/E_x 为（400～450nm）/（320～360nm）] 在该反应阶段大量生成。

　　在 45～120 min 反应阶段，分子量 < 2000 的有机物占比大幅度上升，由 14.0% 增长至最终的 64.0%，分子量 > 10000 的有机物由 17.0% 降低至 5.0%，说明具有大分子量的有机物在长时间的微纳米 O_3 氧化过程中向具有小分子量的有机物进行转变。

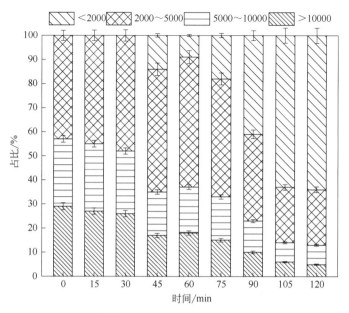

图 8-8　微纳米 O_3 降解渗滤液浓缩液分子量分布

8.3　活性物质作用效能分析

8.3.1　气含率

在一定的气体流量条件下，气含率反映了气泡在液体中的停留时长，其受到曝气气泡尺寸的影响，气含率越大，说明气泡在液体中界面混合越充分，传质能力越强。气含率利用体积膨胀原理，利用式（8-5）计算：

$$\varepsilon=(1-V_0/V)\times100\%=(1-H_0/H)\times100\% \tag{8-5}$$

式中　ε——气含率；

V_0——曝气前液体的有效体积，L；

V——曝气后液体的有效体积，L；

H_0——曝气前液体的有效高度，cm；

H——曝气后液体的有效高度，cm。反应器的水平截面积保持不变，则体积之比可直接利用高度之比计算。

图 8-9 探究了微纳米气泡（曝气头孔径 0.22～50 μm）、中尺寸气泡（曝气头孔径 100～500 μm）和大尺寸气泡（曝气头孔径 500～1000 μm）臭氧对蒸馏水中气含率的影响。采用微纳米 O_3 曝气时，气含率可分为快速增长期和缓慢增长期，在反应的前 15 min，溶液中的气含率快速提高，达到了 11.3%，在 15～75 min 阶段，气含率提高至 14.6%。中尺寸气泡 O_3 和大尺寸气泡 O_3 在反应前 15 min 阶段气含率分别为 4.2% 和 2.0%，在 15～75 min 阶段，气含率分别提高至 5.5% 和 2.2%，可以看出微纳米 O_3 曝气气含率明显高于其他两尺寸气泡，分别为它们的 2.7 倍和 6.7 倍，说明微纳米气泡促进了臭氧在液相中的溶解度，有效

提高了臭氧的作用时间，有效增加了与反应物的接触时间。

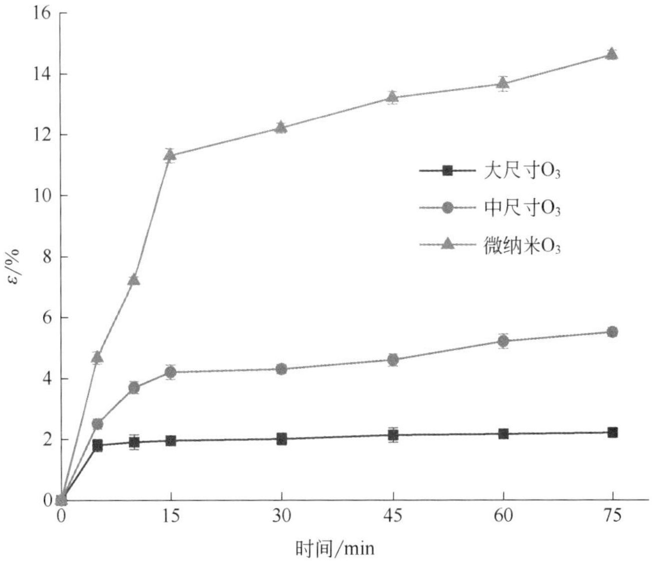

图 8-9　气泡尺寸对臭氧去离子水中气含率的影响

利用斯托克斯（Stokes）定律，气泡在液体中的停留时长取决于其在反应器中的上升快慢，采用该定律可以估计气泡在液体中的上升快慢。

因此，假设微纳米气泡、中尺寸气泡和大尺寸气泡的臭氧粒径为 50 μm、500 μm 和 1000 μm 时，三种气泡在液相中的上升速率分别为 1.35 mm/s、135 mm/s 和 541 mm/s，反应器的有效高度为 400 mm，那么三种气泡在反应器中的停留时长分别为 296 s、3 s 和 0.74 s，微纳米气泡的停留时间明显大于后两者，因此可以解释不同的曝气头尺寸对液相中的气含率存在影响，进而影响液相中溶解臭氧浓度。

8.3.2　溶解臭氧浓度

采用以盐离子 NaCl、Na_2SO_4 和去离子水配制与渗滤液浓缩液电导率和氯离子浓度相同的模拟溶液，考察不同反应条件对液相中溶解臭氧浓度的影响。

8.3.2.1　气泡尺寸影响

在臭氧投加浓度为 80 mg/L，投加流速为 1 L/min，初始 pH 值为 5.0 的条件下，探究了气泡尺寸对臭氧氧化体系中液相溶解臭氧浓度的影响，如图 8-10 所示。

液相溶解臭氧浓度在臭氧反应体系中可分为快速增长期（0～15 min）、缓慢增长期（15～45 min）和平衡期（45～75 min）。在快速增长期阶段，微纳米气泡、中尺寸气泡和大尺寸气泡臭氧在液相中溶解浓度分别为 26.4 mg/L、9.9 mg/L 和 7.4 mg/L。在缓慢增长期阶段，三种气泡臭氧在液相中溶解浓度分别提升至 35.2 mg/L、15.7 mg/L 和 10.6 mg/L。最终达到平衡期，微纳米气泡臭氧在液相中的溶解浓度可分别达到其他两种气泡的 2.3 倍和

3.2 倍。实验结果表明，气泡尺寸对液相溶解臭氧浓度有较大影响，微纳米尺径可有效提高液相溶解浓度，进而提高臭氧利用效率。

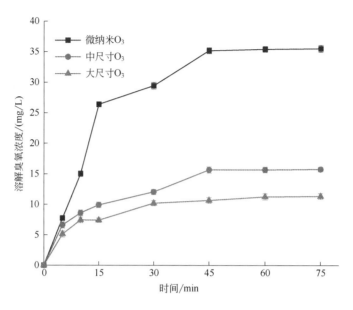

图 8-10　气泡尺寸对臭氧体系中溶解臭氧浓度的影响

8.3.2.2　臭氧投加量影响

在微纳米气泡曝气，初始 pH 值为 5.0 的条件下，探究臭氧投加量（0.9 g/L、1.8 g/L、2.4 g/L、3.0 g/L 和 3.8 g/L）对微纳米 O_3 氧化体系中液相溶解臭氧浓度的影响，如图 8-11 所示。

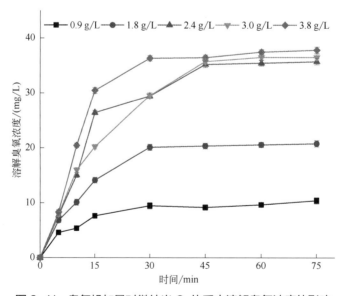

图 8-11　臭氧投加量对微纳米 O_3 体系中溶解臭氧浓度的影响

在快速增长期阶段（0～15 min），伴随臭氧投加量的提高，液相中的溶解臭氧浓度分别为 7.6 mg/L、14.1 mg/L、26.4 mg/L、20.2 mg/L 和 30.4 mg/L。在缓慢增长期阶段（15～45 min），液相臭氧溶解浓度分别 9.2 mg/L、20.3 mg/L、35.2 mg/L、35.7 mg/L 和 36.4 mg/L。达到平衡期后，发现当臭氧投加量由 0.9 g/L 增长至 2.4 g/L 时，溶解于液相中臭氧明显上升，臭氧投加量为 2.4 g/L 的液相溶解臭氧浓度分别为 0.9 g/L 和 1.8 g/L 中溶解臭氧浓度的 3.4 倍和 1.8 倍。当臭氧投加量持续增长为 3.0 g/L 和 3.8 g/L 时，液相中溶解臭氧浓度并没有发生显著提高，说明当臭氧投加量过量时，溶解于液相中的臭氧提高到饱和浓度，造成了大量臭氧的浪费，使得臭氧的利用效率下降。微纳米 O_3 体系降解渗滤液浓缩液中有机物时，当臭氧投加量由 2.4 g/L 增加到 3.8 g/L 的过程中，浓缩液的 COD_{Cr} 去除效能较平缓，其能量效率分别为 37 kW·h/(kg COD_{Cr}) 和 45 kW·h/(kg COD_{Cr})，可以说明当臭氧投加量过大时，造成了大量臭氧的浪费，能量利用效率下降。

8.3.2.3　初始 pH 值影响

在微纳米气泡曝气，臭氧投加浓度为 80 mg/L，投加流速为 1 L/min 的条件下，探究了初始 pH 值（5.0、7.0、9.0 和 11.0）对臭氧氧化体系中液相溶解臭氧浓度的影响，如图 8-12 所示。

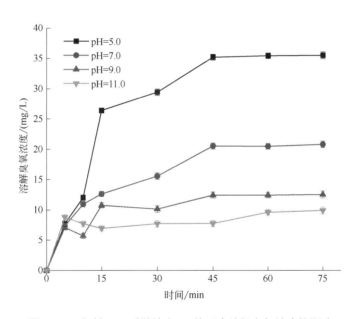

图 8-12　初始 pH 对微纳米 O_3 体系中溶解臭氧浓度的影响

在快速增长期（0～15 min），随着初始 pH 值的增大，液相臭氧溶解浓度分别为 26.4 mg/L、12.6 mg/L、10.8 mg/L 和 7.0 mg/L。在缓慢增长期（15～45 min），液相臭氧溶解浓度分别达到 35.2 mg/L、20.5 mg/L、12.4 mg/L 和 7.8 mg/L。达到平衡期后，发现初始 pH 值为 5.0 时，液相臭氧溶解浓度分别是其他初始 pH 值条件（7.0、9.0 和 11.0）的 1.7 倍、2.8 倍和 3.6 倍。实验表明，在酸性条件下有利于臭氧的稳定存在，提高臭氧氧化体系中臭氧的直接氧化能力，在 pH 值大于 7 时有利于臭氧向自由基的转化，臭氧的间接作用变为臭氧氧化体系中的主导。

8.3.3 羟基自由基

采用以盐离子 NaCl、Na$_2$SO$_4$ 和去离子水配制与渗滤液浓缩液电导率和氯离子浓度相同的模拟溶液，以对苯二甲酸为捕获剂的荧光光谱法定量测定不同影响条件下微纳米 O$_3$ 氧化体系中羟基自由基（·OH）的产量，由于·OH 的泯灭速度极快，捕捉的·OH 不能进行累积，认为其浓度为瞬时转化浓度。

8.3.3.1 气泡尺寸影响

在臭氧投加浓度为 80 mg/L，投加流速为 1 L/min，初始 pH 值为 9.0 的条件下，探究了气泡尺寸（微纳米气泡、中尺寸气泡和大尺寸气泡）对臭氧氧化体系中·OH 浓度的影响，如图 8-13 所示。

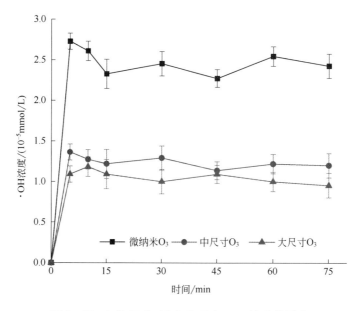

图 8-13　气泡尺寸对臭氧体系中·OH 浓度的影响

在微纳米气泡、中尺寸气泡和大尺寸气泡臭氧体系中，溶液中·OH 的平均浓度分别为 2.5×10^{-5} mmol/L、1.2×10^{-5} mmol/L 和 1.1×10^{-5} mmol/L，可以看出在相同臭氧投加量条件下，微纳米气泡产生的·OH 浓度分别是其他两种气泡的 1.9 倍和 2.3 倍，分析其原因：a. 微纳米气泡臭氧在液相中溶解浓度明显高于中、大尺寸气泡，高浓度溶解的臭氧容易被激发产生更多的·OH；b. 微纳米气泡存在的内部压强明显高于中、大尺寸气泡，高压下的微纳米气泡更容易快速破裂溶解，在气泡碎裂的短时间内会诱发更多高效的·OH。

8.3.3.2　臭氧投加量影响

在微纳米气泡曝气，初始 pH 值为 9.0 的条件下，探究臭氧投加量（0.9 g/L、1.8 g/L、2.4 g/L、3.0 g/L 和 3.8 g/L）对微纳米 O_3 氧化体系中·OH 浓度的影响，如图 8-14 所示。

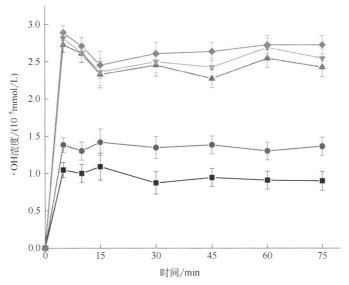

图 8-14　臭氧投加量对微纳米 O_3 氧化体系中·OH 浓度的影响

■— 0.9 g/L；●— 1.8 g/L；▲— 2.4 g/L；▼— 3.0 g/L；◆— 3.8 g/L

当臭氧投加量由 0.9 g/L 增长值 2.4 g/L 时，微纳米 O_3 氧化体系中，溶液中·OH 的平均浓度分别为 $1.0×10^{-5}$ mmol/L、$1.4×10^{-5}$ mmol/L 和 $2.5×10^{-5}$ mmol/L，可以看出，随着臭氧投加量的增加，溶液中产生的·OH 浓度也增加。但当臭氧投加量持续增值至 3.0 g/L 和 3.8 g/L 时，由于臭氧在溶液中饱和度的影响，过多的臭氧投加量不能增加其在溶液中的臭氧浓度，其·OH 浓度分别为 $2.6×10^{-5}$ mmol/L 和 $2.7×10^{-5}$ mmol/L，液相中臭氧浓度成为·OH 产生的限制条件。

8.3.3.3　初始 pH 值影响

在微纳米气泡曝气，臭氧投加浓度为 80 mg/L，投加流速为 1 L/min 的条件下，探究了初始 pH 值（5.0、7.0、9.0 和 11.0）对微纳米 O_3 氧化体系中·OH 浓度的影响，如图 8-15 所示。

当初始 pH 值由 5.0 增大到 9.0 时，微纳米 O_3 氧化体系中，溶液中·OH 的平均浓度分别为 $1.1×10^{-5}$ mmol/L、$1.5×10^{-5}$ mmol/L 和 $2.5×10^{-5}$ mmol/L，结合上述 pH 值对液相中溶解臭氧浓度的影响，可以得出在 pH 值大于 7 时有利于臭氧向·OH 的转化，促使自由基反应是该体系中的主导。但当持续增大 pH 值至 11.0 时，溶液中·OH 没有持续增长，反而有所下降，平均浓度为 $2.4×10^{-5}$ mmol/L，综合 pH 值为 11.0 的条件下，液相中溶解臭氧浓度较低，可能由于臭氧转化为·OH 后过多的·OH 产生了自身泯灭作用。

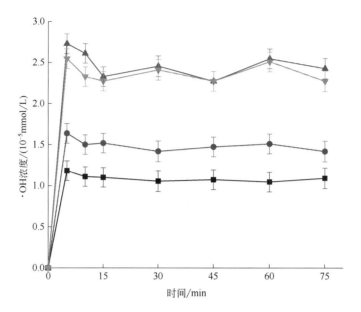

图 8-15 初始 pH 值对微纳米 O_3 氧化体系中·OH 浓度的影响

—■— pH=5.0；—●— pH=7.0；—▲— pH=9.0；—▼— pH=11.0

第9章
电化学协同微纳米
臭氧降解浓缩液
有机物效能

△ 耦合作用效能及影响因素
△ 有机物转化过程特性
△ 典型新型污染物去除效能
△ 活性物质作用效能分析

针对渗滤液浓缩液中大量含有的氯离子和微纳米 O_3 体系中夹杂着的氧气，构建了 E^+-微纳米 O_3 高级氧化体系降解渗滤液浓缩液有机物，探讨了电流密度、初始 pH 值、极板位置、通电模式等关键因素对其中有机物降解的影响；利用 UV/vis、3D-EEM 和 FT ICR-MS 等技术，从有机物不同组分特征、等效双键、氧化程度以及不同类别特征等方面揭示渗滤液浓缩液中溶解性有机物的转化机制；深入探讨 E^+-微纳米 O_3 高级氧化体系协同氧化机理以及各因素条件下自由基作用机理。

9.1 耦合作用效能及影响因素

电解预实验中采用超纯水配置的模拟盐溶液，根据不同的氯化钠浓度，采用硫酸钠调配电导率，使其与浓缩液的电导率相同，误差不超过±0.10 mS/cm。反应装置为装载着 10 cm× 10 cm 正方形电极板的反应器，极板间隔 5 cm，经过 120 min 的反应后，探究不同氯离子投加量和电流密度对活性氯（主要包括溶解性余氯、次氯酸以及次氯酸根）生成量的影响，预实验方案如表 9-1 所列。

表 9-1 活性氯预实验方案

编号	氯离子投加量/(g/L)	电流密度 /(mA/cm²)	编号	氯离子投加量/(g/L)	电流密度 /(mA/cm²)
1		10	9		10
2	1	20	10	3	20
3		30	11		30
4		40	12		40
5		10	13		10
6	2	20	14	4	20
7		30	15		30
8		40	16		40

如图 9-1 所示，当氯离子投加量由 1 g/L 提高至 3 g/L 时，活性氯的转化率逐渐增加，持续增长氯离子投加量至 4 g/L 时，活性氯转化率反而降低，以电流密度均为 30 mA/cm² 为例，不同氯离子投加量（1～4 g/L）条件下，活性氯转化率分别为 10.7%、32.0%、56.8% 和 22.5%。其原因为溶液中的氯离子浓度逐渐增加时，析氯电位逐渐降低，活性氯的产量增大，氯离子的阳极吸附能力提高，副反应竞争能力下降，使得活性氯转化率增加。但当氯离子持续增加时，氯离子达到饱和状态，不能在阳极持续吸附，过多的电解质会促进水的分解，从而使得更多的副反应成主导，导致电流效率降低。

随着电流密度由 10 mA/cm² 增大到 30 mA/cm² 时，活性氯转化率增长显著，当电流密度持续增大至 40 mA/cm²，活性氯转化率反而明显下降，以氯离子投加量均为 3 g/L 为例，不同电流密度（10～40 mA/cm²）条件下，活性氯转化率分别为 23.1%、26.6%、56.8%和 37.3%。其原因是随着电流密度的增加，氯离子更容易在阳极被氧化，但是过大的电流密度会使活性氯自身氧化淬灭，产生更高价态的含氯化合物。

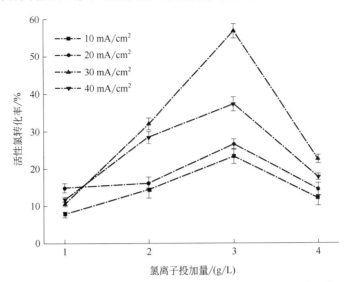

图 9-1　氯离子投加量和电流密度对电化学活性氯产生的影响

实验中采用的渗滤液浓缩液平均氯离子浓度为 3126 mg/L，可通过预实验预测其在电解过程可能存在较高的活性氯转化率，将在臭氧高级氧化中原本为负效应的氯离子转化为有氧化能力的活性氯，进而有效增加臭氧的利用效率。

微纳米 O_3、电化学以及 E^+-微纳米 O_3 氧化反应实验参数设计如表 9-2 所列，其协同效果如图 9-2 所示。

表 9-2　E^+-微纳米 O_3 反应实验参数

实验组	反应条件					
	臭氧浓度 /(mg/L)	初始 pH 值	极板间距 / cm	极板尺寸	极板材质	电流密度 /(mA/cm²)
微纳米 O_3	80	9	—	—	—	—
电化学	—	9	5	10 cm×10 cm	RuO_2/Ti	30
E^+-微纳米 O_3	80	9	5	10 cm×10 cm	RuO_2/Ti	30

在臭氧投加浓度为 80 mg/L、电流密度设置为 30 mA/cm²、初始 pH 值为 9.0、极板质地为 RuO_2/Ti、极板间隔为 5 cm、尺寸为 10 cm×10 cm 的条件下，E^+-微纳米 O_3 处理渗滤液浓缩液中 COD_{Cr} 去除率可达到 74.5%，臭氧单独处理以及电化学单独处理 COD_{Cr} 去除率分别为 58.8% 和 9.5%，该条件下三个反应体系中相对应的 TOC 去除率分别为 69.7%、62.5% 和 5.8%。

采用协同因子（enhancement factor，EF）计算电化学与臭氧的协同作用，如式（9-1）所示：

$$EF = k_{E\text{-}O_3}/(k_E + k_{O_3}) \tag{9-1}$$

式中　k_E、k_{O_3}、$k_{E\text{-}O_3}$——电化学、微纳米 O_3 和 E^+-微纳米 O_3 反应的拟一级动力学反应速率常数。

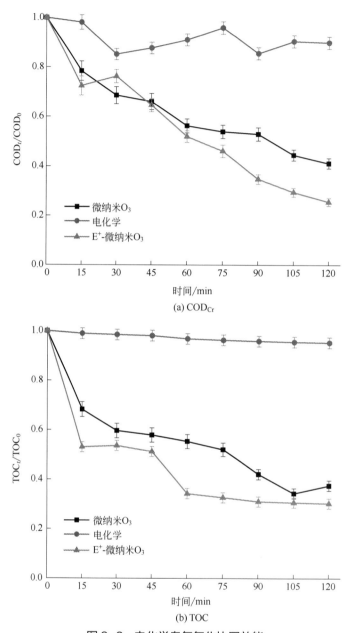

(a) COD_{Cr}

(b) TOC

图 9-2 电化学臭氧氧化协同效能

采用 COD_{Cr} 和 TOC 反应速率常数分别计算电化学和臭氧协同因子，$EF_{COD_{Cr}}$ 和 EF_{TOC} 分别为 1.36 和 1.13，可以看出电化学和微纳米 O_3 反应两者不是简单地叠加，而是有一定的协同作用。

9.1.1 初始 pH 值影响

在臭氧投加浓度为 80 mg/L、电流密度为 30 mA/cm²、极板质地为 RuO_2/Ti、极板间隔为 5 cm、尺寸为 10 cm × 10 cm 的条件下，探究了初始 pH 值为 3.0、5.0、7.0、9.0 和 11.0

时 E$^+$-微纳米 O$_3$氧化体系对渗滤液浓缩液 COD$_{Cr}$ 和 TOC 去除效果的影响，如图 9-3 所示。

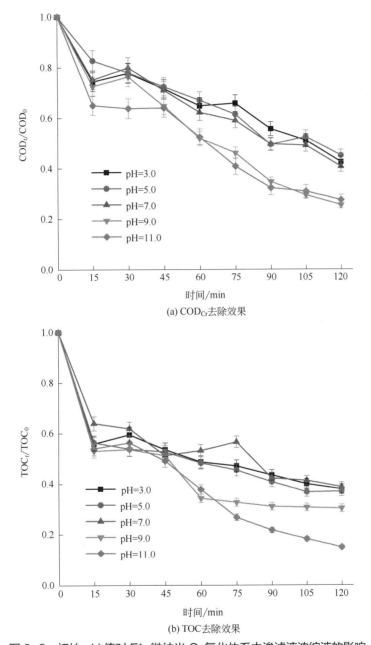

(a) COD$_{Cr}$去除效果

(b) TOC去除效果

图 9-3　初始 pH 值对 E$^+$-微纳米 O$_3$氧化体系中渗滤液浓缩液的影响

渗滤液浓缩液 COD$_{Cr}$ 在不同的 pH 值（3.0～11.0）条件下的去除效果为 57.6%、55.0%、59.1%、74.5%和 72.5%。TOC 在不同的 pH 值（3.0～11.0）条件下的去除率分别为 62.1%、63.0%、63.1%、69.7%和 85.1%。碱性条件有助于 E$^+$-微纳米 O$_3$氧化体系降解渗滤液浓缩液中的有机物，可能是由于臭氧在碱性条件下易生成更多的无选择性的·OH。另一个原因可能是 pH 值会影响活性氯的存在形式（HClO、ClO$^-$），ClO$^-$同·OH 生成 ClO·的速率为 $9.0×10^9$mol/(L·s)，而 HClO 同·OH 生成 ClO·的速率为 $2.0×10^9$mol/(L·s)，在 pH 值大于 7

时，氯活性物质更容易以 ClO⁻的形式为主，故更容易生成更多的 ClO· 。

9.1.2　电流密度影响

在臭氧投加浓度为 80 mg/L、初始 pH 值为 9.0、极板质地为 RuO_2/Ti、极板间隔为 5 cm、尺寸为 10 cm × 10 cm 的条件下，探究了电流密度分别为 10 mA/cm²、20 mA/cm²、30 mA/cm² 和 40 mA/cm² 时，E^+-微纳米 O_3 氧化体系对渗滤液浓缩液 COD_{Cr} 和 TOC 去除效果的影响，如图 9-4 所示。

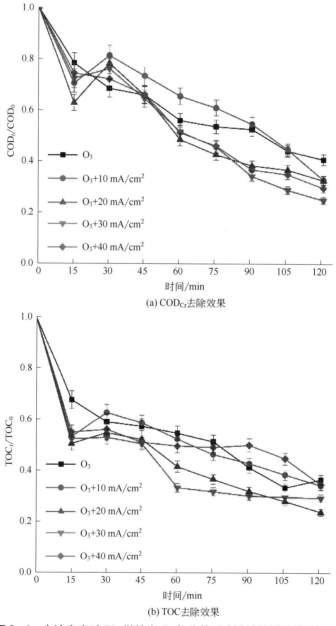

图 9-4　电流密度对 E^+-微纳米 O_3 氧化体系中渗滤液浓缩液的影响

当电流密度由 0 提高至 30 mA/cm^2，浓缩液 COD$_{Cr}$ 去除率增加明显。在电流密度为 30 mA/cm^2 时，COD$_{Cr}$ 去除率在反应 120 min 时可达到最大为 74.5%，当持续增大电流密度到 40 mA/cm^2 时，不能对 COD$_{Cr}$ 有进一步的增强作用，反而有所抑制。渗滤液浓缩液 TOC 的去除规律同 COD$_{Cr}$ 一致，当电流密度设置为 20 mA/cm^2 时，经过 120 min 的反应后 TOC 去除率可达到最大为 75.2%。综合考虑，研究后续采用的电流密度为 30 mA/cm^2。

9.1.3　极板位置影响

在臭氧投加浓度为 80 mg/L、电流密度为 30 mA/cm^2、极板质地为 RuO$_2$/Ti、极板尺寸为 10 cm×10 cm、初始 pH 值为 9.0 时，探究了极板间距为 3 cm、4 cm 和 5 cm，E$^+$-微纳米 O$_3$ 氧化体系对渗滤液浓缩液 COD$_{Cr}$ 和 TOC 去除效果的影响，如图 9-5 所示。

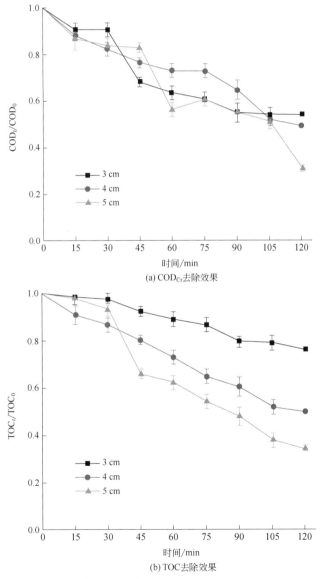

(a) COD$_{Cr}$去除效果

(b) TOC去除效果

图 9-5　极板间距对 E$^+$-微纳米 O$_3$氧化体系中渗滤液浓缩液的影响

渗滤液浓缩液 COD_{Cr} 和 TOC 均出现随着极板间距的增大去除率增大的现象。极板间距通过改变其中的电流强度和电压梯度，从而影响电解过程。理论极板间距减小有利于提高电流密度，进而提高带电离子的迁移速度，从而促进极板间的氧化反应。但在本实验的验证实验中均多次出现了极板间距增大，电化学的协同氧化作用更为明显的现象。可能是由于极板间距设置过小时，极板表面的钝化现象阻碍了电极反应的进行，电极附近溶液的传质反应速率下降，或者由于产生自由基的强氧化性中间产物来不及同污染物接触，很容易在另一极板上直接被还原。另一原因还可能是在极板间距设置过小时，溶液的温度会持续增长，中温条件下的溶液中臭氧的溶解度下降，导致其中臭氧以及间接反应生成的·OH浓度大幅度下降。

上述的 E^+-微纳米 O_3 氧化装置均为电极板处于圆筒臭氧反应器的上部 1/3 位置，为了探讨极板距离臭氧曝气头位置对该反应体系中渗滤液浓缩液有机物的降解影响，设置了两组实验，反应条件为：臭氧投加浓度为 80 mg/L，电流密度设置为 30 mA/cm²，极板质地为 RuO_2/Ti，极板间隔为 5 cm，尺寸为 10 cm×10 cm，初始 pH 值为 9.0，探究极板位置在圆筒臭氧反应器的上部 1/3 位置（图 9-6，上部）和下部 1/3 位置（图 9-6，下部）对渗滤液浓缩液有机物的降解影响，同时分别探究了取样口不同取样高度 [上（图 9-6，1 号）、中（图 9-6，2 号）、下（图 9-6，3 号）] 对渗滤液浓缩液中污染物的降解影响。

如图 9-6 所示，极板位于圆筒臭氧反应器的上部 1/3 位置的上中下取样高度的 COD_{Cr} 去除率为 68.0%±1.0%，极板位于圆筒臭氧反应器的下部 1/3 位置的上中下取样高度的 COD_{Cr} 去除率为 50.0%±5.0%，差距较大，而极板位置对 TOC 的去除率影响不大，去除率均为 52.0% ± 1.0%。对于相同的极板位置，不同高度取样的浓缩液渗滤液污染物去除率差异较大，中部取样口的位置 COD_{Cr} 去除率最高。

在 E^+-微纳米 O_3 氧化体系中，臭氧和氧气的混合气在电解过程中，除了可以利用多余

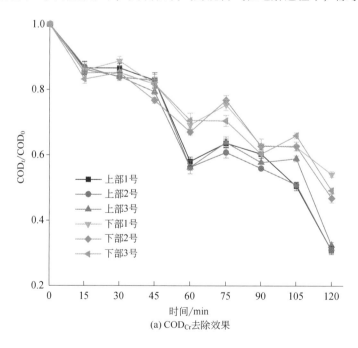

(a) COD_{Cr}去除效果

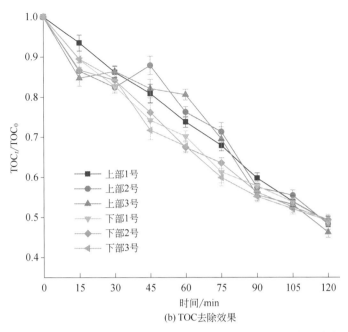

(b) TOC去除效果

图 9-6　极板位置和取样位置对 E^+-微纳米 O_3 氧化体系中渗滤液浓缩液的影响

的氧气在阴极上得电子，臭氧在一定条件下也会在阴极得电子、与氧气发生竞争行为，臭氧在阴极上得电子的优先级高于氧气。当极板位于圆筒臭氧反应器的下部 1/3 位置时，电极距离臭氧曝气头近，大量未与有机污染物反应的臭氧直接在电极附近得电子被还原，使得臭氧本身的氧化性降低，同时与氧气在阴离子得电子产生竞争，大量的氧气不能被充分利用，进而减少了·OH 的产生量。当极板位于圆筒臭氧反应器的上部 1/3 位置时，电极距离曝气头较远，在反应器下端主要为臭氧与污染物之间的直接氧化和臭氧转化的·OH 与有机物的间接氧化，当曝气混合气达到上部极板位置时，臭氧在从下至上的混合体系移动的过程中大部分被有机污染物消耗，此时气体主要为氧气，阴极板主要为氧气被还原为 H_2O_2。因此当极板位于圆筒臭氧反应器的上部 1/3 位置时，该体系对浓缩液中的污染物存在较好的降解效果。取样口位于中部时，对渗滤液浓缩液有机物去除效果更好，可能是由于下部分臭氧作用和上部分电极板产生的过氧化氢和活性氯等在圆筒臭氧反应器的中部混合共同作用。

9.1.4　通电模式影响

在 E^+-微纳米 O_3 氧化体系中，考虑电极上产生的过氧化氢或活性氯存在边界反应，可能会在没有被完全利用的情况下被还原成弱氧化性物质。故考虑间接通电对该体系对渗滤液浓缩液降解影响，设置 1 组空白实验、4 组对照实验。反应条件为：臭氧投加浓度为 80 mg/L，电流密度设置为 30 mA/cm²，极板质地为 RuO_2/Ti，极板间隔为 5 cm，尺寸为 10 cm × 10 cm，初始 pH 值为 9.0，空白实验为 120 min 的连续通电协同臭氧氧化，4 组对照组分别采用间接通电协同臭氧氧化，分别为每 5 min 间隔和每 10 min 间隔，1 号代表先通电，2 号代表后通电。不同的通电模式对 E^+-微纳米 O_3 氧化体系对渗滤液浓缩液 COD_{Cr}

和 TOC 去除效果的影响如图 9-7 所示。

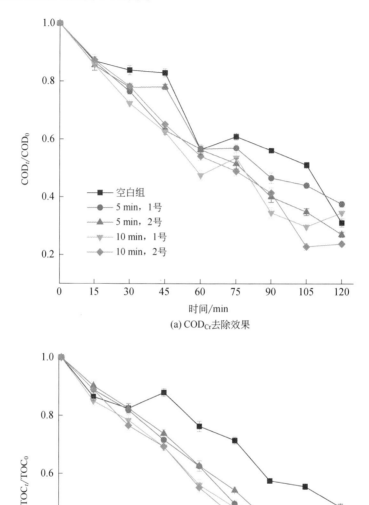

(a) COD$_{Cr}$去除效果

(b) TOC去除效果

图9-7　通电模式对 E$^+$-微纳米 O$_3$氧化体系中渗滤液浓缩液的影响

实验结果表明，改变通电模式相对于连续通电，电化学的用电量减少一半，但对臭氧协同处理渗滤液浓缩液的效果却明显高于空白实验。后通电模式均比前通电模式对渗滤液浓缩液污染物去除明显，可能是由于反应初期的 5 min 或 10 min 内臭氧对其中有机物具有高效去除能力，配合后通电协同阶段，更多的氧气进入电解区域产生过氧化氢，氯离子在电解过程中产生氯活性物质，从而增强了该反应体系的氧化效率。后通电模式下，不管是 5 min 间隔还是 10 min 间隔，COD_{Cr} 去除率相对较高，均超过 70%，10 min 后通电模式的 COD_{Cr} 去除率为 76.3%，大于 5 min 后通电模式。10 min 后通电模式 TOC 去除率为 77.6%，其他对照组均为 70.0% 左右。

9.2 有机物转化过程特性

9.2.1 不同组分特征变化

为了探究 E^+-微纳米 O_3 降解渗滤液浓缩液中溶解性有机物的特征变化，分别采用紫外可见光谱、三维荧光光谱和傅里叶变换离子回旋共振质谱等手段对其共同分析，探究在臭氧投加浓度为 80 mg/L、电流密度设置为 30 mA/cm², 初始 pH 值为 9.0、极板质地为 RuO_2/Ti、极板间隔为 5 cm、尺寸为 10 cm × 10 cm、经过 120 min 的反应过程中的溶解性有机物特征变化。

采用紫外可见光谱仪，在某个特殊的波长下，其吸光度可作为衡量水中有机污染物的综合评价指标。渗滤液浓缩液在微纳米 O_3 氧化、电化学氧化以及 E^+-微纳米 O_3 氧化前后的吸光度如表 9-3 所列。

表 9-3 渗滤液浓缩液反应前后的吸光度

样品	E_{254}	E_{280}	E_{250}/E_{365}	E_{300}/E_{400}	E_{240}/E_{420}
浓缩液原液	1.02	0.96	1.06	1.07	1.31
微纳米 O_3 氧化	0.50	0.24	7.88	4.52	28.9
电化学氧化	1.02	0.99	1.07	1.33	1.65
E^+-微纳米 O_3 氧化	0.82	0.59	8.07	5.02	14.3

在微纳米 O_3 单独氧化降解渗滤液浓缩液时，反应前后 E_{254} 由 1.02 降低至 0.50，E_{280} 由 0.96 降低至 0.24，说明·OH 和 O_3 能够有效攻击苯环类有机物，从而降低渗滤液浓缩液中溶解性有机物的相对芳香度。在电化学单独氧化降解渗滤液浓缩液时，反应前后 E_{254} 无差异降低至 1.02，E_{280} 由 0.96 变化至 0.99，可以看出电化学对其中的溶解性有机物的相对芳香度并没有明显的贡献，这可能是由于在电化学反应中，活性氯（HClO 和 ClO⁻）是其中主要的氧化因子，但其对含苯环的有机物没有较好的开环作用。

E_{240}/E_{420}、E_{250}/E_{365} 和 E_{300}/E_{400} 是衡量溶解性有机物成分的重要参数，分别可代表有机物的分子量大小、腐殖化程度和有机物碳骨架的聚合程度。E_{250}/E_{365} 在微纳米 O_3、电化学以及 E^+-微纳米 O_3 反应后，分别由 1.06 增大到 7.88、1.07 和 8.07，E_{300}/E_{400} 在微纳米 O_3、电化学以及 E^+-微纳米 O_3 反应后，分别由 1.07 增大到 4.52、1.33 和 5.02，可以看出在 E^+-微纳米 O_3 氧化过程中，渗滤液浓缩液中有机物的腐殖化程度和碳骨架的聚合程度明显降低，可能是由于在 E^+-微纳米 O_3 反应中不仅新产生了氯自由基（Cl·/ClO·），同时还对·OH

有强化作用。文献中表明，氯自由基（Cl·/ClO·）可以快速加成，与腐殖酸类物质发生直接的电子传递反应，其二级反应常数范围为 $10^8 \sim 10^9$ mol/(L·s)。单独的电化学对渗滤液浓缩液中溶解性有机物的聚合程度和腐殖化程度氧化作用不明显。

三维荧光光谱在一定程度上可以表征渗滤液浓缩液中有荧光性的有机污染物的种类和相对含量，可以通过荧光的强弱呈现相关污染物的浓度。渗滤液浓缩液在微纳米 O_3 氧化、电化学氧化以及 E^+-微纳米 O_3 氧化前后三维荧光光谱如图9-8所示（另见书后彩图）。

如图9-8（a）所示，渗滤液浓缩液在三维荧光光谱图中的 V 区域（E_m=450～500 nm，E_x=350～400 nm）存在一个荧光峰，说明其中荧光性有机物主要为分子量较大、生化性差的类胡敏酸物质。腐殖化指数（humification index，HIX）为在 255 nm 激发波长下在 435～480 nm 和 300～345 nm 波段下发射波长荧光强度积分值的比值，能够表征溶解性有机物的腐殖化水平。反应前渗滤液浓缩液 HIX 为 1.99，同样证明其具有较高的腐殖化水平。电化学单独氧化处理后，其出水的三维荧光峰强度变化不明显，峰的位置（E_m/E_x）发生蓝移，由 480 nm/395 nm 变为 445 nm/375 nm，说明其中存在有机物的转化，但其 HIX 几乎没有变化。采用 E^+-微纳米 O_3 氧化，可以看出渗滤液浓缩液的三维荧光峰有一个持续的蓝移，同时峰面积大幅度下降，说明芳香化合物和长链有机物在其中得到了降解，这些结果同紫外的数据相符，HIX 同 E_{254} 的数据有显著的正相关（R^2=0.953，$P < 0.01$）。

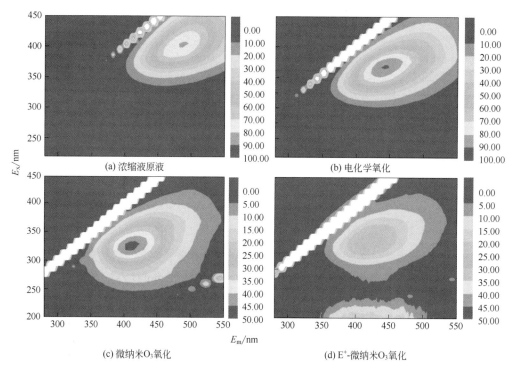

图9-8　渗滤液浓缩液反应前后三维荧光光谱

采用傅里叶变换离子回旋共振质谱，根据 van Krevelen 图中不同 H/C 值和 O/C 值，可以对溶解性有机物的组成进行进一步的分析。根据不同的 H/C 值和 O/C 值，将整个区域分成 9 种不同饱和度和芳香度的有机物,其中 H/C 的数值与紫外结果中的 E_{250}/E_{365}(R^2=0.916, $P < 0.01$)和 E_{300}/E_{400}(R^2=0.942,$P < 0.01$)均有正相关性。渗滤液浓缩液反应前后 van Krevelen 图如图 9-9 所示(另见书后彩图)。

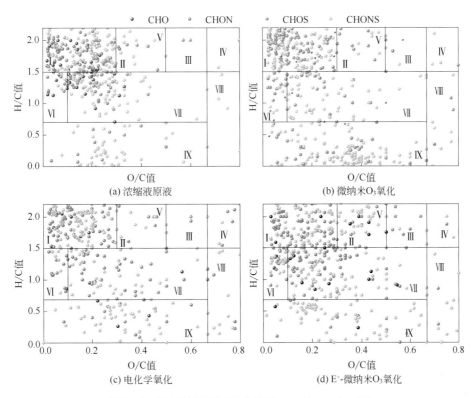

图 9-9　渗滤液浓缩液反应前后 van Krevelen 图
(黑色代表仅含碳氢氧的有机物,红色代表含碳氢氧氮的有机物,蓝色代表
含碳氢氧硫的有机物,绿色代表含碳氢氧氮硫的有机物)

如图 9-9（a）所示,渗滤液浓缩液中类脂质化合物（H/C=1.50～2.50,O/C=0～0.30）和多羧基有机物/类木质素化合物（H/C = 0.70～1.50,O/C = 0.10～0.67）占比最高,分别为总有机物的 48.9%和 31.2%。微纳米 O_3 氧化后,多羧基有机物/类木质素化合物含量显著降低至 17.1%,可能是由于臭氧和·OH 作为主要的氧化因子,容易与芳香族有机物和碳碳双键反应。·OH 与芳香族化合物的反应速率常数大约为 10^{10} mol/(L·s),与类脂质化合物通过夺取 C—H 中的 H 反应,反应速率常数大约为 10^8～10^9 mol/(L·s)。在电化学氧化后,每一类有机物的含量变化不显著,其中类脂质化合物和多羧基有机物/类木质素化合物占比分别为 36.7%和 20.7%,可能是由于非自由基类的活性氯与芳香族有机物反应相对较慢,二级反应常数为 $2.2×10^4$ mol/(L·s)。在 E^+-微纳米 O_3 氧化中,·OH 和 ClO·/Cl·均为活性自由基,产生的 ClO·/Cl·可以通过单电子转移攻击 O—H 键,因而对含氧有机物有更好的破解效果,ClO·同脂族物质的反应速率常数约为 10^6 mol/(L·s)。因此在 E^+-微纳米 O_3 氧化中新产生的 ClO·/Cl·和不断被强化的·OH 对类脂质有机物有更好的去除效果。

9.2.2　等效双键特征变化

为了更好地探究不同自由基和渗滤液浓缩液中溶解性有机物的相互作用，采用等效双键从分子角度表示有机物中双键和环的数目。不同反应体系中渗滤液浓缩液反应前后等效双键和碳数关系如图 9-10 所示（另见书后彩图），其中的颜色表示 O/C 值。

如图 9-10（a）所示，渗滤液浓缩液的平均含碳原子数为 34～35，平均等效双键数为 10～11，说明其具有较高的分子量和中等不饱和度。图中点的颜色主要为橙色或红色，说明渗滤液浓缩液氧化程度较低。

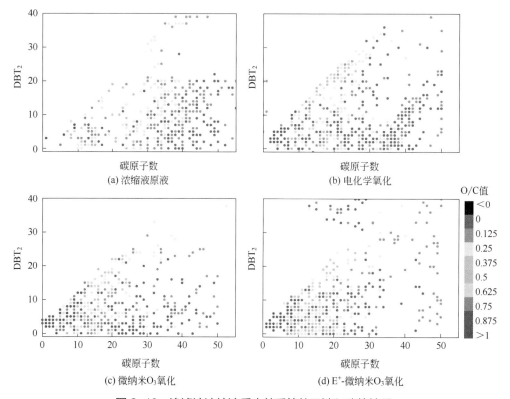

图 9-10　渗滤液浓缩液反应前后等效双键和碳数关系

如图 9-10（b）所示，电化学氧化反应前后的渗滤液浓缩液中溶解性有机物的碳原子数没有明显的区别，但有低分子量物质（等效双键数小于 10，O/C 值为 0.75～1.00）产生，可能是由于非自由基类活性氯对中等分子量的有机物选择性氧化。

如图 9-10（c）所示，在微纳米 O_3 氧化前后，渗滤液浓缩液一些含 30～50 碳原子数的溶解性有机物消失，说明臭氧可以有效降解长链有机物，臭氧直接氧化和·OH 间接氧化同时作用于污染物的去除。含有 15～30 个碳原子数中等分子量的化合物（O/C 值为 0～0.25，等效双键数小于 10）在臭氧反应后生成，表明·OH 可以攻击碳碳双键，将大分子化合物断链降解，形成较小分子有机物。同时，含有 0～15 个碳原子数、低分子量且氧化程度较高的有机物（等效双键数小于 10，O/C 值为 0.625～1）在臭氧反应后生成，说明臭氧可能促进其产生较高氧化程度的有机物，例如羧酸和醛。

如图 9-10（d）所示，在 E^+-微纳米 O_3 氧化前后，渗滤液浓缩液中的溶解性有机物的变化同前两者反应体系有所不同。由于不断强化·OH 的产生，含有大于 30 个碳原子数的有机物几乎被全部去除。在 120 min 的 E^+-微纳米 O_3 氧化中产生，中等分子量的有机物氧化程度提高（O/C 值为 0.25～0.50）。可能是由于该体系中产生的 Cl·和 ClO·可以同含氧官能团发生单电子转移[$k \approx 10^9 mol/(L \cdot s)$]。

9.2.3　分子水平特征变化

9.2.3.1　氧化程度特征变化

如图 9-11 所示，有机物按组成元素被分为 7 类，分别为含 CHO 的有机物、含 CHN 的有机物、含 CHS 的有机物、含 CHON 的有机物、含 CHOS 的有机物、含 CHNS 的有机物以及含 CHONS 的有机物。

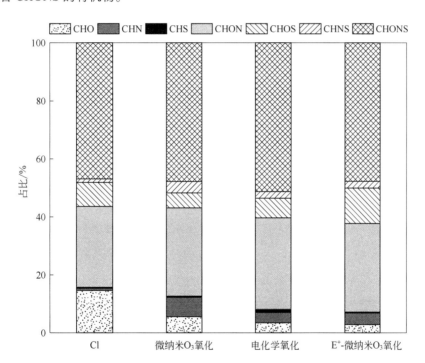

图 9-11　渗滤液浓缩液反应前后不同元素组成物质比例图

渗滤液浓缩液中不同元素有机物的分布占比分别为 14.6%、0.8%、0.3%、27.8%、8.3%、1.2% 和 47.0%。在微纳米 O_3 氧化、电化学氧化以及 E^+-微纳米 O_3 氧化过程中，含 CHO 的有机物的占比明显降低，分别降低至 5.5%、3.4% 和 2.9%，含 CHON 的有机物的占比分别提高至 30.4%、31.6% 和 30.6%，含 CHONS 的有机物的占比分别提高至 47.8%、51.4% 和 47.8%，可以看出仅含 CHO 的有机物容易被高级氧化降解，明显高于含 CHON 或含 CHOS 的有机物，仅含 CHO 的有机物与自由基平均二级反应常数远远大于含硝基或含硫酸基的有机物。

考虑其中含 CHO 的有机物、含 CHON 的有机物、含 CHOS 的有机物以及含 CHONS 的有机物占比较高，进一步讨论其中有机物的氧化程度。如图 9-12 所示，渗滤液浓缩液中含 CHO 的有机物平均 O/C 值为 0.14，经过微纳米 O_3 氧化、电化学氧化、E^+-微纳米 O_3 氧化过程后，其出水中含 CHO 的有机物平均 O/C 值分别提高至 0.34、0.24 和 0.33。可以看出微纳米 O_3 和 E^+-微纳米 O_3 相对于单独电化学对含 CHO 的有机物有更高效的降解效果，可能是由于臭氧和·OH 对于一些给电子官能团，例如羟基（—OH）、醛基（—CHO）以及氨基（—NH_2）等具有较高的降解效果。相比于单独微纳米 O_3 处理，E^+-微纳米 O_3 处理对渗滤液浓缩液含 CHON 的有机物有更高的氧化程度，可能是由于在 E^+-微纳米 O_3 氧化系统中，产生的 Cl·/ClO· 和不断强化产生的·OH 可以对含 CHON 的有机物优先降解，含氮的官能团，例如 NH_x 和 NO_x，可以通过提供电子强化降解。单独电化学处理后，对渗滤液浓缩液中含 CHOS 和 CHONS 的有机物有更强的氧化程度，平均 O/C 值分别提高至 0.42 和 0.51，有可能是由于电化学产生的非自由基的活性氯可以通过单电子传递同含硫官能团反应，进而提高含硫化合物的氧化程度。

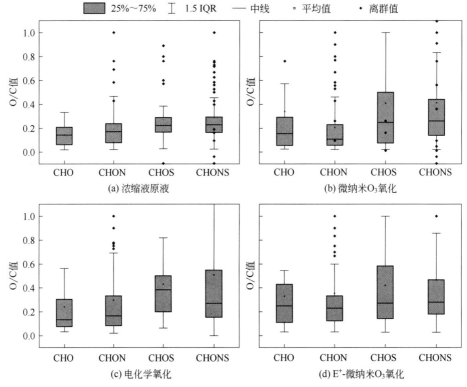

图 9-12　渗滤液浓缩液反应前后不同元素组成有机物氧碳比

9.2.3.2　不同类别特征变化

经傅里叶变换离子回旋共振质谱分析，如图 9-13 所示（另见书后彩图），渗滤液浓缩

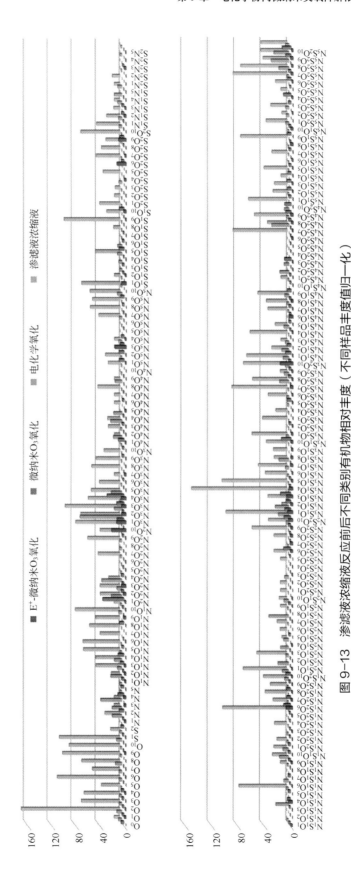

图 9-13　渗滤液浓缩液反应前后不同类别有机物相对丰度（不同样品丰度值归一化）

液按含有的氧原子、氮原子和硫原子数分成不同类别的 198 类，分别为：O_x (x=0～10) 11 类，S_x (x=1～2) 2 类，N_x (x=1～5) 5 类，N_1O_x (x=1～10) 10 类，N_2O_x (x=1～10) 10 类，N_3O_x (x=1～10) 10 类，N_4O_x (x=1～10) 10 类，N_5O_x (x=1～10) 10 类，S_1O_x (x=1～10) 10 类，S_2O_x (x=1～10) 10 类，S_1N_x (x=1～5) 5 类，S_2N_x (x=1～5) 5 类，$N_1S_1O_x$ (x=1～10) 10 类，$N_1S_2O_x$ (x=1～10) 10 类，$N_2S_1O_x$ (x=1～10) 10 类，$N_2S_2O_x$ (x=1～10) 10 类，$N_3S_1O_x$ (x=1～10) 10 类，$N_3S_2O_x$ (x=1～10) 10 类，$N_4S_1O_x$ (x=1～10) 10 类，$N_4S_2O_x$ (x=1～10) 10 类，$N_5S_1O_x$ (x=1～10) 10 类和 $N_5S_2O_x$ (x=1～10) 10 类。

仅含 CHO 的有机物降解率高，在电化学氧化、微纳米 O_3 氧化和 E^+-微纳米 O_3 氧化过程中去除率分别可达到 92.5%、97.0% 和 98.4%。对于含 CHON 的有机物，$N_1O_{1\sim5}$ 类的有机物去除率高于 $N_{2\sim5}O_{1\sim5}$，说明氮原子数目的增加对其中有机物的降解有消极影响。

含 CHN 的有机物在电化学氧化、微纳米 O_3 氧化和 E^+-微纳米 O_3 氧化过程中去除率分别为 1.5%、42.7% 和 71.6%，含 CHNS 的有机物在电化学氧化、微纳米 O_3 氧化和 E^+-微纳米 O_3 氧化过程中去除率分别为 34.4%、75.5% 和 77.5%，可以看出单独电化学氧化产生的非自由基类活性氯对这两种有机物去除效果不佳。$S_1N_{1\sim5}$ 类的有机物在 E^+-微纳米 O_3 氧化过程中去除率可达到 84.5%，明显高于单独电化学氧化（33.4%）和单独微纳米 O_3 氧化（76.1%），然而 $S_2N_{1\sim5}$ 类的有机物在单独微纳米 O_3 氧化过程中去除率可达到 72.9%，但单独电化学氧化和 E^+-微纳米 O_3 氧化过程中去除率为 38.8% 和 49.2%，可能是因为 $Cl\cdot/ClO\cdot$ 可以对 $S_1N_{1\sim5}$ 选择性氧化，活性氧·OH 或者臭氧可以对 $S_2N_{1\sim5}$ 选择性氧化。

9.3 典型新型污染物去除效能

9.2 节介绍了 E^+-微纳米 O_3 体系降解渗滤液浓缩液中 COD_{Cr} 和 TOC 的效能研究，为了有效阐明典型新型污染物在 E^+-微纳米 O_3 体系处理渗滤液浓缩液过程中的降解转化规律，本节主要重点研究典型抗生素类物质在 E^+-微纳米 O_3 体系中的分子结构转化机制和多底物因素对其降解影响，同时对 E^+-微纳米 O_3 体系降解渗滤液浓缩液的毒性进行评估。选取了渗滤液浓缩液中含量较高、不易生化降解的喹诺酮类抗生素诺氟沙星为模型物质，低浓度的诺氟沙星在 E^+-微纳米气泡臭氧降解过程中累积的中间产物含量较少，本研究中选择的诺氟沙星初始含量高于实际废水中的含量，大量累积的中间产物便于研究其分子结构转化机制和降解动力学规律。

9.3.1 诺氟沙星降解影响效能分析

本研究中比较了微纳米 O_3、电化学以及 E^+-微纳米 O_3 三个体系中诺氟沙星的降解情况，反应条件设置诺氟沙星初始含量为 10 mg/L，臭氧投加浓度为 10 mg/L，初始 pH 值为 9.0，电流为 300 mA，以 RuO_2/Ti 为基材的电极板，极板间隔为 5 cm，尺寸为 10 cm × 10 cm，如图 9-14 所示。

实验结果表明，诺氟沙星降解过程分为快速转化阶段（0～120 s）和缓慢转化阶段（120～600 s）。在快速转化阶段，微纳米 O_3、电化学以及 E^+-微纳米 O_3 三个体系中诺氟沙星的转化率分别为 81.5%、38% 和 88.1%，可以看出电化学体系对诺氟沙星的降解效果较差，可能是由于诺氟沙星传质到极板表面的效率较低，其受到传质限制。臭氧氧化体系对诺氟沙星的降解效率较高，可能是由于臭氧直接氧化和·OH 间接氧化容易进攻诺氟沙星的活性官能团，进一步有效分解。

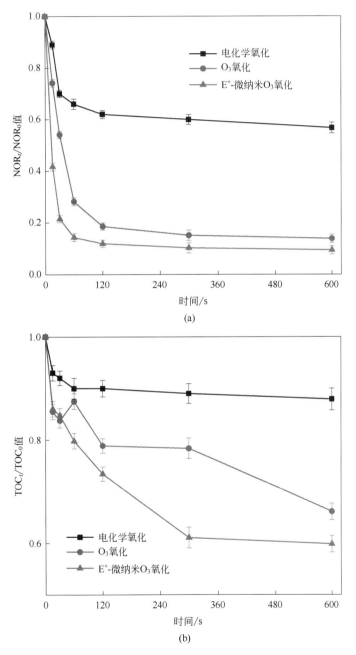

图 9-14　诺氟沙星的去除效率和 TOC 变化

微纳米 O_3、电化学以及 E^+-微纳米 O_3 三个体系中，诺氟沙星的矿化效率差别明显，在

0～120 s 的反应阶段，其 TOC 去除率分别为 21.2%、10.0%和 26.6%，经过 120～600 s 的缓慢阶段，TOC 去除率分别达到 33.9%、12.1%和 40.2%，可能是由于微纳米 O_3 体系中，臭氧的直接氧化对 TOC 的去除作用较小，OH 更有利于有机物的矿化。在 E^+-微纳米 O_3 体系，诺氟沙星的矿化率明显提高，说明电化学的协同作用提高了臭氧氧化体系的·OH 产量，进一步增强了其氧化能力。

9.3.1.1 初始 pH 值的影响

在诺氟沙星初始含量为 10 mg/L、臭氧投加浓度为 10 mg/L、电流为 300 mA、以 RuO_2/Ti 为基材的电极板、极板间隔为 5 cm、尺寸为 10 cm × 10 cm 的条件下，探究了初始 pH 值分别为 3.0、5.0、6.8（不调 pH 值）、9.0 和 11.0 时，E^+-微纳米 O_3 体系对诺氟沙星降解效果 [图 9-15（a）]、矿化效果 [图 9-15（b）] 以及其降解动力学（图 9-16）影响。

如图 9-15（a）所示，诺氟沙星和氧化活性物质之间的反应可从时间上分解为快速阶段（0～120 s）和缓慢阶段（120～600 s）两个阶段。在快速反应中，在 pH 值分别为 3.0、5.0、6.8（不调 pH 值）、9.0 和 11.0 时，NOR 转化率依次为 81.3%、57.8%、70.7%、91.4%和 95.8%，在反应经历 600 s 结束后，NOR 去除率均达到了 92.5%以上。如图 9-15（b）所示，初始 pH 值对诺氟沙星的矿化效果影响较大，在非碱性条件下，TOC 去除率仅为 25.1%～29.4%，碱性条件有利于提高诺氟沙星在 E^+-微纳米 O_3 体系中的矿化效率，在 pH 值为 9.0 和 11.0 时，TOC 去除率分别达到 40.1%和 45.3%。

如图 9-16 所示，不同 pH 值条件下，E^+-微纳米 O_3 体系对诺氟沙星的降解进行分段动力学分析。在 0～120 s 反应阶段，当 pH 值由 5.0 增长至 11.0 时，k_{app} 分别为 –0.007 s^{-1}、–0.011 s^{-1}、–0.022 s^{-1} 和–0.027 s^{-1}，明显看出在碱性条件下，E^+-微纳米 O_3 体系对诺氟沙星

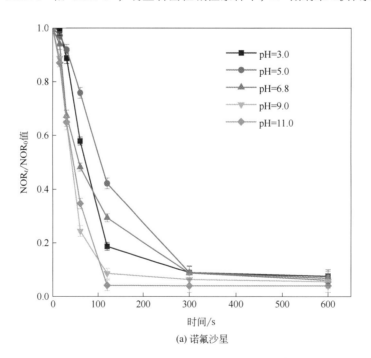

(a) 诺氟沙星

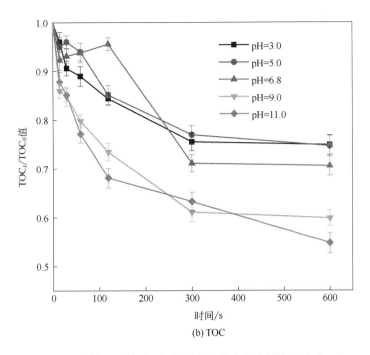

(b) TOC

图 9-15　初始 pH 值对 E^+-微纳米气泡臭氧降解的影响（一）

的降解速率增强。在 120~600s 反应阶段，由于在碱性条件前期诺氟沙星底物的浓度明显降低，导致后期的反应速率降低。碱性条件对 E^+-微纳米 O_3 矿化诺氟沙星速率有明显的增强作用。

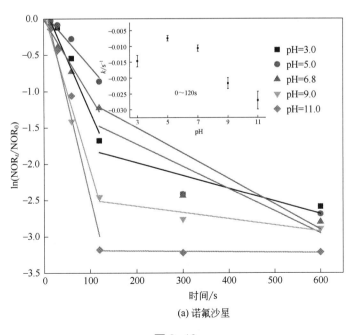

(a) 诺氟沙星

图 9-16

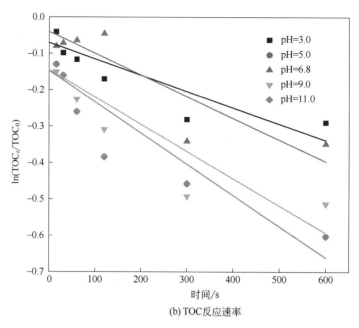

(b) TOC 反应速率

图 9-16　初始 pH 值对 E⁺-微纳米气泡臭氧降解的影响（二）

实验结果表明，在碱性条件下有利于诺氟沙星在 E⁺-微纳米 O_3 体系中的去除和矿化。pH 值的影响主要可以分为两方面：a. 在前面的研究中已说明在碱性条件下有利于·OH 和 Cl·自由基的产生，·OH 有利于有机物的矿化，Cl·有利于提高选择性氧化作用；b.此外，溶液的 pH 值会影响诺氟沙星的存在形态，进而影响其降解效率。诺氟沙星具有两个结合位点（羧基和哌嗪基），pK_{a1} 和 pK_{a2} 值分别为 6.3 和 8.8。在这三种条件的 pH 值区间内，诺氟沙星分别有质子化形态（NOR⁺,⁰）、非质子化形态（NOR⁺,⁻）和去质子化形态（NOR⁰,⁻）。在 pH 值小于 7 时，NOR 几乎被质子化，其中哌嗪环中存在的胺基质子化会导致其对自由基的反应能力减小，不利于被氧化剂氧化。随着 pH 值增加到 7.8，诺氟沙星通过去除羧基上的氢变成非质子化形态，持续增长的 pH 值会引起 NOR⁺,⁻含量降低，在 pH 值为 11.0 时，其去质子化形态含量达到最大，不同的离子形态对氧化活性物质的易感性不同，故进一步影响体系中的氧化效率。

9.3.1.2　电流的影响

在诺氟沙星初始含量为 10 mg/L、臭氧量为 10 mg/L、初始 pH 值为 9.0、极板质地为 RuO_2/Ti、极板间隔为 5 cm、尺寸为 10 cm×10 cm 的条件下，探究了电流为 100 mA、200 mA、300 mA 和 400 mA 时，E⁺-微纳米 O_3 体系对诺氟沙星降解效果 [图 9-17 (a)]、矿化效果 [图 9-17 (b)] 以及其降解动力学（图 9-18）影响。

如图 9-17 (a) 所示，诺氟沙星和氧化活性物质之间的反应可从时间上分解为快速阶段（0～120 s）和缓慢阶段（120～600 s）两个阶段。在快速降解阶段，随着电流的增大，诺氟沙星的去除效率增大，在 120 s 的反应中，诺氟沙星去除率分别为 80.4%、84.9%、87.2%和 87.9%，在缓慢阶段，电流为 200 mA 时最终诺氟沙星去除率达到最大为 90.7%。如图 9-17

（b）所示，电流对诺氟沙星的矿化效果影响较大，当电流由 100 mA 提高为 200 mA 时，TOC
去除率由 25.5% 提高至 32.5%，但当电流持续增大到 300 mA 和 400 mA 时，TOC 去除率不
再增加，甚至出现一定程度的下降趋势。

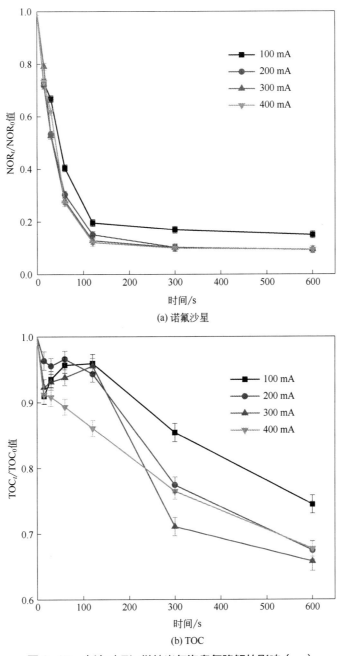

(a) 诺氟沙星

(b) TOC

图 9-17　电流对 E^+-微纳米气泡臭氧降解的影响（一）

如图 9-18 所示，在电流密度的改变下，E^+-微纳米 O_3 体系对诺氟沙星的降解进行分
段动力学分析。在 0～120 s 反应阶段，当电流由 100 mA 增长到 400 mA 时，k_{app} 分别为

–0.013 s^{-1}、–0.016 s^{-1}、–0.017 s^{-1} 和–0.018 s^{-1}，满足一定的线性关系（R^2=0.963），可以看出在反应前期，反应速率随着电流升高而加快，在 120～600 s 反应阶段，高电流下反应速率降低。当电流为 200 mA 时，E$^+$-微纳米 O$_3$ 矿化诺氟沙星速率最佳。

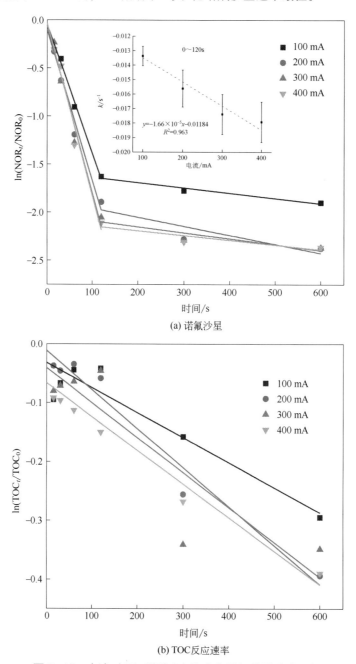

(a) 诺氟沙星

(b) TOC反应速率

图9-18　电流对 E$^+$-微纳米气泡臭氧降解的影响（二）

电流主要直接影响阴极产生的过氧化氢和阳极产生的活性氯的含量：

① 当电流升高时，初始反应阶段臭氧充足，产生的过氧化氢同臭氧进一步强化了·OH

的生成, 但当电流提高至一定程度, 臭氧受到气相到液相传质的影响, 持续产生的过氧化氢不能及时同臭氧发生反应, 产生了一定的自我淬灭作用, 也就是说自身的过剩消耗了内部的·OH;

② 当电流增大时, 氯活性物质在阳极的产生量提高, 有效增加了该体系的氧化效率, 当电流过大时活性氯可能会进一步氧化为高价态氯, 造成活性氯氧化性能的损失。

9.3.2　多底物因素的影响

渗滤液浓缩液中含有大量的无机盐 (例如氯离子、碳酸盐离子等) 和腐殖酸类物质, 这些大量存在的盐离子和腐殖酸类物质既可能会同其中的新型污染物在 E^+-微纳米 O_3 体系中发生竞争, 体系中的氧化性物质被逐渐消耗, 氧化效率下降, 也可能在体系中充当优势物质促进强化该体系的氧化效率。

9.3.2.1　氯离子影响

渗滤液浓缩液中含有大量的氯离子, 其在电极板上可被通过电子转移进一步转化为氯活性物质, 为了探究氯离子对 E^+-微纳米 O_3 降解诺氟沙星的影响, 反应条件为: 诺氟沙星的初始浓度设置为 10 mg/L, 臭氧投加浓度为 10 mg/L, 初始 pH 值为 6.8, 极板质地为 RuO_2/Ti, 极板间隔为 5 cm, 尺寸为 10 cm×10 cm, 电流为 300 mA。探究了氯离子分别为 0、7.5 mmol/L、15 mmol/L、30 mmol/L、45 mmol/L 和 60 mmol/L 时, E^+-微纳米 O_3 对诺氟沙星降解效果 [图 9-19 (a)]、矿化效果 [图 9-19 (b)] 以及其降解动力学 (图 9-20) 的影响。

如图 9-19 (a) 所示, 诺氟沙星和氧化活性物质之间的反应可从时间上分解为两个阶段——加速反应阶段 (0~120 s) 和缓慢反应阶段 (120~600 s)。在加速反应阶段, 当

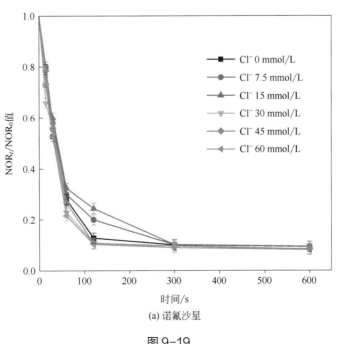

(a) 诺氟沙星

图 9-19

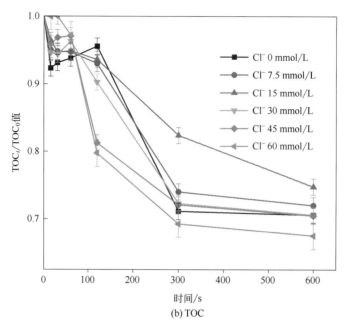

(b) TOC

图 9-19　氯离子对 E[+]-微纳米气泡臭氧降解的影响（一）

氯离子的投加量由 0 增长到 15 mmol/L 时，诺氟沙星的去除效率受到抑制，去除率分别为 87.2%、80.0% 和 75.6%，当氯离子的投加量由 30 mmol/L 增长到 60 mmol/L 时，诺氟沙星的去除效率得到促进，去除率分别为 89.1%、89.2% 和 89.4%。在缓慢反应阶段，最终的诺氟沙星去除率相差不明显。如图 9-19（b）所示，低浓度氯离子对诺氟沙星矿化有一定的抑制作用，而高浓度氯离子的投加有助于提高诺氟沙星的矿化效果，当氯离子的投加量为 60 mmol/L 时，在 600 s 的 E[+]-微纳米 O_3 反应后 TOC 的去除率比未添加氯离子的去除率高 3.0%。

如图 9-20 所示，在不同的氯离子的投加条件下，E[+]-微纳米 O_3 对诺氟沙星的降解进行分段动力学分析，在 0～120 s 反应阶段，当氯离子的投加量由 0 增长到 60 mmol/L 时，k_{app} 分别为 $-0.017 \ s^{-1}$、$-0.014 \ s^{-1}$、$-0.012 \ s^{-1}$、$-0.018 \ s^{-1}$、$-0.019 \ s^{-1}$ 和 $-0.020 \ s^{-1}$，可以看出少量氯离子投加时，E[+]-微纳米 O_3 对诺氟沙星的降解速率下降，随着投加量逐渐增加，E[+]-微纳米 O_3 对诺氟沙星的降解速率提高。氯离子对 E[+]-微纳米 O_3 矿化诺氟沙星的速率影响同其降解速率的趋势相同。

少量的氯离子的投加在反应溶液中不能及时在电极板上被氧化生成活性氯，游离在溶液中的氯离子会同·OH 直接反应，造成体系的氧化效率降低。当氯离子浓度较高时，其在阳极被及时转化为活性氯，并进一步转化为具有选择性的 Cl· 和 ClO·，使得该体系的氧化效率提高。

9.3.2.2　碳酸盐离子影响

碳酸盐在水体中是·OH 较为常见的捕获剂，反应生成 CO_3^-·，其氧化活性明显低于·OH，但其具有一定的选择性。本研究采用碳酸根离子和碳酸氢根离子分别探究其对 E[+]-微纳米

O_3 降解诺氟沙星的影响，反应条件为：诺氟沙星的初始浓度为 10 mg/L，臭氧投加浓度为 10 mg/L，初始 pH 值为 6.8，极板质地为 RuO_2/Ti，极板间隔为 5 cm，尺寸为 10 cm×10 cm，电流为 300 mA。探究了碳酸根离子分别为 0、15 mmol/L、30 mmol/L、45 mmol/L 和 60 mmol/L 时，E[+]-微纳米 O_3 对诺氟沙星降解效果 [图 9-21（a）]、矿化效果 [（图 9-21（b）] 以及其降解动力学（图 9-22）的影响。

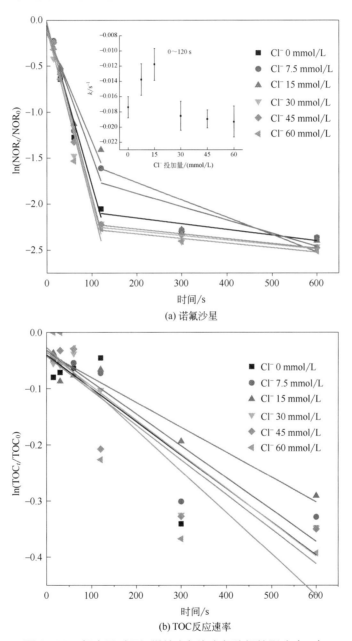

图 9-20 氯离子对 E[+]-微纳米气泡臭氧降解的影响（二）

如图 9-21（a）所示，诺氟沙星和氧化活性物质之间的反应可从时间上分解为加速反应阶段（0～120 s）和缓慢反应阶段（120～600 s）两个阶段。在加速反应阶段，当碳酸根离子的投加量由 0 增长到 60 mmol/L 时，诺氟沙星的降解效能逐渐增大，去除率分别为 87.2%、89.1%、88.8%、91.6%和 91.0%。在缓慢反应阶段，添加碳酸根离子最终的诺氟沙星去除率均大于未添加组实验，但相差不明显。如图 9-21（b）所示，碳酸根离子的投加明显抑制了诺氟沙星的矿化效果。当碳酸根离子的投加量由 0 增长到 60 mmol/L 时，在 600 s 时的 E^+-微纳米 O_3 反应后 TOC 的去除率分别为 29.4%、14.5%、15.1%、11.4%和 8.9%。

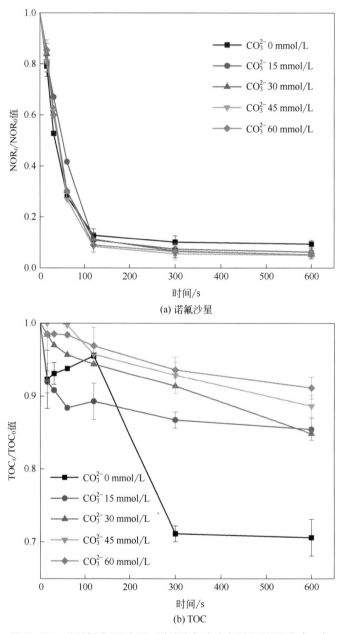

(a) 诺氟沙星

(b) TOC

图 9-21　碳酸根离子对 E^+-微纳米气泡臭氧降解的影响（一）

如图 9-22 所示，在不同的碳酸根离子的投加条件下，E^+-微纳米 O_3 对诺氟沙星的降解可用分段动力学分析，在 0～120 s 反应阶段，当碳酸根离子的投加量由 0 增长到 60 mmol/L 时，k_{app} 分别为 $-0.017\ s^{-1}$、$-0.018\ s^{-1}$、$-0.019\ s^{-1}$、$-0.021\ s^{-1}$ 和 $-0.021\ s^{-1}$，可以看出碳酸根的投加提高了 E^+-微纳米 O_3 对诺氟沙星的降解速率，但对其矿化速率有明显的抑制作用。

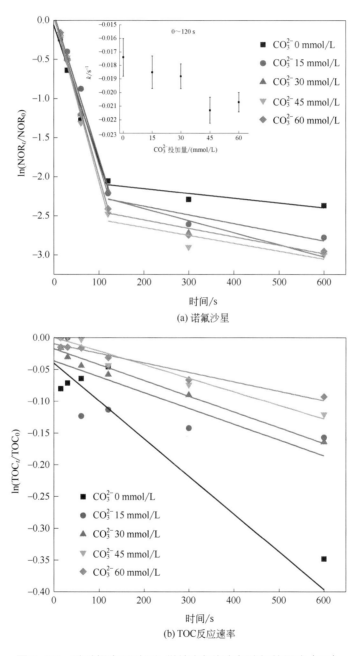

(a) 诺氟沙星

(b) TOC反应速率

图 9-22　碳酸根离子对 E^+-微纳米气泡臭氧降解的影响（二）

同时探究了碳酸氢根离子分别为 0、15 mmol/L、30 mmol/L、45 mmol/L 和 60 mmol/L 时，对 E⁺-微纳米 O_3 对诺氟沙星降解效果 [图 9-23（a）]、矿化效果 [图 9-23（b）] 以及其降解动力学（图 9-24）的影响。

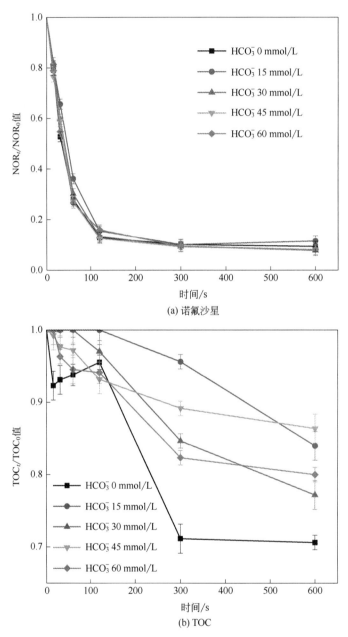

(a) 诺氟沙星

(b) TOC

图 9-23 碳酸氢根离子对 E⁺-微纳米气泡臭氧降解的影响（一）

如图 9-23（a）所示，诺氟沙星和氧化活性物质之间的反应可从时间上分解为加速反应阶段（0～120 s）和缓慢反应阶段（120～600 s）两个阶段。在加速反应阶段，当碳酸氢根离子的投加量由 0 增长到 60 mmol/L 时，诺氟沙星的去除率分别为 87.2%、84.6%、86.6%、

87.5%和 84.1%。在缓慢反应阶段，添加碳酸氢根离子最终的诺氟沙星去除率大于未添加组实验，但相差不明显。如图 9-23（b）所示，碳酸氢根离子的投加明显抑制了诺氟沙星的矿化效果。当碳酸氢根离子的投加量由 0 增长到 60 mmol/L 时，在 600s 的 E$^+$-微纳米 O$_3$ 反应后 TOC 的去除率分别为 29.4%、16.0%、22.8%、13.6%和 20.6%。

如图 9-24 所示，在不同的碳酸氢根离子的投加条件下，E$^+$-微纳米 O$_3$ 对诺氟沙星的降解可采用分段动力学分析，在 0～120 s 反应阶段，当碳酸氢根离子的投加量由 0 增长到 60 mmol/L 时，k_{app} 分别为 -0.017 s^{-1}、-0.016 s^{-1}、-0.017 s^{-1}、-0.018 s^{-1} 和 -0.016 s^{-1}，呈现

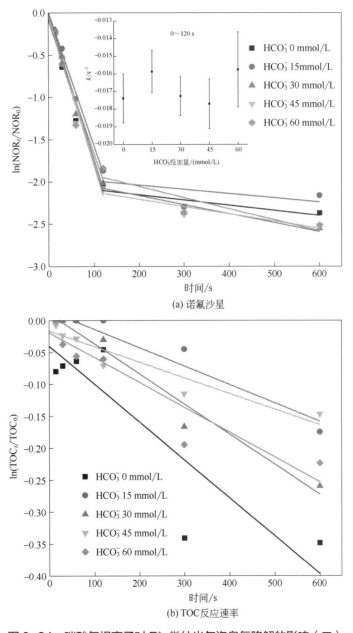

(a) 诺氟沙星

(b) TOC反应速率

图 9-24　碳酸氢根离子对 E$^+$-微纳米气泡臭氧降解的影响（二）

出少量碳酸氢根离子促进 E^+-微纳米 O_3 对诺氟沙星的降解速率、大量抑制 E^+-微纳米 O_3 对诺氟沙星降解速率的趋势，但对其矿化速率有明显的抑制作用。

碳酸盐对 E^+-微纳米 O_3 降解诺氟沙星的影响主要可能为：a.碳酸根离子和碳酸氢根离子同·OH 可生成具有选择性的 $CO_3^-·$，具有供电子基团的有机物例如氨基酸和苯胺等有机物尤其容易受到 $CO_3^-·$ 的攻击，诺氟沙星具有与氨基酸相似的结构，并包含两个芳香族苯胺的结构，因此容易被其氧化；b.碳酸盐离子的投加影响了反应溶液的 pH，使其变成碱性溶液，进一步提高了 E^+-微纳米 O_3 体系的氧化能力，故碳酸根离子的作用高于碳酸氢根的作用。但碳酸盐的投加对 E^+-微纳米 O_3 矿化诺氟沙星作用具有明显的消极作用，这是由于产生的 $CO_3^-·$ 氧化能力较弱，不能将有机物完全矿化。

9.3.2.3　腐殖酸影响

富含羟基、氨基以及羧基等官能团的天然有机物可同臭氧和·OH 发生反应，与有机污染物发生竞争反应，使得降低了特定有机污染物的处理效率。本研究选取腐殖酸类别中富里酸（HA）作为天然有机物的代表，探究其对 E^+-微纳米 O_3 降解诺氟沙星的影响，反应条件为：诺氟沙星的初始浓度为 10　mg/L，臭氧投加浓度为 10　mg/L，初始 pH 值为 6.8，极板质地为 RuO_2/Ti，极板间隔为 5　cm，尺寸为 10　cm×10　cm，电流为 300　mA。探究了不同的富里酸浓度（0、15　mg/L、30　mg/L、45　mg/L 和 60　mg/L）对 E^+-微纳米 O_3 对诺氟沙星降解效果 [图 9-25（a）] 和降解动力学 [图 9-25（b）] 的影响。

如图 9-25（a）所示，诺氟沙星和氧化活性物质之间的反应可从时间上分解为加速反应阶段（0~120　s）和缓慢反应阶段（120~600　s）两个阶段。在加速反应阶段，当富里酸的投加量由 0 增长到 60　mg/L 时，诺氟沙星的去除效率呈降低趋势，去除率分别为 87.2%、82.6%、80.7% 和 84.1%，在缓慢反应阶段后，诺氟沙星的最终去除率分别为 90.6%、88.5%、

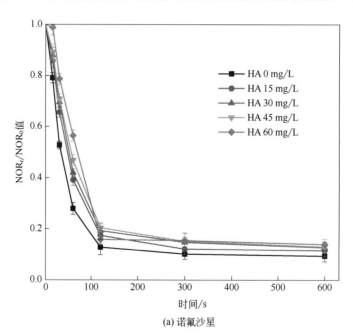

(a) 诺氟沙星

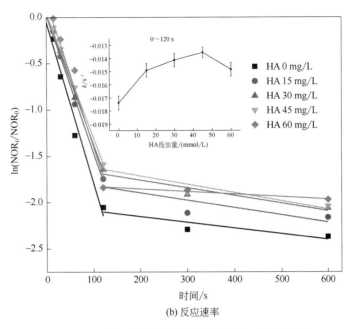

(b) 反应速率

图 9-25　腐殖酸对 E+-微纳米气泡臭氧降解的影响

87.3%和 86.1%。如图 9-25（b）所示，在不同的富里酸投加量条件下，对 E+-微纳米 O_3 对诺氟沙星的降解进行分段动力学分析，在 0～120 s 反应阶段，当富里酸投加量由 0 增长到 60 mg/L 时，k_{app} 分别为–0.017 s^{-1}、–0.015 s^{-1}、–0.014 s^{-1}、–0.014 s^{-1} 和–0.015 s^{-1}，结果表明富里酸的存在抑制了 E+-微纳米 O_3 对诺氟沙星的降解速率。

9.3.3　诺氟沙星降解机理分析

针对不同的诺氟沙星离子形态（阳离子 $NOR^{+,0}$ 形态、中性 $NOR^{+,-}$ 形态和阴离子 $NOR^{0,-}$ 形态），通过 HPLC-MS/MS 共检测出 25 种中间产物（见表 9-4）。基于质谱色谱图其中的分子量以及前人报道的在其他氧化体系中诺氟沙星在反应中可能产生中间产物的文献综述，本研究提出可能的中间产物分子结构。中间产物包括 P2、P3、P4、P9 和 P10，在三种诺氟沙星离子形态下均被检测到，表明在 E+-微纳米 O_3 体系降解诺氟沙星，这些重要的

表 9-4　E+-微纳米气泡臭氧降解诺氟沙星中间产物

中间产物	时间/min	实验值 [M+H](m/z)	计算值 [M+H](m/z)	分子式	结构式
P0	4.68	320.1426	320.1410	$C_{16}H_{18}FN_3O_3$	

中间产物	时间/min	实验值 [M+H](m/z)	计算值 [M+H](m/z)	分子式	结构式
P1	5.85	335.2185	335.1236	$C_{16}H_{16}FN_3O_4$	
P2	8.37	400.0598	400.0711	$C_{16}H_{15}FN_3O_6Cl$	
P3	6.26	322.1254	322.1203	$C_{15}H_{16}FN_3O_4$	
P4	4.37	294.2734	294.1254	$C_{14}H_{16}FN_3O_3$	
P5	6.46	251.0901	251.0832	$C_{12}H_{11}FN_2O_3$	
P6	11.15	353.0678	353.0785	$C_{15}H_{13}FN_2O_7$	
P7	11.10	318.1209	318.1454	$C_{16}H_{19}N_3O_4$	
P8	0.89	308.1029	307.1294	$C_{15}H_{18}N_2O_5$	

续表

中间产物	时间/min	实验值 [M+H](m/z)	计算值 [M+H](m/z)	分子式	结构式
P9	3.35	296.1236	296.1410	$C_{14}H_{18}FN_3O_3$	
P10	11.42	317.1209	317.1268	$C_{14}H_{21}ClN_2O_4$	
P11	0.73	214.0675	214.0635	$C_{10}H_{12}ClNO_2$	
NP12	15.76	404.1023	404.1024	$C_{16}H_{19}ClFN_3O_6$	
P13	19.58	340.0213	340.1308	$C_{15}H_{18}FN_3O_5$	
P14	0.84	227.0789	227.0832	$C_{10}H_{11}FN_2O_3$	
P15	19.85	338.1405	338.1516	$C_{16}H_{20}FN_3O_4$	
P16	1.72	324.1289	324.1359	$C_{15}H_{18}FN_3O_4$	
P17	1.12	265.0898	265.0988	$C_{13}H_{13}FN_2O_3$	

中间产物	时间/min	实验值 [M+H](m/z)	计算值 [M+H](m/z)	分子式	结构式
P18	14.82	237.0617	237.0675	$C_{11}H_9FN_2O_3$	
P19	1.72	324.1299	324.1359	$C_{15}H_{18}FN_3O_3$	
P20	9.03	383.0986	382.1414	$C_{17}H_{20}FN_3O_6$	
P21	9.23	380.1392	380.1458	$C_{17}H_{21}N_3O_7$	
P22	17.63	374.1503	374.1482	$C_{16}H_{24}ClN_3O_5$	
P23	9.35	244.0878	244.0740	$C_{11}H_{14}ClNO_3$	
P24	21.30	208.0912	208.0973	$C_{11}H_{13}NO_3$	
P25	10.58	228.0725	228.0791	$C_{11}H_{14}ClNO_2$	

产物和降解路径是必不可少的。中间产物 P1、P3、P4、P5、P7、P8、P9、P14、P16 和 P19 在文献中有报道。针对不同离子形态的诺氟沙星，分别探究了其中间产物和降解路径。

9.3.3.1　NOR$^{+,0}$ 降解路径分析

采用 E$^+$-微纳米气泡臭氧降解 NOR$^{+,0}$, 检测的中间体有 11 种, 降解可能通过三种路径, 其降解机理如图 9-26 所示。

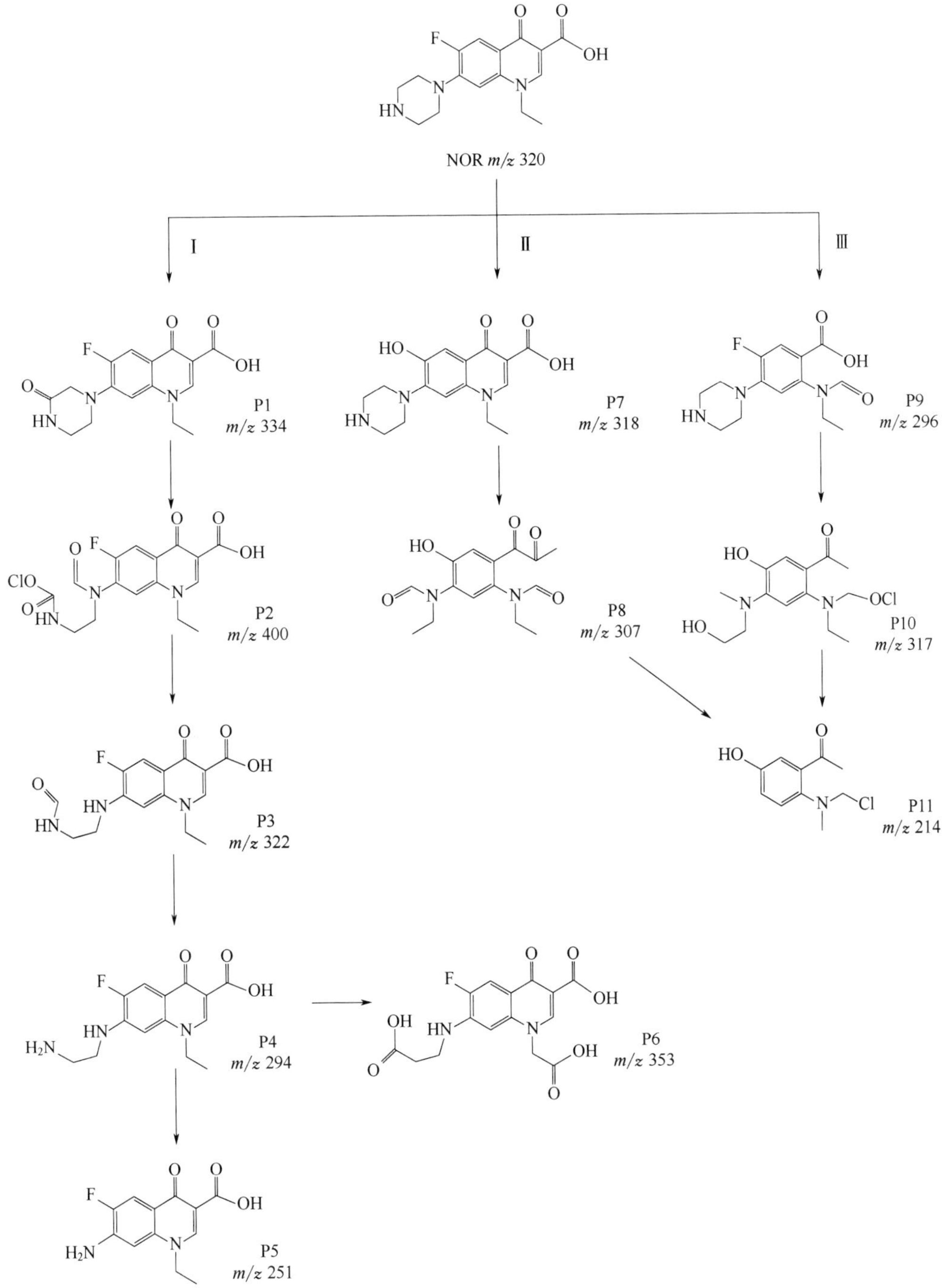

图 9-26　E$^+$-微纳米 O$_3$ 体系中 NOR$^{+,0}$ 降解路径

（1）路径 I：哌嗪环的开裂

哌嗪环中的胺基作为给电子基团表现出对氧化活性物质的高反应活性。$NOR^{+,0}$ 受到 ·OH 和 Cl· 的攻击，首先产生了中间产物 P1（m/z 334）和 P2（m/z 400），如式（9-2）所示，Cl· 通过电子转移机制与哌嗪环上的 N1 和 N4 位置原子反应形成阳离子自由基态。其上的 α-碳经过脱质子反应，生成以碳为中心的自由基，进一步发生哌嗪环的断裂。类似的哌嗪环开裂机理在文献中采用热活化过硫酸盐系统降解环丙沙星中有所报道。

$$\tag{9-2}$$

哌嗪环开环后，进一步降解变得容易，更多的中间产物例如 P3（m/z 322，-78）、P4（m/z 294，$-78-28$）和 P5（m/z 251，$-78-28-43$）接连产生，其产生原因分别为 $-CO-OCl+H$（78）、$-CO$（-28）和 $-C_2H_4NH$（43）基团的去除，其逐步反应机制如式（9-3）所示。同时检验出另一种羰基化中间产物（P6 m/z 353），未见报道。

$$\tag{9-3}$$

（2）路径 II：苯环的脱氟反应

脱氟反应中间体 P7（m/z 318，$NOR-F+OH$）可能是由于其亲核性和不稳定性而进行的一步取代作用。在连续的 ·OH 氧化条件下，苯环进一步发生脱氨基和羧基化反应。

（3）路径 III：哌嗪环和喹诺酮基同时开裂

哌嗪环和喹诺酮基同时发生开裂降解的中间产物 P8（m/z 307）、P10（m/z 317）和 P11（m/z 214）在诺氟沙星降解过程首次被检测到。自由基容易攻击与羧基相邻的碳碳双键，使得中间产物 P8 被同时羰基化和脱氨基，P11 的产生是 ·OH 连续攻击使得哌嗪环完全脱去，通过 Cl· 连续攻击使得喹诺酮基脱去。

9.3.3.2　$NOR^{+,-}$ 降解路径分析

采用 E^+-微纳米气泡臭氧降解 $NOR^{+,-}$，共检测到 12 种中间产物，降解路径同 $NOR^{+,0}$ 的降解路径相似，其降解机理如图 9-27 所示。

哌嗪环开裂（路径 I）、苯环脱氟（路径 II）和哌嗪环/喹诺酮基同时开裂（路径 III）仍然为主要的三种降解路径。哌嗪环开裂的中间产物 P1、P2、P3、P4、P5 和苯环脱氟的中间产物 P7 与 $NOR^{+,0}$ 降解中间产物均被检出。路径 III 的中间产物 P12（m/z 404）、P13（m/z 340）和 P14（m/z 227）首次被检出，P12（$+16+16+35.5+16$）和 P13（$+16+16+35.5+16-35.5-1-28$）是由于相应的 O（16）、Cl（35.5）、H（1）和 CO（28）的加入和去除。

9.3.3.3　$NOR^{0,-}$ 降解路径分析

采用 E^+-微纳米气泡臭氧降解 $NOR^{0,-}$，共检测到 18 种中间产物，种类明显多于其他两

种诺氟沙星离子形态降解，其降解路径同其他两种也有所不同，主要包括（Ⅰ）哌嗪环的开裂、（Ⅱ）喹诺酮基的开裂和（Ⅲ）哌嗪环和喹诺酮基同时开裂，其降解机理如图 9-28 所示。

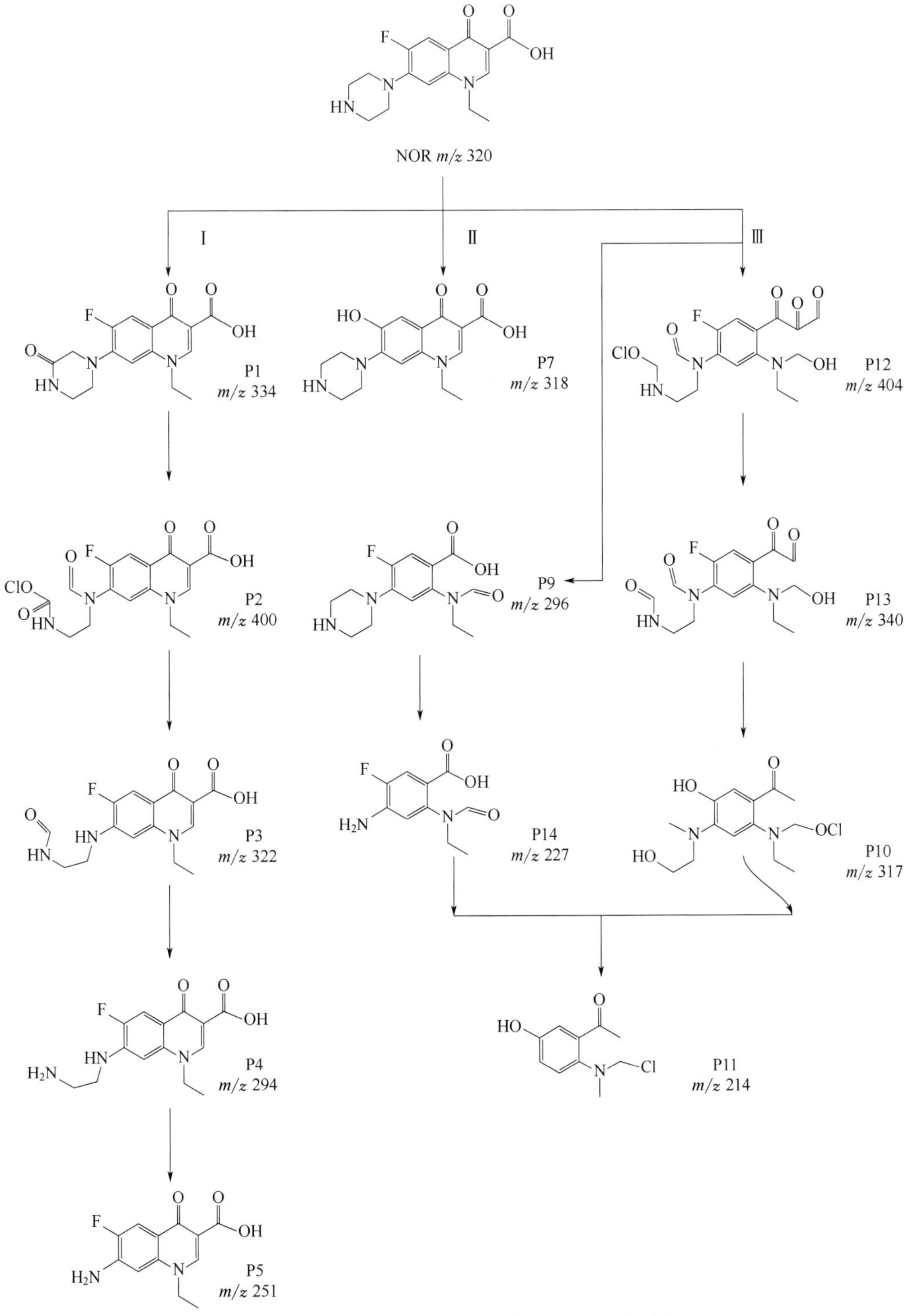

图 9-27　E$^+$-微纳米 O$_3$ 体系中 NOR^{+-}降解路径

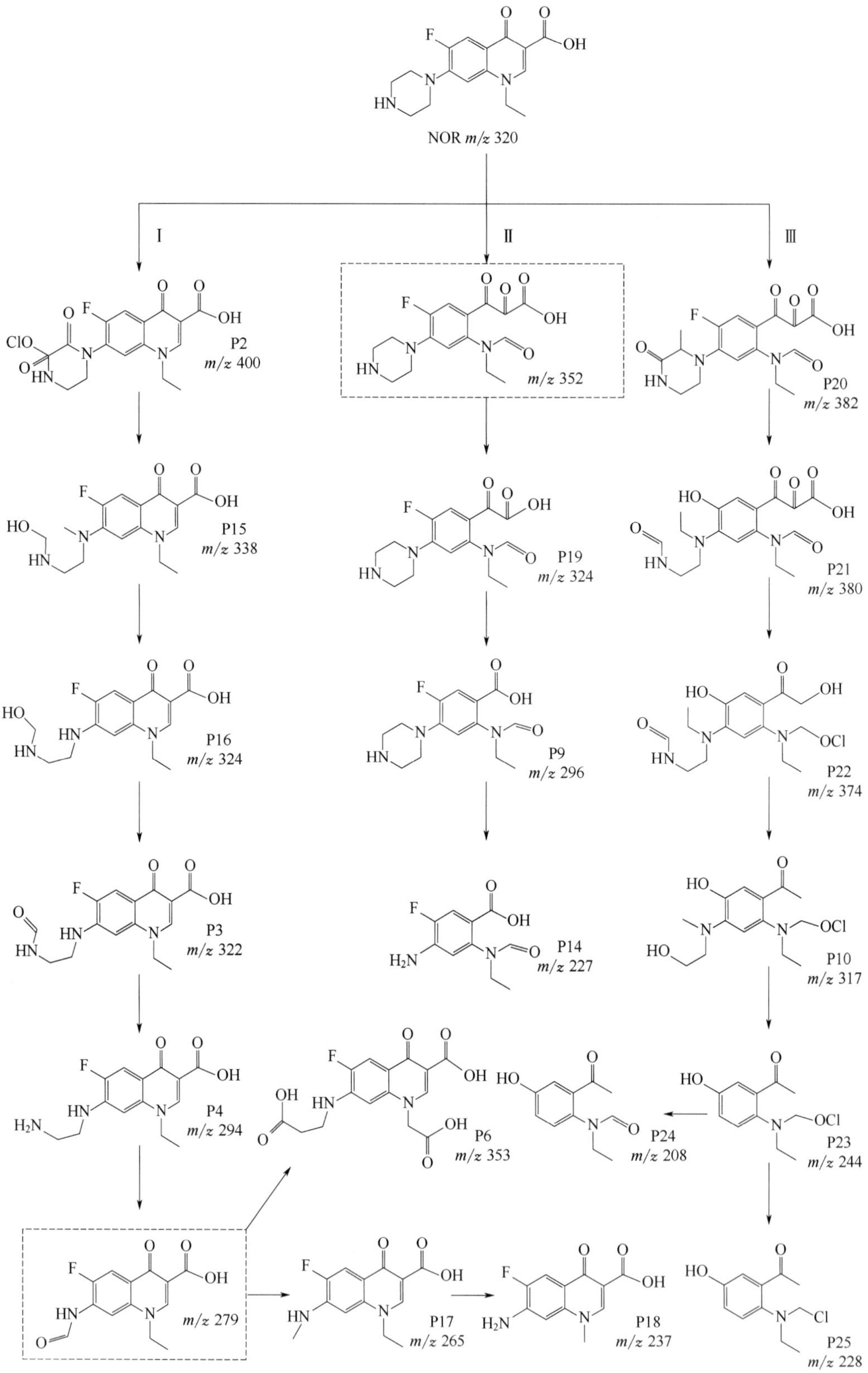

图9-28　E⁺-微纳米 O₃体系中 NOR⁰·-降解路径

（1）路径Ⅰ：哌嗪环的开裂

相比于 NOR$^{+,0}$ 和 NOR$^{+,-}$，更全面的中间产物 P15（m/z 338）、P16（m/z 324）、P17（m/z 265）和 P18（m/z 237）被检测到。P2（m/z 400）是通过·OH 和 Cl· 对 NOR$^{0,-}$ 共同氧化形成的，哌嗪环开裂后，进一步的中间产物被检测到，例如：P15（338，−62）、P16（324，−62 −14）、P3（322，−62 −14 −2）、P4（294，−62 −14 −2 −28）、P17（265，−62 −14 −2 −28 −29）和 P18（237，−62 −14 −2 −28 −29 −28），这些中间产物的产生分别是由−2O−Cl+5H（62）、−CH$_2$（14）、−2H（2）、−CO（28）、−CH−NH$_2$（29）和−2CH$_2$（28）造成的，其逐步反应机制如式（9-4）所示。

$$\cdots\!-\!\text{NH}\!-\!\text{CH}_2\!-\!\text{CH}_2\!-\!\text{NH}_2 \xrightarrow{\cdot\text{OH}} \cdots\!-\!\text{NH}\!-\!\text{CH}_2\!-\!\overset{\overset{\text{O}^+}{\|}}{\text{CH}} \xrightarrow{\cdot\text{OH}} \cdots\!-\!\text{NH}\!-\!\text{CH}_3 \xrightarrow{\cdot\text{OH}} \cdots\!-\!\text{NH}_2 \quad (9\text{-}4)$$

（2）路径Ⅱ：喹诺酮基的开裂

·OH 首先对喹诺酮基的碳碳双键进行攻击，产生中间产物（m/z 352），在文献中有报道，但在本研究中未检测到。其后续产生的中间体在 m/z 352 基础上连续脱除羰基基团，形成 P19（m/z 324）、P9（m/z 296）和 P14（m/z 227）。

（3）路径Ⅲ：哌嗪环和喹诺酮基同时开裂

路径Ⅲ中检测到更为详细的中间产物，哌嗪环和喹诺酮基上的羟基的氧化羰基化和碳碳双键的断裂是由·OH 攻击引起的。中间产物 P20（m/z 382）是由于氧原子的添加首先产生，P21（m/z 380）是 P20 脱氟反应产生（−F+OH）。中间产物 P22（m/z 374）、P10（m/z 317）和 P23（m/z 244）通过脱羧反应、加氯反应和脱羟基反应接连生成。P23（m/z 244）通过 Cl·/·ClO 和·OH 氧化，进一步转化为 P25（m/z 228，−16）和 P24（m/z 208，−36），可能是由氧原子和氯原子的脱去作用导致的。

9.3.3.4　机理剖析

如图 9-29 所示，在不同离子形态的诺氟沙星降解中检测的中间产物的相对峰面积具有不同的趋势。NOR$^{0,-}$ 在降解中的中间产物峰面积是 NOR$^{+,0}$ 和 NOR$^{+,-}$ 降解中间产物的 3～4 倍。随着诺氟沙星浓度的不断降低，中间产物呈现出先增加后降低的趋势，是由于中间产物的进一步降解逐渐超越生成，成为主导。

E$^+$-微纳米 O$_3$ 降解 NOR$^{+,0}$ 时，路径Ⅰ哌嗪环开裂检测到的中间产物有 6 种，路径Ⅱ苯环脱氟和路径Ⅲ哌嗪环和喹诺酮基同时开裂检测到的中间产物分别为 2 种和 3 种。结果发现，中间产物 P7（m/z 318）和 P4（m/z 294）的浓度明显高于其他中间体，说明路径Ⅰ哌嗪环开裂和路径Ⅱ苯环脱氟在 E$^+$-微纳米 O$_3$ 降解 NOR$^{+,0}$ 中的作用占比较大。

E$^+$-微纳米 O$_3$ 降解 NOR$^{+,-}$ 时，路径Ⅰ哌嗪环开裂、路径Ⅱ苯环脱氟和路径Ⅲ哌嗪环和喹诺酮基同时开裂检测到的中间产物分别为 5 种、1 种和 6 种。P4（m/z 294）的峰面积明显高于其他中间产物，P12（m/z 404）的峰面积位于第二，说明路径Ⅰ哌嗪环开裂在 E$^+$-微纳米 O$_3$ 降解 NOR$^{+,-}$ 中占比较大，路径Ⅲ哌嗪环和喹诺酮基同时开裂相对 NOR$^{+,0}$ 降解明显增强。

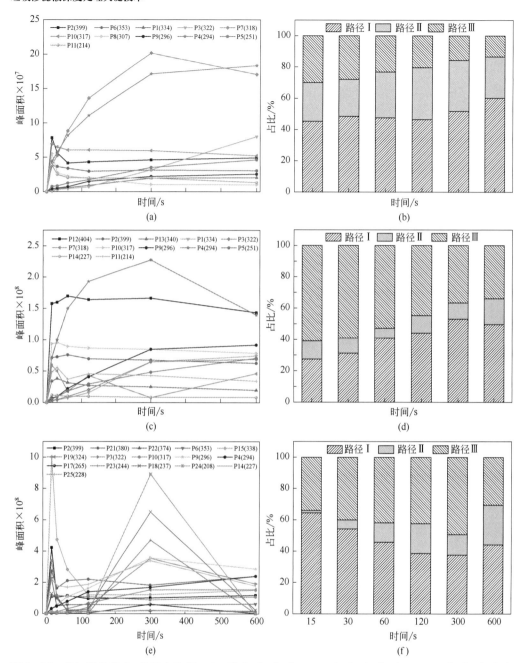

图 9-29 E⁺-微纳米 O₃ 体系中降解 NOR⁺,⁰（a）、（b），NOR⁺,⁻（c）、（d）和 NOR⁰,⁻（e）、（f）中间产物峰面积及可能路径作用占比

　　E⁺-微纳米 O₃ 降解 NOR⁰,⁻时，路径Ⅰ哌嗪环开裂、路径Ⅱ喹诺酮基开裂和路径Ⅲ哌嗪环和喹诺酮基同时开裂检测到的中间产物分别为 8 种、3 种和 7 种。在反应初始的 15 s，中间产物 P15（m/z 338）显著增加，说明路径Ⅰ哌嗪环开裂在初始阶段为主要反应。在 100～300 s 的反应阶段，P23（m/z 244）和 P25（m/z 228）增长明显，说明路径Ⅲ哌嗪环和喹诺酮基同时开裂在后期为主要反应路径。

　　实验结果表明，诺氟沙星在 E⁺-微纳米 O₃ 体系中的降解产物和路径明显受到其离子形式的影响，·OH 和 Cl· 的标准氧化还原电位高于哌嗪基环上的羟基化活化能、喹诺酮基上的脱氟和羟基化反应的能级，诺氟沙星哌嗪环和喹诺酮基的开裂在其他高级氧化技术中均有报道。

9.3.4　浓缩液诺氟沙星降解及环境影响分析

在反应条件为臭氧投加浓度为 10 mg/L、初始 pH 值为 9.0、电流为 300 mA、极板质地为 RuO_2/Ti、极板间隔为 5 cm、尺寸为 10 cm×10 cm 的情况下，探究 E^+-微纳米 O_3 降解实际渗滤液浓缩液中诺氟沙星的效能，如图 9-30 所示。

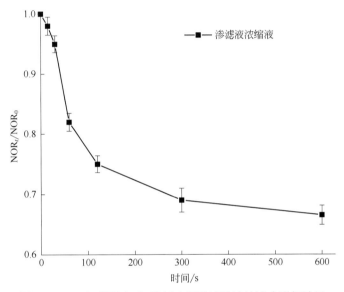

图 9-30　E^+-微纳米 O_3 降解实际渗滤液浓缩液中诺氟沙星

E^+-微纳米 O_3 降解实际渗滤液浓缩液中诺氟沙星的去除率明显低于诺氟沙星模拟纯溶液，采用实际渗滤液浓缩液，在 600 s 的反应时间中诺氟沙星的去除率为 33.5%。实验表明，实际废水中存在复杂物质，例如腐殖酸、阴离子等，同其中的新型污染物在 E^+-微纳米 O_3 过程中存在竞争关系。稀释后的渗滤液浓缩液中诺氟沙星的初始浓度和其他污染物浓度均降低的情况，诺氟沙星的去除效率提高。

现阶段渗滤液浓缩液处理研究主要关注一些常规污染物的去除，例如 COD_{Cr}、TN 和 TP 等，往往忽略了新型污染物如抗生素、农药等的变化。本研究中采用 E^+-微纳米 O_3 降解实际渗滤液浓缩液，溶解性有机物的形态结构发生较大改变，同时该体系针对渗滤液浓缩液中的新型污染物均有较好的降解效果。溶解性有机物的结构变化会影响到其与新型污染物之间的相互络合作用，从而进一步影响新型污染物在水环境中的转化转移和生物利用。

E^+-微纳米 O_3 处理渗滤液浓缩液可以极大程度地去除以腐殖质为主的溶解性有机物，可有效促进降低水环境中新型污染物和常规有机物的污染风险。因此，采用该方法应用于渗滤液浓缩液的处理中有助于改善其后期对整个环境的生态风险。

9.4　活性物质作用效能分析

9.4.1　溶解臭氧浓度

臭氧分子是 E^+-微纳米 O_3 氧化体系中关键氧化活性物质，设置以盐离子 NaCl、Na_2SO_4 和去离子水配制的与渗滤液浓缩液电导率和氯离子浓度相同的模拟溶液，探究其在液相中的溶解浓度，可以考量不同氧化体系以及各因素的影响机理。

9.4.1.1　E^+-微纳米 O_3 氧化协同效能

反应条件设置臭氧投加浓度为 80 mg/L，初始 pH 值为 5.0，极板质地为 RuO_2/Ti，极板间隔为 5 cm，尺寸为 10 cm×10 cm，电流密度为 30 mA/cm²。对比微纳米 O_3 单独氧化和 E^+-微纳米 O_3 协同氧化体系中液相溶解臭氧浓度，如图 9-31 所示。

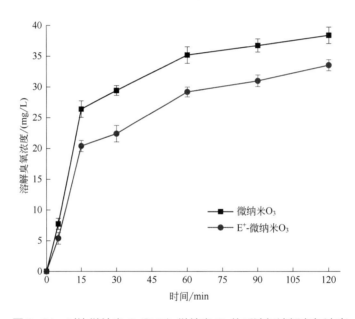

图 9-31　对比微纳米 O_3 和 E^+-微纳米 O_3 体系液相溶解臭氧浓度

E^+-微纳米 O_3 和微纳米 O_3 体系中液相溶解臭氧浓度均呈现先快速累积（0~15 min）后缓慢累积的趋势。在快速增长期，微纳米 O_3 体系中溶解臭氧浓度可达到 26.4 mg/L，E^+-微纳米 O_3 体系中溶解臭氧浓度相对较低，浓度为 20.4%。在缓慢增长期，E^+-微纳米 O_3 和微纳米 O_3 体系中液相溶解臭氧浓度分别为 33.5% 和 38.4%。实验结果分析得出在电化学共同降解下，臭氧在液体中溶解浓度降低，其转化路径可能为：a.臭氧在极板上得电子被转化为 $\cdot OH$；b.氧气在极板上转化为 H_2O_2，进一步同臭氧反应生成 $\cdot OH$。

9.4.1.2　初始 pH 值影响

为了探究初始 pH 值对 E^+-微纳米 O_3 氧化体系的影响，反应条件设置臭氧投加浓度为

80 mg/L、极板质地为 RuO_2/Ti、极板间隔为 5 cm、尺寸为 10 cm×10 cm、30 mA/cm^2 的电流密度下，探究了初始 pH 值分别为 5.0、7.0、9.0 和 11.0 时，E^+-微纳米 O_3 氧化体系中液相中溶解臭氧浓度情况，如图 9-32 所示。

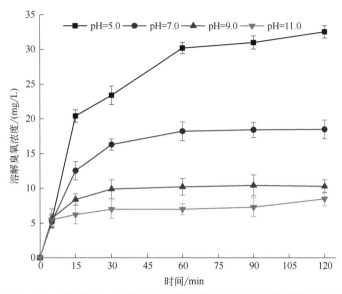

图 9-32　不同初始 pH 值下 E^+-微纳米 O_3 体系液相溶解臭氧浓度

不同初始 pH 值下，E^+-微纳米 O_3 系统中溶于液体中的臭氧浓度呈现不同的趋势，当 pH 在非碱性环境下，液相溶解臭氧浓度呈现先快速累积后缓慢累积的趋势，当 pH 为碱性时，液相溶解臭氧浓度较快地进入平稳的状态。当 pH 值由 5.0 增加到 11.0 时，经过 120 min 的累积后，液相溶解臭氧浓度分别为 32.5 mg/L、18.5 mg/L、10.3 mg/L 和 8.5 mg/L。同微纳米 O_3 体系中 pH 值对液相溶解臭氧浓度影响相似，酸性条件有利于臭氧在液相中的稳定存在，同时提高其在液相中的含量，碱性环境下，OH^- 作为臭氧间接反应的激发剂可以促使液相中的臭氧转化为更多的氧活性物质。

9.4.1.3　电流密度影响

为了探究电流密度对 E^+-微纳米 O_3 氧化体系的影响，反应条件设置臭氧投加浓度为 80 mg/L、初始 pH 值为 9.0、极板质地为 RuO_2/Ti、极板间隔为 5 cm、尺寸为 10 cm × 10 cm，探究了电流密度分别为 10mA/cm^2、20mA/cm^2、30mA/cm^2 和 40mA/cm^2 时，E^+-微纳米 O_3 氧化体系中液相溶解臭氧浓度情况，如图 9-33 所示。

不同电流密度下，E^+-微纳米 O_3 体系中液相溶解臭氧浓度均呈现先快速累积（0～15min）后缓慢累积的趋势。在快速增长期，当电流密度为 10 mA/cm^2、20 mA/cm^2、30 mA/cm^2 和 40 mA/cm^2 时，液相溶解臭氧浓度分别为 28.6 mg/L、25.2 mg/L、20.4 mg/L 和 20.4 mg/L。经过 15～120 min 的慢速累积期，当电流密度分别为 10 mA/cm^2、20 mA/cm^2、30 mA/cm^2 和 40 mA/cm^2 时，液相溶解臭氧浓度分别为 37.0 mg/L、35.3 mg/L、32.5 mg/L 和 30.0 mg/L。因此，在 E^+-微纳米 O_3 体系中，当电流密度不断提高时，液相溶解臭氧浓度逐渐降低，说明不断提高电化学在其中的作用，会加速 O_3 在反应体系中的进一步转化，有效增强反应过程中的氧化作用。

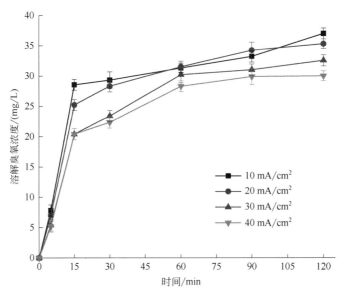

图 9-33　不同电流密度下 E^+-微纳米 O_3 体系液相溶解臭氧浓度

9.4.2　羟基自由基

9.4.2.1　E^+-微纳米 O_3 氧化协同效能

为了验证·OH 的产生和对其定量化分析，分别采用 EPR 检测和以对苯二甲酸为捕获剂的荧光光谱法，以盐离子 NaCl、Na_2SO_4 和去离子水配制的与渗滤液浓缩液电导率和氯离子浓度相同的模拟溶液，测定 E^+-微纳米 O_3 氧化体系·OH 的产生情况。

采用 EPR 检测技术分别探究微纳米 O_3 单独、电化学单独以及 E^+-微纳米 O_3 三个氧化体系中·OH 的产生，臭氧投加浓度为 80 mg/L，电流密度为 30 mA/cm^2，反应温度控制在 25 ℃，pH 值控制在 9.0，5,5-二甲基-1-吡咯啉-N-氧化物（DMPO）浓度为 100 mmol/L，在 1 min 的反应后进行取样，EPR 谱图如 9-34 所示。

在微纳米 O_3 单独氧化体系中，EPR 捕获的峰值信号强度比为 1∶2∶1∶2∶1∶2∶1，该峰信号代表的是 DMPO 的氮氧自由基（DMPOX），DMPOX 的产生不是源自对·OH 的捕捉（DMPO-·OH），而是源自对 DMPO 的单电子直接氧化。在电化学单独和 E^+-微纳米 O_3 氧化体系中，EPR 捕获的峰值信号强度比均为 1∶2∶2∶1，是捕捉到·OH 的典型峰型。为了对比不同氧化体系的·OH 的产生情况，以对苯二甲酸为捕获剂的荧光光谱法定量测定·OH 的产量。

如图 9-35 所示，研究结果表明，E^+-微纳米 O_3 氧化体系中产生的·OH 浓度最高，平均浓度为 5.2×10^{-5} mmol/L，大约是微纳米 O_3 单独和电化学单独产生的·OH 浓度的 2 倍和 6 倍。采用 EPR 测定微纳米 O_3 单独氧化体系中的·OH 时，受到了高浓度臭氧的影响，没有直接检测到·OH 的典型峰型，但采用对苯二甲酸为捕获剂的荧光光谱法检测出其中·OH 产生量为 $2.3×10^{-5}$ mmol/L。可以看出，在 E^+-微纳米 O_3 氧化体系中确实存在·OH 的强化作用。

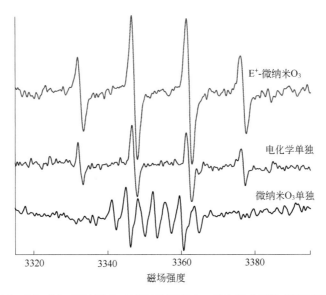

图 9-34　E^+-微纳米 O_3 体系 DMPO 与·OH 加成后的 EPR 谱图

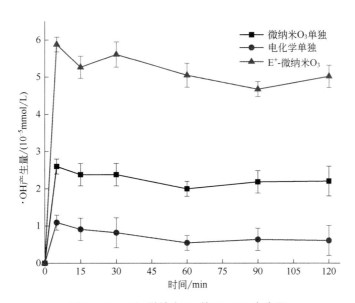

图 9-35　E^+-微纳米 O_3 体系·OH 产生量

9.4.2.2　初始 pH 值影响

为了探究初始 pH 值对 E^+-微纳米 O_3 氧化体系的影响，反应条件设置臭氧投加浓度为 80 mg/L、极板质地为 RuO_2/Ti、极板间隔为 5 cm、尺寸为 10 cm×10 cm、电流密度为 30 mA/cm²，探究了初始 pH 值分别为 5.0、7.0、9.0 和 11.0 时，E$^+$-微纳米 O$_3$ 氧化体系中·OH 的产生情况，如图 9-36 所示。

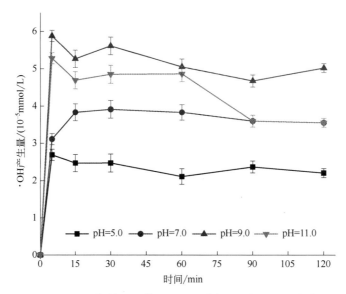

图 9-36　不同初始 pH 值下 E$^+$-微纳米 O$_3$ 体系·OH 产生量

pH 值是臭氧分解过程很重要的因素之一，当 pH 值为 5.0 时溶液中·OH 的平均浓度为 2.4×10^{-5} mmol/L，当 pH 值为 7.0 和 9.0 时溶液中·OH 的平均浓度分别提升至 3.6×10^{-5} mmol/L 和 5.2×10^{-5} mmol/L，可以看出碱性条件有利于对臭氧的诱导分解，产生更多的·OH。但当持续增长 pH 值至 11.0 时，溶液中·OH 的平均浓度没有进一步增长，反而降低至 4.5×10^{-5} mmol/L，与 E$^+$-微纳米 O$_3$ 处理渗滤液浓缩液最佳 pH 值条件相符，在较高 pH 值（pH>9.0）的条件下，E$^+$-微纳米 O$_3$ 体系对浓缩液 COD$_{Cr}$ 的去除率变低，可能是由于过剩的·OH 相互之间的泯灭作用。

9.4.2.3　电流密度影响

为了探究电流密度对 E$^+$-微纳米 O$_3$ 氧化体系的影响，分析其中氧化性自由基是十分有必要的，反应条件设置臭氧投加浓度为 80 mg/L、初始 pH 值为 9.0、极板质地为 RuO$_2$/Ti、极板间隔为 5 cm、尺寸为 10 cm×10 cm，探究了电流密度分别控制在 10 mA/cm^2、20 mA/cm^2、30 mA/cm^2 和 40 mA/cm^2 时，E$^+$-微纳米 O$_3$ 氧化体系中·OH 的产生情况，如图 9-37 所示。

当电流密度由 10 mA/cm^2 增加到 30 mA/cm^2 时，溶液中·OH 的平均累积浓度分别为 2.5×10^{-5} mmol/L、4.3×10^{-5} mmol/L 和 5.2×10^{-5} mmol/L。但当持续增大电流密度至 40 mA/cm^2 时，·OH 的平均浓度并没有进一步增长，反而降低至 4.2×10^{-5} mmol/L，可能是由于较高的电流密度造成氧化因子之间的自我泯灭作用。

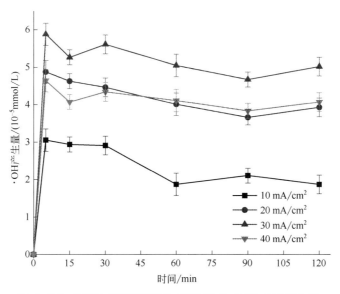

图 9-37　不同电流密度下 E$^+$-微纳米 O$_3$ 体系·OH 产生量

9.4.2.4　通电模式影响

为了探究电化学通电模式对渗滤液浓缩液去除的影响，反应条件设置臭氧投加浓度为 80 mg/L，电流密度设置为 30 mA/cm^2，极板质地为 RuO$_2$/Ti，极板间距为 5 cm，尺寸为 10 cm × 10 cm，初始 pH 值为 9.0，空白实验为 120 min 的连续通电协同臭氧氧化，4 组对照组分别采用间接通电协同臭氧氧化，分别为每 5 min 间隔和每 10 min 间隔。不同的通电模式对 E$^+$-微纳米 O$_3$ 氧化体系·OH 的产生情况如图 9-38 所示。

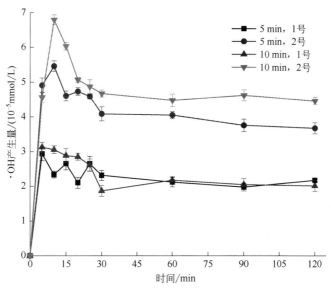

图 9-38　不同通电模式下 E$^+$-微纳米 O$_3$ 体系·OH 产生量

1 号代表先通电；2 号代表后通电

在不同的通电模式下，E⁺-微纳米 O_3 体系中均表现为先增大、再减小、最后稳定的变化态势。后通电模式下·OH 的浓度明显高于先通电模式，5 min 后通电和 10 min 后通电·OH 平均浓度可达 $4.4×10^{-5}$ mmol/L 和 $5.1×10^{-5}$ mmol/L，而 5 min 前通电和 10 min 前通电·OH 平均浓度仅为 $2.4×10^{-5}$ mmol/L 和 $2.5×10^{-5}$ mmol/L。在最初反应的前 10 min，在臭氧单独的条件下，初始 pH 值对其影响较大，产生的·OH 主要为臭氧在碱性条件下的转化。在先通电模式中，臭氧自身的间接反应受到抑制，·OH 在该体系中作用占比降低，可能是通过电解作用转化得到的活性氯同·OH 进一步生成 Cl· 或 ClO· 为主导的氧化活性物质。

9.4.3 过氧化氢

9.4.3.1 电化学臭氧氧化协同效能

H_2O_2 作为电化学过程中氧活性基团转化的中间氧化活性物质，探究其微纳米 O_3 单独、电化学单独和 E⁺-微纳米 O_3 体系中 H_2O_2 浓度的变化是很有必要的。反应条件设置为以 NaCl、Na_2SO_4 和去离子水配制的与渗滤液浓缩液等电导率和等氯离子含量的模拟溶液，臭氧投加浓度为 80 mg/L，初始 pH 值为 9.0，极板质地为 RuO_2/Ti，极板间隔为 5 cm，尺寸为 10 cm × 10 cm，电流密度为 30 mA/cm²，在三个不同体系中 H_2O_2 浓度如图 9-39 所示。

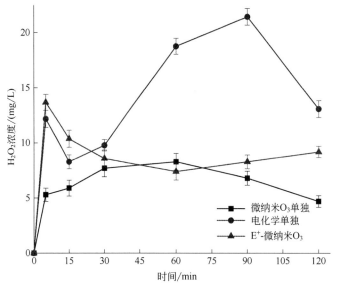

图 9-39 E⁺-微纳米 O_3 体系 H_2O_2 产生量

实验结果表明，在微纳米 O_3 单独氧化体系中，H_2O_2 的浓度呈先增加、后趋于平稳稍有下降的趋势，可以认为在一定时间内，H_2O_2 在臭氧反应体系中产生与其消耗达到动态平衡，平均浓度为 6.4 mg/L。在电化学单独氧化体系中，在 0～90 min 反应阶段，整体 H_2O_2 的浓度主要呈上升阶段，由于氧气在阴极持续被还原，造成 H_2O_2 的累积，H_2O_2 最大浓度可达到 21.4 mg/L，但 90～120 min 反应阶段，H_2O_2 的浓度存在下降的趋势，可能是由于其中过多的 H_2O_2 造成其自身存在泯灭作用。在 E⁺-微纳米 O_3 氧化体系中，H_2O_2 浓度明显低于电化学单独体系中浓度，表现为先升高、再减小、最后逐渐平稳的趋势，平均浓度为 8.9 mg/L，说明在 E^+-微纳米 O_3 氧化体系中存在 H_2O_2 的进一步转化，已有文献报道 O_3 和 H_2O_2 可以进一步生成·OH。

9.4.3.2　初始 pH 值影响

为了探究初始 pH 值对 E^+-微纳米 O_3 氧化体系的影响，反应条件设置臭氧投加浓度为 80 mg/L，极板质地为 RuO_2/Ti，极板间隔为 5 cm，尺寸为 10 cm × 10 cm，电流密度为 30 mA/cm²，探究了初始 pH 值分别为 5.0、7.0、9.0 和 11.0 时 E^+-微纳米 O_3 氧化体系中·OH 的产生情况，如图 9-40 所示。

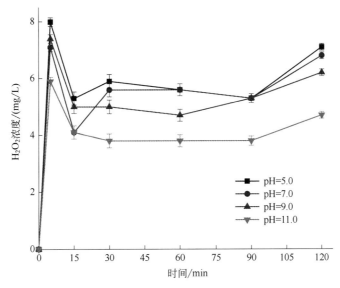

图 9-40　不同初始 pH 值下 E^+-微纳米 O_3 体系 H_2O_2 产生量

在不同的初始 pH 值条件下，E^+-微纳米 O_3 氧化体系中的 H_2O_2 的产生均表现为先增大、再减小、最后逐渐平稳的趋势。在 0～5 min 反应阶段，H_2O_2 浓度增长迅速，在初始 pH 值分别为 5.0、7.0、9.0 和 11.0 的条件下，H_2O_2 浓度分别为 8.0 mg/L、7.1 mg/L、7.4 mg/L 和 5.9 mg/L。在 5～15 min 反应阶段，H_2O_2 浓度呈下降趋势。在 15～120 min 反应阶段，H_2O_2 浓度趋于平稳，平均浓度分别为 5.8 mg/L、5.5 mg/L、5.2 mg/L 和 4.0 mg/L。可以发现在 pH 值小于 7 时 H_2O_2 的分解被抑制，碱性条件下有利于其进一步分解。

9.4.3.3　电流密度影响

为了探究电流密度对 E^+-微纳米 O_3 氧化体系的影响，反应条件设置臭氧投加浓度为 80 mg/L，初始 pH 值为 9.0，极板质地为 RuO_2/Ti，极板间隔为 5 cm，尺寸为 10 cm × 10 cm，探究了电流密度分别为 10 mA/cm²、20 mA/cm²、30 mA/cm² 和 40 mA/cm² 时 E^+-微纳米 O_3 氧化体系中 H_2O_2 的产生情况，如图 9-41 所示。

在不同的电流密度条件下，E^+-微纳米 O_3 氧化体系中的 H_2O_2 的产生均表现为先增大、再减小、最后逐渐平稳的过程。在 0～5 min 反应阶段，H_2O_2 浓度增长迅速，在电流密度分别控制在 10 mA/cm²、20 mA/cm²、30 mA/cm² 和 40 mA/cm² 时，H_2O_2 浓度分别为 5.3 mg/L、5.9 mg/L、7.4 mg/L 和 5.6 mg/L。在 5～15 min 反应阶段，H_2O_2 浓度呈下降趋势。在 15～120 min 反应阶段，H_2O_2 浓度趋于平稳，平均浓度分别为 4.3 mg/L、4.8 mg/L、5.2 mg/L 和 4.6 mg/L。可以看出当电流密度持续增大至 40 mA/cm² 时，H_2O_2 浓度有降低的趋势，可能是由于较高的电流密度造成氧化因子之间的自我泯灭作用。

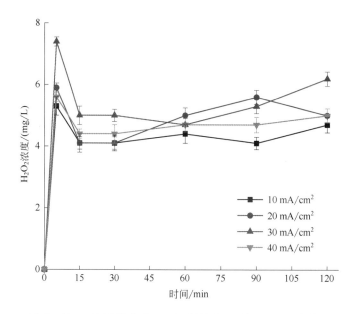

图 9-41　不同电流密度下 E⁺-微纳米 O_3 体系 H_2O_2 产生量

9.4.3.4　通电模式影响

为了探究电化学通电模式对渗滤液浓缩液去除的影响，反应条件设置臭氧投加浓度为 80 mg/L，电流密度为 30 mA/cm²，以 RuO_2/Ti 为基材的电极板，极板间隔为 5 cm，尺寸为 10 cm × 10 cm，初始 pH 值为 9.0，空白实验为 120 min 的连续通电协同臭氧氧化，4 组对照组分别采用间接通电协同臭氧氧化，分别为每 5 min 间隔和每 10 min 间隔。不同的通电模式对 E⁺-微纳米 O_3 氧化体系 H_2O_2 的产生情况如图 9-42 所示。

在不同的通电模式条件下，E⁺-微纳米 O_3 氧化体系中先通电模式 H_2O_2 的浓度呈先上升、再下降、最后平衡的趋势，后通电模式 H_2O_2 的浓度呈先显著上升、再下降、最后缓慢上升的趋势。对比前 5 min 通电和不通电体系中 H_2O_2 的存在浓度，可以看出电化学有利于提高 H_2O_2 的产生。从整体的趋势看，5 min 间隔相对于 10 min 间隔的 H_2O_2 的浓度高。5 min 后通电模式在反应前期，H_2O_2 浓度处于较低水平，参与进一步产生·OH，反应后期浓度呈明显的上升趋势。

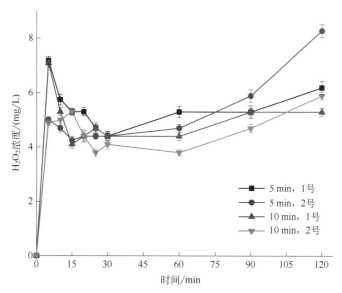

图 9-42　不同通电模式下 E$^+$-微纳米 O$_3$ 体系 H$_2$O$_2$ 产生量

1 号代表先通电；2 号代表后通电

9.4.4　活性氯

9.4.4.1　电化学臭氧氧化协同效能

为了探究微纳米 O$_3$ 单独、电化学单独和 E$^+$-微纳米 O$_3$ 体系中活性氯浓度（RCS）的变化，采用以 NaCl、Na$_2$SO$_4$ 和去离子水配制的与渗滤液浓缩液等电导率和等氯离子含量的模拟溶液，臭氧投加浓度为 80 mg/L，初始 pH 值为 9.0，极板质地为 RuO$_2$/Ti，极板间隔为 5 cm，尺寸为 10 cm × 10 cm，电流密度为 30 mA/cm^2，在三个不同体系中其活性氯的浓度如图 9-43 所示。

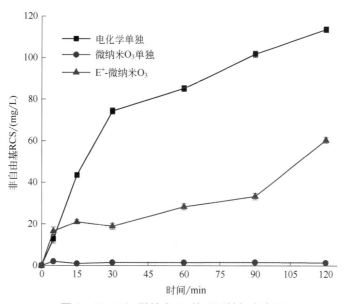

图 9-43　E$^+$-微纳米 O$_3$ 体系活性氯产生量

实验结果表明，在微纳米 O_3 单独氧化体系中，活性氯的浓度处于较低水平，平均浓度为 3.7 mg/L，可以认为在微纳米 O_3 单独氧化体系中活性氯对其中氧化有机物作用较小。在电化学单独氧化体系中，Cl^- 会持续不断地在阳极失去电子，生成氯气，并转化为次氯酸等活性氯物质，随时间的增长逐渐累积，在反应时间为 120 min 时，活性氯累积量可达 113.7 mg/L。在 E^+-微纳米 O_3 氧化体系中，活性氯浓度比电化学单独体系中明显降低，在反应时间为 120 min 时，活性氯累积量为 60.4 mg/L，说明活性氯在 E^+-微纳米 O_3 氧化体系中得到了进一步的转化，可能转化为具有高选择性的氧化性物质 $Cl\cdot$ 或 $ClO\cdot$。

9.4.4.2 初始 pH 值影响

为了探究初始 pH 值对 E^+-微纳米 O_3 氧化体系的影响，采用以 NaCl、Na_2SO_4 和去离子水配制的与渗滤液浓缩液等电导率和等氯离子含量的模拟渗滤液，臭氧投加浓度为 80 mg/L，以 RuO_2/Ti 为基材的电极板，极板间隔为 5 cm，尺寸为 10 cm×10 cm，电流密度为 30 mA/cm^2 的条件下，探究了初始 pH 值设置在 5.0、7.0、9.0 和 11.0 的条件下 E^+-微纳米 O_3 氧化体系中活性氯的产生情况，如图 9-44 所示。

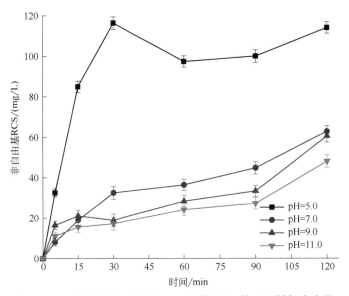

图 9-44　不同初始 pH 值下 E^+-微纳米 O_3 体系活性氯产生量

在不同的初始 pH 值条件下，E^+-微纳米 O_3 氧化体系中的活性氯的产生表现为随时间不断累积的趋势。当 pH 为酸性时，体系中活性氯浓度明显高于其他实验组，在 0～30 min 反应阶段，活性氯浓度处于快速增长期，在 30 min 时，累积浓度达到 114.0 mg/L，在反应后期，处于一定的平衡状态，可能是由于大量累积的活性氯自我泯灭造成高价态氯的产生。当初始 pH 由中性不断提高至碱性（9.0 和 11.0）时，活性氯的浓度呈现降低的趋势，经过 120 min 的累积，活性氯的浓度分别达到 62.8 mg/L、60.4 mg/L 和 48.0 mg/L，说明酸性条件有利于活性氯的稳定，活性氯成为酸性条件下比较占优势的氧化活性物质，在碱性条件下会向氯自由基转化。

9.4.4.3　电流密度影响

活性氯（HClO 或 ClO⁻）是电化学氧化过程中重要的氧化活性基团，同时受到电流密度的影响，为了探究电流密度对 E⁺-微纳米 O_3 氧化体系的影响，考虑其在 E⁺-微纳米 O_3 氧化体系中的作用，采用以 NaCl、Na_2SO_4 和去离子水配制的与渗滤液浓缩液等电导率和等氯离子含量的模拟溶液，臭氧投加浓度为 80 mg/L，初始 pH 值为 9.0，极板质地为 RuO_2/Ti，极板间隔为 5 cm，尺寸为 10 cm×10 cm 的条件下，探究了电流密度控制在 10 mA/cm²、20 mA/cm²、30 mA/cm² 和 40 mA/cm² 的条件下 E⁺-微纳米 O_3 氧化体系中活性氯的产生情况，如图 9-45 所示。

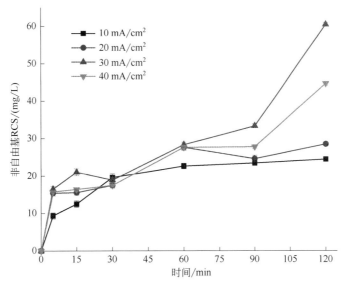

图 9-45　不同电流密度下 E⁺-微纳米 O_3 体系活性氯产生量

当电流密度由 10 mA/cm² 增大到 30 mA/cm² 时，E⁺-微纳米 O_3 氧化体系中活性氯的产生和在溶液中的累积明显升高，但当电流密度持续增大到 40 mA/cm² 时，其活性氯的浓度反而降低，可能是由于当电流密度过大时，造成了活性氯向高价态氯的转化或高电流条件下活性氯的自我泯灭现象。当电流密度为 10 mA/cm² 和 20 mA/cm² 时，活性氯的产生随着时间先升高后逐渐稳定，说明在该电流密度的条件下，可以达到活性氯的平衡，活性氯不能大量累积。当电流密度持续增大到 30 mA/cm² 和 40 mA/cm² 时，活性氯的产生随着时间先快速增长后缓慢增长，但反应时间大于 90 min 时活性氯造成大量的累积。

9.4.4.4　通电模式影响

为了探究电化学通电模式对渗滤液浓缩液去除的影响，以 NaCl、Na_2SO_4 和去离子水配制的与渗滤液浓缩液等电导率和等氯离子含量的模拟溶液为基底，臭氧投加浓度为 80 mg/L，电流密度为 30 mA/cm²，极板质地为 RuO_2/Ti，极板间隔为 5 cm，尺寸为 10 cm × 10 cm，初始 pH 值为 9.0，空白实验为 120 min 的连续通电协同臭氧氧化，4 组对照组分别采用间接通电协同臭氧氧化，分别为每 5 min 间隔和每 10 min 间隔。不同的通电模式对 E⁺-

微纳米 O_3 氧化体系活性氯的产生情况如图 9-46 所示。

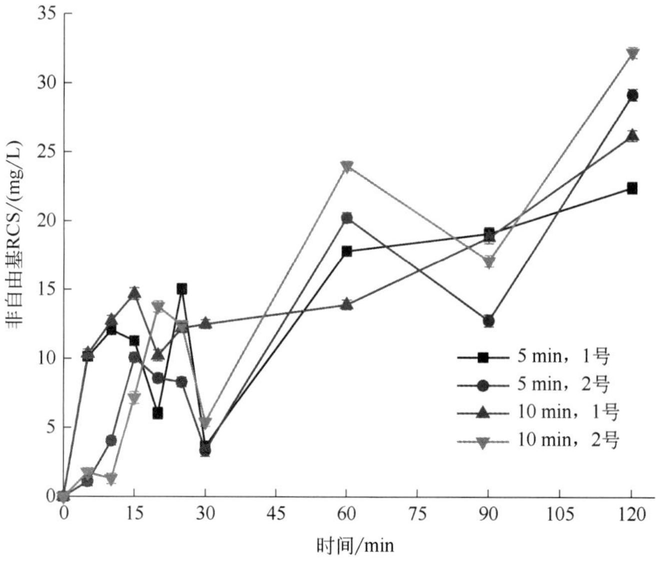

图 9-46　不同通电模式下 E^+-微纳米 O_3 体系活性氯产生量

1 号代表先通电；2 号代表后通电

在不同的通电模式条件下，E^+-微纳米 O_3 氧化体系中先通电模式活性氯的浓度呈现逐渐上升的趋势，后通电模式活性氯的浓度波动较大，呈现上升-下降-上升的规律性变化。经过 120 min 后，后通电模式中累积的活性氯浓度高于先通电模式，10 min 间隔后通电模式活性氯浓度可达到 32.3 mg/L。活性氯的曲折变化主要原因可能是活性氯产生后向 Cl· 不断转化，后通电模式情况下对渗滤液浓缩液的去除效果明显高于先通电模式，可能是由于在不同的通电模式下自由基的自我泯灭造成了其氧化能力下降，适当条件下的通电模式使得自由基的叠加作用增强。

9.4.5　活性物质耦合机制

综上所述，在 E^+-微纳米 O_3 体系中主要的氧化活性物质分为氧活性物质（O_3、·OH、H_2O_2）和氯活性物质（HClO、ClO^-、ClO· 和 Cl·），其协同机理可以总结为臭氧的直接和间接氧化过程（路径Ⅰ）、阴极强化作用（路径Ⅱ和Ⅲ）和阳极强化作用（路径Ⅳ），具体可能的反应方程式如表 9-5 所列。

活性物质协同氧化路径如下。

① 路径Ⅰ：在反应器的中下部分主要存在的是臭氧作为氧化物质的直接氧化过程和在碱性条件下易于产生的 ·OH 作为氧化物质的间接氧化过程，同时由于在阴极电极板可以形成局部 pH 值升高，该区域可以促进臭氧分解为更多的 ·OH [式（1）～式（6）]。

② 路径Ⅱ：多余的 O_2 在阴极电极板上得电子，可以有两种可能的反应路径。第一种是 O_2 得 2 个电子生成 HO_2^-，进一步与臭氧反应生成 ·OH [式（7）、式（8）]。第二种是 O_2 得 2 个电子生成 H_2O_2，进一步与臭氧反应生成 ·OH [式（9）～式（11）]。后者的标准

反应电位为 0.682 V（相对 SHE），明显高于前者的标准反应电位（–0.067 V），由于高标准电位的阴极反应通常优先于低标准电位的反应，第一种氧气的还原反应可以认为是忽略不计的。故阴极 O_2 还原为 H_2O_2 采用双电子途径，其产生的 H_2O_2 在本研究中进行了检测。

表 9-5　E^+-微纳米 O_3 氧化技术反应方程式

路径Ⅰ	$O_3+OH^- \longrightarrow HO_2^- +O_2$	$k=40$ L/(mol·s)	(1)
	$O_3+ HO_2^- \longrightarrow HO_2·+ O_3^-·$	$k=2.2\times10^6$ L/(mol·s)	(2)
	$HO_2· \longrightarrow O_2·+H^+$	$k=7.9\times10^5$ L/(mol·s)	(3)
	$O_2^-·+H^+ \longrightarrow HO_2·$	$k=5\times10^{10}$ L/(mol·s)	(4)
	$O_3+ O_2^-· \longrightarrow O_3^-·+O_2$	$k=1.6\times10^9$ L/(mol·s)	(5)
	$O_3^-·+H_2O \longrightarrow HO·+O_2+OH^-$	$k=20\sim30$ L/(mol·s)	(6)
路径Ⅱ	$O_2+H_2O+2e^- \longrightarrow HO_2^- +OH^-$	–0.067 V（相对 SHE）	(7)
	$HO_2^- +O_3 \longrightarrow ·OH + O_2^-· +O_2$		(8)
	$O_2+2H^++2e^- \longrightarrow H_2O_2$	0.682 V（相对 SHE）	(9)
	$H_2O_2+2O_3 \longrightarrow 2·OH+3O_2$		(10)
	$2H_2O_2+2O_3 \longrightarrow H_2O+3O_2+HO_2·+·OH$		(11)
路径Ⅲ	$O_3+e^- \longrightarrow O_3^-·$	1.23 V（相对 SHE）	(12)
	$O_3^-·+H_2O \longrightarrow ·OH+O_2+OH^-$		(13)
路径Ⅳ	$2Cl^--2e^- \longrightarrow Cl_{2(aq)}$		(14)
	$Cl_{2(aq)}+H_2O \longrightarrow HClO+H^++Cl^-$		(15)
	$HClO \longrightarrow H^+ + ClO^-$		(16)
	$ClO^-+·OH \longrightarrow ClO·+OH^-$		(17)
	$·OH+Cl^- \longrightarrow HClO^-·$		(18)
	$HClO^-·+H^+ \longrightarrow Cl·+H_2O$		(19)

③ 路径Ⅲ：O_3 可以在阴极得 1 个电子，进一步被氧化成·OH，该反应的标准反应电位为 1.23 V（相对 SHE）[式（12）、式（13）]。

④ 路径Ⅳ：溶液中的氯离子在阳极失两个电子，进一步产生非自由基类氯活性物质（HClO 或 ClO⁻），其中在 pH 值为 3.0～8.0 时，HClO（$E^0 =1.49$ V）是较强的氧化剂[式（14）～式（16）]。产生的 HClO 或 ClO⁻会和·OH 产生 ClO·，ClO·的氧化还原电位为 1.5～1.8 V，尽管没有·OH 的氧化性能强，但是其具有很强的选择性，在渗滤液浓缩液有机物的去除上起到一定的氧化作用[式（17）～式（19）]。

综上可以得到 E^+-微纳米 O_3 氧化的机理，通过路径Ⅱ和Ⅲ实现了阴极电极板·OH 的强化，通过路径Ⅳ实现了阳极电极板 ClO·的产生。

为了探究 E^+-微纳米 O_3 氧化反应过程中自由基的作用机理，探究了 E^+-微纳米 O_3 氧化渗滤液浓缩液中 pH 值的变化（如图 9-47 所示）。反应条件为臭氧投加浓度为 80 mg/L，初始 pH 值为 9.0，以 RuO_2/Ti 为基材的电极板，极板间隔为 5 cm，尺寸为 10 cm×10 cm，电流密度为 30 mA/cm²。E^+-微纳米 O_3 氧化渗滤液浓缩液反应过程中存在 pH 值的变化，pH

值对于其中的活性物质基团的变化以及作用存在一定的影响。渗滤液浓缩液的 pH 值随着 E^+-微纳米 O_3 氧化处理逐渐下降，从时间上分解为两个反应阶段：0～45 min 为碱性阶段；45～120 min 为酸性阶段。

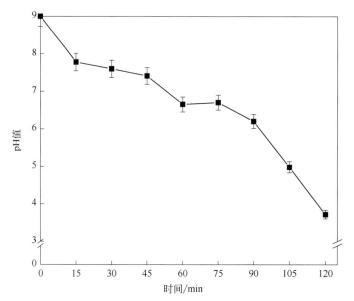

图 9-47　E^+-微纳米 O_3 体系渗滤液浓缩液 pH 值变化

① 碱性阶段（0～45 min）：在最初的反应阶段，渗滤液浓缩液处于碱性条件，有利于臭氧分解为·OH，进一步可以认为臭氧的间接反应占主导地位。臭氧中夹杂的大量的氧气在阴极被还原成 H_2O_2，同时其在碱性条件下容易与臭氧反应生成·OH。氯离子在阳极上失电子，转化为活性氯（Cl_2、HClO、ClO^-），在碱性条件下易转化为氯活性物质，例如 Cl·和 ClO·，也是该阶段主要活性物质（图 9-48）。

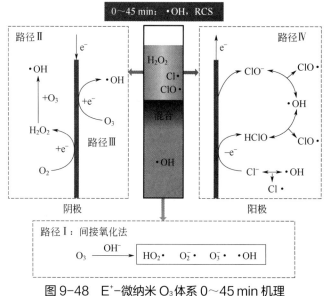

图 9-48　E^+-微纳米 O_3 体系 0～45 min 机理

② 酸性阶段（45～120 min）：在反应中后期（45～120 min），渗滤液浓缩液的 pH 值逐渐由 7.3 降低至 3.7，在 pH 值小于 7 时，臭氧自身的直接氧化作用对反应的贡献最大。臭氧中夹杂的大量的氧气在阴极得到电子，被还原为过氧化氢，其在酸性条件下较碱性条件稳定，也是一种氧活性物质，部分臭氧可在阴极直接被转化为·OH。氯离子在阳极作用下转化为活性氯（Cl_2、HClO、ClO^-），在酸性条件下相对碱性条件更能稳定存在（图 9-49），可以作为氯氧化活性物质氧化渗滤液浓缩液中的有机物。

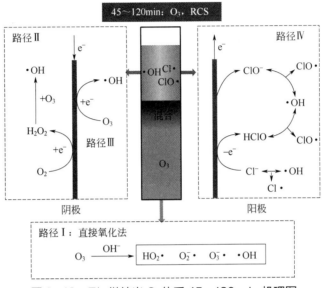

图 9-49　E^+-微纳米 O_3 体系 45～120 min 机理图

参考文献

[1] 楼紫阳, 赵由才, 张全. 渗沥液处理处置技术及工程实例[M]. 北京: 化学工业出版社, 2007.

[2] Thomas H C, Peter K, Poul L B, et al. Biogeochemistry of landfill leachate plumes[J]. Applied Geochemistry, 2001, 16: 659-718.

[3] 楼紫阳. 填埋场渗滤液性质演化过程研究[D].上海: 同济大学, 2006.

[4] 中国环境科学研究院. 生活垃圾填埋场渗滤液污染防治技术政策[S]. 中国环境保护部, 2012, 8.

[5] Lou Z Y, Zhao Y C, Yuan T, et al. Natural attenuation and characterization of contaminants composition in landfill leachate under different disposing ages[J]. Science of the Total Environment, 2009, 407(10): 3385-3391.

[6] Lou Z Y, Zhao Y C, Chai X L. Landfill refuse stabilization process characterized by nutrient change[J]. Environmental Engineering Science, 2009, 26(11): 1655-1660.

[7] Lou Z Y, Zhao Y C. Size-fractionation and characterization of refuse landfill leachate by sequential filtration using membranes with varied porosity[J]. Journal of Hazardous Materials, 2007, 147(1-2): 257-264.

[8] Sang N, Li G K, Xin X Y. Municipal landfill leachate induces cytogenetic damage in root tips of Hordeum vulgare[J]. Ecotoxicology and Environmental Safety, 2006, 63 (3): 469-473.

[9] Li G K, Sang N, Guo D S. Oxidative damage induced in hearts, kidneys and spleens of mice by landfill leachate[J]. Chemosphere, 2006, 65: 1058-1063.

[10] Sang N, Li G K. Chromosomal aberrations induced in mouse bone marrow cells by municipal landfill leachate[J]. Environmental Toxicology and Pharmacology, 2005, 20 (1): 219-224.

[11] Anders B, Lotte A R, Anna L, et al. Natural attenuation of xenobiotic organic compounds in a landfill leachate plume (Vejen, Denmark)[J]. Journal of Contaminant Hydrology, 2003, 65(3-4): 269-291.

[12] 杨良斌, 赵秀兰, 李丽, 等. 关于中国生活垃圾渗滤液排放标准的探讨[J]. 环境科学与管理, 2007, 32(5): 19-21.

[13] 王涛. CLR-A^{2}O-MBR 耦合工艺处理生活垃圾焚烧厂渗滤液的优化运行及效能研究[D]. 江苏: 江南大学.

[14] 杨雅茹. 上流式厌氧污泥床(UASB)启动时其性能和不同相空间微生物群落变化的研究[D]. 四川: 四川农业大学, 2016.

[15] 李慧莉. EGSB-好氧组合工艺处理腈纶废水试验研究[D]. 哈尔滨: 哈尔滨工业大学, 2008.

[16] 冯宗强. 固定床厌氧反应器处理猪粪尿的效果及沼液成肥规律研究[D]. 延吉: 延边大学, 2010.

[17] 吴凡. 厌氧序批式反应器负荷特征研究[D]. 西安: 陕西科技大学, 2018.

[18] 刘文婧. 厌氧流化床生物反应器处理生活污水研究[D]. 大连: 大连交通大学, 2016.

[19] 郭玉江. 垃圾渗滤液处理方法比较[D]. 济南: 山东大学, 2015.

[20] 马贺蒙. 好氧移动床生物膜工艺处理垃圾渗滤液效能研究[D]. 哈尔滨: 哈尔滨工业大学.

[21] 崔喜勤. 一体式好氧膜生物法处理城市垃圾渗滤液的试验研究[D]. 西安: 西安建筑科技大学, 2004.

[22] 詹俊伟. 微气泡曝气-好氧生物系统运行效果与污染物去除机理研究[D]. 江苏: 江南大学, 2018.

[23] 黄伟. 高浓度活性污泥法在处理生活污水工程中的应用研究[D]. 哈尔滨: 哈尔滨工业大学, 2012.

[24] 岳秀. 垃圾渗滤液的预处理方法及其机理研究[D]. 长沙: 湖南大学, 2011.

[25] 郭焱. 生物活性炭去除垃圾渗滤液中有机物机制探析[D]. 河南: 河南师范大学, 2014.

[26] 龚珑聪. 氨吹脱+MBR+NF 工艺处理垃圾渗滤液的研究[D]. 西安: 长安大学, 2009.

[27] 赵贤广, 杨世慧, 陈方荣, 等. 吹脱法去除垃圾渗滤液中氨氮的技术进展[J]. 现代化工, 2019, 392(06): 86-90.

[28] 吴方同, 苏秋霞, 孟了, 等. 吹脱法去除城市垃圾填埋场渗滤液中的氨氮[J]. 给水排水, 2001(06): 20-24.

[29] 张志鹏. 动态离子交换条件下垃圾渗滤液出水水质及其生态毒效应变化规律的研究[D]. 太原: 山西大学, 2020.

[30] 陈明月. 离子交换纤维法与 TCCA 氧化法深度处理垃圾渗滤液的工艺研究[D]. 南宁: 广西大学, 2018.

[31] Ilies P, Mavinic D S. The effect of decreased ambient temperature on the biological nitrification and denitrification of a high ammonia landfill leachate[J]. Wat Res, 2001, 35: 2065-2072.

[32] Kettunen R H, Rintala J A. Performance of an on-site UASB reactor treating leachate at low temperature[J]. Wat Res, 1998, 32: 537-546.

[33] Kettunen R H, Hoilijoki T H, Rintala J A. Anaerobic sequential anaerobic–aerobic treatments of municipal landfill leachate at low temperatures[J]. Bioresour Technol, 1996, 58: 31-40.

[34] Orupold K, Tenno T, Henrysson T. Biological lagooning of phenols-containing oil shale ash heaps leachate[J]. Water Res, 2000, 34 : 4389-4396.

[35] Welander U, Henrysson T. Physical and chemical treatment of a nitrified leachate from a municipal landfill[J]. Environ Technol, 1998, 19: 591-599.

[36] Huo S L, Xi B D, Yu H C, et al. Characteristics of dissolved organic matter (DOM) in leachate with different landfill ages[J]. J Environ Sci, 2008, 20: 492-498.

[37] Baker A, Curry M. Fluorescence of leachates from three contrasting landfills[J]. Water Res, 2004, 38: 2605-2613.

[38] 中国市政工程华北设计研究院. 给水排水设计手册:第 12 册[M]. 2 版. 北京:中国建筑工业出版社, 2001.

[39] Tran F T, Gannon D. Deep shaft high-rate aerobic digestion: Laboratory and pilot plant performance.[J]. Water Pollut Res J Can, 1981, 16: 71-89.

[40] Roy Weston F, Inc West Chester, Pennsylvania.Technology assessment of the deep shaft biological reactor[J]. US Environmental Protection Agency, 1982:12-16.

[41] 任鹤云,李月中. MBR 法处理垃圾渗滤液工程实例[J]. 给水排水, 2004, 30(10): 36-38.

[42] Wen C, Paul W, Jerry A L, et al. Fluorescence excitation – emission matrix regional integration to quantify spectra for dissolved organic matter[J]. Environ Sci Technol, 2003, 37, 5701-5710.

[43] Sun Y P, Li X Q, Cao J S, et al. Characterization of zero-valent iron nanoparticles[J]. Colloid Interface Sci, 2006, 120: 47-56.

[44] Kamolpornwijit W, Liang L, Moline G R, et al. Identification and quantification of mineral precipitation in Fe0filings from a column study[J]. Environ Sci Technol, 2004, 38: 5757-5765.

[45] Martinetz D. U.S. environmental protection agency (US-EPA) [J]. Umweltwissenschaften und Schadstoff-Forschung, 1989, 1(2): 6.

[46] Yang Y Z. The current status of pesticide management in China [M]. Wiley-VCH Verlag GmbH & Co. KGaA, 2007.

[47] Xing X, Mao Y, Hu T, et al. Spatial distribution, possible sources and health risks of PAHs and OCPs in surface soils from Dajiuhu Sub-alpine Wetland, central China [J]. Journal of Geochemical Exploration, 2019, 208: 106393.

[48] Chen Y, Yu K, Hassan M, et al. Occurrence, distribution and risk assessment of pesticides in a river-reservoir system [J]. Ecotoxicology and Environmental Safety, 2018, 166: 320-327.

[49] Leong K H, Tan L B, Mustafa A M. Contamination levels of selected organochlorine and organophosphate pesticides in the Selangor River, Malaysia between 2002 and 2003 [J]. Chemosphere, 2007, 66(6): 1153-1159.

[50] Zhu S, Niu L, Aamir M, et al. Spatial and seasonal variations in air-soil exchange, enantiomeric signatures and associated health risks of hexachlorocyclohexanes (HCHs) in a megacity Hangzhou in the Yangtze River Delta region, China [J]. Science of the Total Environment, 2017, 599-600: 264-272.

[51] Li C C, Huo S L, Xi B D, et al. Historical deposition behaviors of organochlorine pesticides (OCPs) in the sediments of a shallow eutrophic lake in Eastern China: Roles of the sources and sedimentological conditions [J]. Ecological Indicators, 2015, 53: 1-10.

[52] Guo L C, Bao L J, Li S M, et al. Evaluating the effectiveness of pollution control measures via the occurrence of DDTs and HCHs in wet deposition of an urban center, China [J]. Environmental Pollution, 2017, 223: 170-177.

[53] Wang L, Xue C, Zhang Y, et al. Soil aggregate-associated distribution of DDTs and HCHs in farmland and bareland soils in the Danjiangkou Reservoir Area of China [J]. Environmental Pollution, 2018, 243: 734-742.

[54] Wang C, Wang X, Gong P, et al. Residues, spatial distribution and risk assessment of DDTs and HCHs in agricultural soil and crops from the Tibetan Plateau [J]. Chemosphere, 2016, 149: 358-365.

[55] Sun S, Chen Y, Lin Y, et al. Occurrence, spatial distribution, and seasonal variation of emerging trace organic pollutants in source water for Shanghai, China [J]. Science of the Total Environment, 2018, 639: 1-7.

[56] Wu X, Xue J, Pan D, et al. Dissipation and residue of acephate and its metabolite metamidophos in peach and pear under field conditions [J]. International Journal of Environmental Research, 2017, 11(2): 133-139.

[57] An J, Gu X, Zhao X, et al. Fate of acephate and its toxic metabolite methamidophos during grape processing [J]. Food Control, 2018, 86: 163-169.

[58] Zhou Q, Wang M, Liang J. Ecological detoxification of methamidophos by earthworms in phaiozem co-contaminated with acetochlor and copper [J]. Applied Soil Ecology, 2008, 40(1): 138-145.

[59] Ari R, Spadaro J V, Assaad Z. Environmental impacts and costs of solid waste: a comparison of landfill and incineration [J]. Waste Management & Research the Journal of the International Solid Wastes & Public Cleansing Association Iswa, 2008, 26(2): 147-162.

[60] Liu T, Xu S, Lu S, et al. A review on removal of organophosphorus pesticides in constructed wetland: Performance, mechanism and influencing factors [J]. Science of the Total Environment, 2019, 651: 2247-2268.

[61] Sheng G, Yang Y, Huang M, et al. Influence of pH on pesticide sorption by soil containing wheat residue-derived char [J]. Environmental Pollution, 2005, 134(3): 457-463.

[62] Affum A O, Acquaah S O, Osae S D, et al. Distribution and risk assessment of banned and other current-use pesticides in surface and groundwaters consumed in an agricultural catchment dominated by cocoa crops in the Ankobra Basin, Ghana [J]. Science of the Total Environment, 2018, 633: 630-640.

[63] Liu X, Lu S, Guo W, et al. Antibiotics in the aquatic environments: A review of lakes, China [J]. Science of the Total Environment, 2018, 627: 1195-1208.

[64] Lu J, Wu J, Zhang C, et al. Occurrence, distribution, and ecological-health risks of selected antibiotics in coastal waters along the coastline of China [J]. Science of the Total Environment, 2018, 644: 1469-1476.

[65] Liu X, Zhang G, Liu Y, et al. Occurrence and fate of antibiotics and antibiotic resistance genes in typical urban water of Beijing, China [J]. Environmental Pollution, 2019, 246: 163-173.

[66] Qiu W, Sun J, Fang M, et al. Occurrence of antibiotics in the main rivers of Shenzhen, China: Association with antibiotic resistance genes and microbial community [J]. Science of the Total Environment, 2019, 653: 334-341.

[67] Chung S S, Zheng J S, Burket S R, et al. Select antibiotics in leachate from closed and active landfills exceed thresholds for antibiotic resistance development [J]. Environment International, 2018, 115: 89-96.

[68] You X, Wu D, Wei H, et al. Fluoroquinolones and β-lactam antibiotics and antibiotic resistance genes in autumn leachates of seven major municipal solid waste landfills in China [J]. Environment International, 2018, 113: 162-169.

[69] 王柳红, 奚慧, 黄兴华, 等. 城市垃圾填埋场抗生素抗性基因的污染特征 [J]. 应用与环境生物学报, 2019, 25(2): 333-338.

[70] 丁惠君, 钟家有, 吴亦潇, 等. 鄱阳湖流域南昌市城市湖泊水体抗生素污染特征及生态风险分析 [J]. 湖泊科学, 2017, 29(4): 848-858.

[71] Li B, Zhang T. Biodegradation and adsorption of antibiotics in the activated sludge process [J]. Environmental Science & Technology, 2010, 44(9): 3468-3473.

[72] Ling Z, Yang Y, Huang Y, et al. A preliminary investigation on the occurrence and distribution of antibiotic resistance genes in the Beijiang River, South China [J]. Journal of Environmental Sciences, 2013, 25(8): 1656-1661.

[73] Zhang T, Zhang X X, Ye L. Plasmid metagenome reveals high levels of antibiotic resistance genes and mobile genetic elements in activated sludge [J]. PloS one, 2011, 6(10): e26041.

[74] 夏伟霞. 垃圾渗滤液中溶解性有机质与重金属相互作用行为特征研究 [D]. 长沙: 湖南师范大学, 2014.

[75] Yang C, Zeng Q, Yang Y, et al. The synthesis of humic acids graft copolymer and its adsorption for organic pesticides [J]. Journal of Industrial and Engineering Chemistry, 2014, 20(3): 1133-1139.

[76] Vaz S, Lopes W T, Martin-Neto L. Study of molecular interactions between humic acid from Brazilian soil and the antibiotic oxytetracycline [J]. Environmental Technology & Innovation, 2015, 4: 260-267.

[77] 赵夏婷. 水体中溶解性有机质的特征及其与典型抗生素的相互作用机制研究 [D]. 兰州: 兰州大学, 2019.

[78] 郭学涛. 针铁矿/腐殖酸对典型抗生素的吸附及光解机理研究 [D]. 广州: 华南理工大学, 2014.

[79] Vijgen J, de Borst B, Weber R, et al. HCH and lindane contaminated sites: European and global need for a permanent solution for a long-time neglected issue [J]. Environmental Pollution, 2019, 248: 696-705.

[80] Chen Y, Yu K, Hassan M, et al. Occurrence, distribution and risk assessment of pesticides in a river-reservoir system [J]. Ecotoxicology and Environmental Safety, 2018, 166: 320-327.

[81] Wang B, Yu G, Huang J, et al. Tiered aquatic ecological risk assessment of organochlorine pesticides and their mixture in Jiangsu reach of Huaihe River, China [J]. Environmental Monitoring and Assessment, 2009, 157(1): 29-42.

[82] Vryzas Z, Vassiliou G, Alexoudis C, et al. Spatial and temporal distribution of pesticide residues in surface waters in northeastern Greece [J]. Water Research, 2009, 43(1): 1-10.

[83] Lan J, Jia J, Liu A, et al. Pollution levels of banned and non-banned pesticides in surface sediments from the East China Sea [J]. Marine Pollution Bulletin, 2019, 139: 332-338.

[84] Tryfonos M, Papaefthimiou C, Antonopoulou E, et al. Comparing the inhibitory effects of five protoxicant organophosphates (azinphos-methyl, parathion-methyl, chlorpyriphos-methyl, methamidophos and diazinon) on the spontaneously beating auricle of Sparus aurata: An in vitro study [J]. Aquatic Toxicology, 2009, 94(3): 211-218.

[85] Andersen T H, Tjørnhøj R, Wollenberger L, et al. Acute and chronic effects of pulse exposure of Daphnia magna to dimethoate and pirimicarb [J]. Environmental Toxicology and Chemistry, 2006, 25(5): 1187-1195.

[86] Derbalah A, Chidya R, Jadoon W, et al. Temporal trends in organophosphorus pesticides use and concentrations in river water in Japan, and risk assessment [J]. Journal of Environmental Sciences, 2019, 79: 135-152.

[87] Rassoulzadegan M, Akyurtlakli N. The toxic effects of malathion (organo phosphate insecticide) on the Daphnia magna Straus, 1820 (Crustacea, Cladocera) [J]. Turkish Journal of Zoology, 2002, 26(4): 349-355.

[88] Zhang R, Yang Y, Huang C H, et al. UV/H_2O_2 and UV/PDS treatment of trimethoprim and sulfamethoxazole in synthetic human urine: transformation products and toxicity [J]. Environmental Science & Technology, 2016, 50(5): 2573-2583.

[89] De Liguoro M, Di Leva V, Dalla Bona M, et al. Sublethal effects of trimethoprim on four freshwater organisms [J]. Ecotoxicology and Environmental Safety, 2012, 82: 114-121.

[90] Białk-Bielińska A, Caban M, Pieczyńska A, et al. Mixture toxicity of six sulfonamides and their two transformation products to green algae Scenedesmus vacuolatus and duckweed Lemna minor [J]. Chemosphere, 2017, 173: 542-550.

[91] Bartlett A J, Balakrishnan V, Toito J, et al. Toxicity of four sulfonamide antibiotics to the freshwater amphipod Hyalella azteca [J]. Environmental Toxicology and Chemistry, 2013, 32(4): 866-875.

[92] De Liguoro M, Di Leva V, Gallina G, et al. Evaluation of the aquatic toxicity of two veterinary sulfonamides using five test organisms [J]. Chemosphere, 2010, 81(6): 788-793.

[93] De Orte M, Carballeira C, Viana I, et al. Assessing the toxicity of chemical compounds associated with marine land-based fish farms: The use of mini-scale microalgal toxicity tests [J]. Chemistry and Ecology, 2013, 29(6): 554-563.

[94] De Liguoro M, Fioretto B, Poltronieri C, et al. The toxicity of sulfamethazine to Daphnia magna and its additivity to other veterinary sulfonamides and trimethoprim [J]. Chemosphere, 2009, 75(11): 1519-1524.

[95] Wang D, Lin Z, Ding X, et al. The comparison of the combined toxicity between gram-negative and gram-positive bacteria: a case study of antibiotics and quorum-sensing Inhibitors [J]. Molecular informatics, 2016, 35(2): 54-61.

[96] Li N, Zhang X, Wu W, et al. Occurrence, seasonal variation and risk assessment of antibiotics in the reservoirs in North China [J]. Chemosphere, 2014, 111: 327-335.

[97] Xu X, Lu X, Ma X, et al. Response of spirulina platensis to sulfamethazine contamination [C]. IOP Conference Series: Materials Science and Engineering, 2018.

[98] Eguchi K, Nagase H, Ozawa M, et al. Evaluation of antimicrobial agents for veterinary use in the ecotoxicity test using microalgae [J]. Chemosphere, 2004, 57(11): 1733-1738.

[99] Baran W, Sochacka J, Wardas W. Toxicity and biodegradability of sulfonamides and products of their photocatalytic degradation in aqueous solutions [J]. Chemosphere, 2006, 65(8): 1295-1299.

[100] Galán M J G, Díaz Cruz M S, Barceló D. Sulfonamide antibiotics in natural and treated waters: environmental and human health risks [J]. Handbook of Environmental Chemistry, 2012: 71-92.

[101] Wammer K H, Lapara T M, McNeill K, et al. Changes in antibacterial activity of triclosan and sulfa drugs due to photochemical transformations [J]. Environmental Toxicology and Chemistry, 2006, 25(6): 1480-1486.

[102] Di Nica V, Villa S, Finizio A. Toxicity of individual pharmaceuticals and their mixtures to Aliivibrio fischeri: Experimental results for single compounds and considerations of their mechanisms of action and potential acute effects on aquatic organisms [J]. Environmental Toxicology and Chemistry, 2017, 36(3): 807-814.

[103] Ji K, Kim S, Han S, et al. Risk assessment of chlortetracycline, oxytetracycline, sulfamethazine, sulfathiazole, and erythromycin in aquatic environment: are the current environmental concentrations safe? [J]. Ecotoxicology, 2012, 21(7): 2031-2050.

[104] Isidori M, Lavorgna M, Nardelli A, et al. Toxic and genotoxic evaluation of six antibiotics on non-target organisms [J]. Science of the Total Environment, 2005, 346(1): 87-98.

[105] Láng J, Kőhidai L. Effects of the aquatic contaminant human pharmaceuticals and their mixtures on the proliferation and migratory responses of the bioindicator freshwater ciliate Tetrahymena [J]. Chemosphere, 2012, 89(5): 592-601.

[106] Brain S D, Grant A D. Vascular actions of calcitonin gene-related peptide and adrenomedullin [J]. Physiological reviews, 2004, 84(3): 903-934.

[107] Ando T, Nagase H, Eguchi K, et al. A novel method using cyanobacteria for ecotoxicity test of veterinary antimicrobial agents [J]. Environmental Toxicology and Chemistry, 2007, 26(4): 601-606.

[108] Robinson A A, Belden J B, Lydy M J. Toxicity of fluoroquinolone antibiotics to aquatic organisms [J]. Environmental Toxicology and Chemistry: An International Journal, 2005, 24(2): 423-430.

[109] Tu H T, Silvestre F, Scippo M-L, et al. Acetylcholinesterase activity as a biomarker of exposure to antibiotics and pesticides in the black tiger shrimp (Penaeus monodon) [J]. Ecotoxicology and Environmental Safety, 2009, 72(5): 1463-1470.

[110] Ebert I, Bachmann J, Kühnen U, et al. Toxicity of the fluoroquinolone antibiotics enrofloxacin and ciprofloxacin to photoautotrophic aquatic organisms [J]. Environmental Toxicology and Chemistry, 2011, 30(12): 2786-2792.

[111] Backhaus T, Scholze M, Grimme L. The single substance and mixture toxicity of quinolones to the bioluminescent bacterium Vibrio fischeri [J]. Aquatic Toxicology, 2000, 49(1-2): 49-61.

[112] Isidori M, Lavorgna M, Nardelli A, et al. Toxic and genotoxic evaluation of six antibiotics on non-target organisms [J]. Science of the Total Environment, 2005, 346(1-3): 87-98.

[113] Ando H, Kondoh H, Ichihashi M, et al. Approaches to identify inhibitors of melanin biosynthesis via the quality control of tyrosinase [J]. Journal of Investigative Dermatology, 2007, 127(4): 751-761.

[114] Yang L H, Ying G G, Su H C, et al. Growth-inhibiting effects of 12 antibacterial agents and their mixtures on the freshwater microalga pseudokirchneriella subcapitata [J]. Environmental Toxicology and Chemistry, 2008, 27(5): 1201-1208.

[115] Richards S M, Cole S E. A toxicity and hazard assessment of fourteen pharmaceuticals to Xenopus laevis larvae [J]. Ecotoxicology, 2006, 15(8): 647-656.

[116] Liu B Y, Nie X P, Liu W Q, et al. Toxic effects of erythromycin, ciprofloxacin and sulfamethoxazole on photosynthetic apparatus in Selenastrum capricornutum [J]. Ecotoxicology and Environmental Safety, 2011, 74(4): 1027-1035.

[117] Zounková R, Klimešová Z, Nepejchalová L, et al. Complex evaluation of ecotoxicity and genotoxicity of antimicrobials oxytetracycline and flumequine used in aquaculture [J]. Environmental Toxicology and Chemistry, 2011, 30(5): 1184-1189.

[118] Lützhøft H C H, Halling-Sørensen B, Jørgensen S. Algal toxicity of antibacterial agents applied in Danish fish farming [J]. Archives of Environmental Contamination and Toxicology, 1999, 36(1): 1-6.

[119] Boxall A B, Kolpin D W, Halling-Sørensen B, et al. Peer reviewed: are veterinary medicines causing environmental risks? [M]. ACS Publications, 2003.

[120] Boxall A B, Fogg L, Blackwell P, et al. Veterinary medicines in the environment [J]. Berlin Heidelberg, 2010.

[121] Läkemedelsverket. Miljöpåverkan från läkemedel samt kosmetiska och hygie- niska produkter [J]. Rapport från Läkemdelsverket, 2004.

[122] Ioele G, De Luca M, Ragno G. Acute toxicity of antibiotics in surface waters by bioluminescence test [J]. Current Pharmaceutical Analysis, 2016, 12(3): 220-226.

[123] Luo T, Chen J, Li X, et al. Effects of lomefloxacin on survival, growth and reproduction of Daphnia magna under simulated sunlight radiation [J]. Ecotoxicology and Environmental Safety, 2018, 166: 63-70.

[124] de Oliveira A M D, Maniero M G, Rodrigues-Silva C, et al. Antimicrobial activity and acute toxicity of ozonated lomefloxacin solution [J]. Environmental Science and Pollution Research, 2017, 24(7): 6252-6260.

[125] Halling-Sørensen B. Algal toxicity of antibacterial agents used in intensive farming [J]. Chemosphere, 2000, 40(7): 731-739.

[126] Brain R A, Johnson D J, Richards S M, et al. Effects of 25 pharmaceutical compounds to Lemna gibba using a seven-day static-renewal test [J]. Environmental Toxicology and Chemistry, 2004, 23(2): 371-382.

[127] Fatta-Kassinos D, Kalavrouziotis I, Koukoulakis P, et al. The risks associated with wastewater reuse and xenobiotics in the agroecological environment [J]. Science of the Total Environment, 2011, 409(19): 3555-3563.

[128] Kim K, Pollard J M, Norris A J, et al. High-throughput screening identifies two classes of antibiotics as radioprotectors: tetracyclines and fluoroquinolones [J]. Clinical Cancer Research, 2009, 15(23): 7238-7245.

[129] Wang H, Luo Y, Xu W, et al. Ecotoxic effects of tetracycline and chlortetracyc- line on aquatic organisms [J]. Journal of Agro-Environment Science, 2008, 4: 1536-1539.

[130] Cheng D, Liu X, Wang L, et al. Seasonal variation and sediment-water exchange of antibiotics in a shallower large lake in North China [J]. Science of the Total Environment, 2014, 476: 266-275.

[131] Wen B, Liu Y, Wang P, et al. Toxic effects of chlortetracycline on maize growth, reactive oxygen species generation and the antioxidant response [J]. Journal of Environmental Sciences, 2012, 24(6): 1099-1105.

[132] 张其其. 垃圾渗滤液膜滤浓缩液 Fenton 预处理——回灌技术研究 [D]. 杭州: 浙江大学, 2014.

[133] 李旭东. 强化电化学氧化处理垃圾渗滤液膜脱浓缩液研究 [D]. 西安: 西安工程大学, 2019.

[134] 丁俊浩. 用于纳滤浓缩液处理的 Fenton-ECMR-BAF 集成工艺开发与优化 [D]. 天津: 天津工业大学, 2019.

[135] 刘希. 城市生活垃圾填埋场垃圾渗滤液中抗生素与抗性基因的污染特征研究 [D]. 重庆: 中国科学院大学, 2018.

[136] 黄智婷. 抗生素残留及抗性基因在生活垃圾转运填埋过程中的迁移转化和去除研究 [D]. 上海: 华东师范大学, 2014.

[137] 黄福义, 周曙亿聃, 颜一军, 等. 生活垃圾渗滤液处理过程中抗生素抗性基因的变化特征 [J]. 环境科学, 2019, 10(40): 4685-4690.

[138] 陈小珍. 新型 BBF 工艺处理城市垃圾渗滤液典型 POPs 的试验研究 [D]. 武汉: 武汉理工大学, 2007.

[139] 张亚通, 朱鹏毅, 朱建华, 等. 垃圾渗滤液膜截留浓缩液处理工艺研究进展 [J]. 工业水处理, 2019 (9): 18-23.

[140] 管锡珺, 赵亚鹏, 智雪娇, 等. 垃圾填埋场反渗透浓缩液回喷至附近垃圾焚烧厂焚烧研究 [J]. 环境工程, 2016, 34(5): 123-125.

[141] 顾铮, 袁洪涛, 代少明. 生活垃圾焚烧发电厂渗滤液处理膜深度处理浓液技术 [J]. 工程技术研究, 4(4): 104-105.

[142] 吴子涵, 任旭, 肖玉, 等. 上海市某垃圾焚烧厂渗滤液膜浓缩液回喷焚烧后的固相物质转化特性 [J]. 环境工程学报, 2019, 8(13): 1949-1958.

[143] 潘松青, 叶志隆, 程蒙召, 等. 垃圾填埋场渗滤液和浓缩液的蒸发特性 [J]. 环境工程学报, 2017, 11(8): 4506-4512.

[144] 褚贵祥, 邹琳. 垃圾焚烧发电厂渗滤液 NF 浓缩液蒸发处理的试验研究 [J]. 黑龙江电力, 2014, 36(6): 88-90.

[145] 关键. 垃圾渗滤液反渗透浓缩液的蒸发浓缩试验研究 [D]. 成都: 西南交通大学, 2017.

[146] 王青. 基于低温真空蒸发的渗滤液浓缩液处理研究 [D]. 成都: 西南交通大学, 2014.

[147] 王海东. 垃圾渗沥液纳滤浓缩液减量化的研究 [J]. 环境卫生工程, 2018, 26(1): 41-44.

[148] 杨姝君. 老港综合填埋场二期配套渗滤液工程设计研究 [J]. 广东化工, 2019, 46(11): 211-212.

[149] 陈刚, 胡啸, 熊向阳, 等. 沈阳市老虎冲生活垃圾渗滤液全量处理工艺设计 [J]. 给水排水, 2017, 2: 56-58.

[150] 李敏, 陈冬, 孟鑫, 等. 垃圾焚烧电厂废水综合利用和"零排放"工艺设计 [J]. 中国资源综合利用, 2018, 36(3): 72-76.

[151] 刘东, 武春瑞, 吕晓龙. 减压膜蒸馏法浓缩反渗透浓水试验研究 [J]. 水处理技术, 2009, 35(5): 65-68.

[152] 田宝虎. 渗滤液膜滤浓缩液回灌对填埋场稳定化的影响研究 [D]. 杭州: 浙江大学, 2015.

[153] 王晓东. 城市生活垃圾渗滤液——浓缩液厌氧/好氧回灌处理技术效能研究 [D]. 吉林: 吉林建筑大学, 2013.

[154] Talalaj I A, Biedka P. Use of the landfill water pollution index (LWPI) for groundwater quality assessment near the landfill sites [J]. Environmental Science & Pollution Research, 2016, 23(24): 1-13.

[155] Calabrò P S, Sbaffoni S, Orsi S, et al. The landfill reinjection of concentrated leachate: Findings from a monitoring study at an Italian site [J]. Journal of Hazardous materials, 2010, 181(1-3): 962-968.

[156] 喻本宏, 赖节. RO 浓缩液回灌生活垃圾堆体的盐分累积预测及渗沥液深度处理工艺优化方案探讨 [J]. 环境卫生工程, 2018, 26(2): 69-71.

[157] 詹良通, 兰吉武, 邓林恒, 等. 浓缩液回灌对垃圾填埋体水位及稳定性的影响 [J]. 土木建筑与环境工程, 2012, 34(2): 130-135.

[158] 袁延磊. 聚铁混凝-Fenton-BAF 组合工艺处理垃圾渗滤液 RO 浓水 [D]. 广州: 华南理工大学, 2015.

[159] 郝理想. 混凝澄清-Fenton 工艺处理垃圾渗滤液膜滤浓缩液的研究 [D]. 福州: 福建师范大学, 2015.

[160] 王庆国, 乐晨, 伏培飞, 等. 烧碱软化-混凝沉淀-电化学氧化法处理垃圾渗滤液纳滤浓缩液的研究 [J]. 环境科技, 2014, (3): 27-30.

[161] 陈赟, 乐晨. 混凝沉淀-臭氧氧化法处理垃圾渗滤液纳滤浓缩液工艺分析 [J]. 安徽农业科学, 2016, (21): 39-40.

[162] 杨亚新. 紫外催化湿式氧化处理垃圾渗滤液纳滤浓缩液的实验研究 [D]. 哈尔滨: 哈尔滨工业大学, 2014.

[163] 李领明, 赵晴, 邱林清, 等. 组合芬顿工艺处理垃圾渗滤液纳滤浓缩液的试验研究 [J]. 水污染治理, 2017, 43(9): 8-11.

[164] 张爱平, 陈炜鸣, 李启彬, 等. MW-FeO/H_2O_2 体系预处理垃圾渗滤液浓缩液有机物 [J]. 中国环境科学, 2018, 38(6): 2144-2156.

[165] 王思宁. 电絮凝-类电芬顿耦合工艺处理垃圾渗滤液浓水的效能与机制 [D]. 哈尔滨: 哈尔滨工业大学, 2018.

[166] 陈朋飞, 秦侠, 汪昕蕾, 等. Cu/AC 催化湿式氧化垃圾渗滤液纳滤浓缩液及机理探究 [J]. 环境影响评价, 2019, 5: 77-82.

[167] 彭俊杰, 刘鹏, 刘佳乐, 等. 紫外催化湿式氧化协同生化脱氮处理垃圾渗沥液膜浓缩液的应用研究 [J]. 环境卫生工程, 2018, 26(6): 49-52.

[168] 汪诗翔, 卿敬, 岳分, 等. CeO_2/膨润土催化湿式氧化垃圾渗滤液膜滤浓缩液的研究 [C]. 2014 中国环境科学学会学术年会.

[169] 张红梅. 悬浮态 TiO_2 光催化降解腐殖酸的影响因素研究 [J]. 应用化工, 2009 (7): 46-49.

[170] 田军朝. 电化学氧化法处理垃圾渗滤液膜滤浓缩液的试验研究 [D]. 重庆: 重庆大学, 2015.

[171] 王庆国, 乐晨, 卓瑞锋, 等. 电化学氧化法处理垃圾渗滤液纳滤浓缩液 [J]. 环境工程学报, 2015, 9(3): 1308-1312.

[172] 龚逸, 王云海, 朱南文, 等. 垃圾渗滤液膜滤浓缩液的电化学氧化处理研究 [J]. 环境污染与防治, 2015, 37(5): 11-16.

[173] 江涛. 臭氧高级氧化技术处理乳化液生化尾水研究 [D]. 上海: 华东师范大学, 2016.

[174] 陈炜鸣. 臭氧高级氧化法处理垃圾渗滤液中难降解有机物的效能与机理 [D]. 成都: 西南交通大学, 2018.

[175] 李民, 陈叶萍, 张莎, 等. 臭氧降解垃圾渗滤液膜滤浓缩液的影响因素及光谱特性 [J]. 水生态学杂志, 2017 (5): 21-28.

[176] 郑可, 周少奇, 沙爽, 等. 臭氧氧化反渗透浓缩垃圾渗滤液动力学 [J]. 环境科学, 2011 (10): 153-157.

[177] 姜东. 微纳米气液分散体系一体化脱硫脱硝的研究 [D]. 上海: 东华大学, 2018.

[178] 吕宙. 微纳米气泡曝气在污水处理中的应用研究 [D]. 合肥: 合肥工业大学, 2014.

[179] 邓凤霞. 非均相臭氧催化氧化深度处理炼油废水研究[D]. 哈尔滨: 哈尔滨工业大学, 2014.

[180] 王璐. 均相催化臭氧氧化处理分散染料废水的研究 [D]. 上海: 东华大学, 2012.

[181] 刘卫华, 季民, 张昕, 等. 催化臭氧氧化去除垃圾渗滤液中难降解有机物的研究 [J]. 环境化学, 2007, 26(1): 58-61.

[182] 黄报远, 金腊华, 卢显妍, 等. 用 Fe^{2+}/O_3 对垃圾填埋场后期渗滤液的预处理 [J]. 暨南大学学报, 2006 (3): 133-137.

[183] 亓丽丽. 非均相臭氧催化氧化对氯苯酚机理研究及其工艺应用 [D]. 哈尔滨: 哈尔滨工业大学, 2013.

[184] Bulanin K M, Lavalley J C, Tsyganenko A A. Infrared study of ozone adsorption on TiO_2 (Anatase) [J]. The Journal of Physical Chemistry, 1995, 99(25): 10294-10298.

[185] Ren Y, Dong Q, Feng J, et al. Magnetic porous ferrospinel $NiFe_2O_4$: A novel ozonation catalyst with strong catalytic property for degradation of di-n-butyl phthalate and convenient separation from water [J]. Journal of Colloid and Interface Science, 2012, 382(1): 90-96.

[186] Zhang T, Li W, Croué J P. Catalytic ozonation of oxalate with a cerium supported palladium oxide: an efficient degradation not relying on hydroxyl radical oxidation [J]. Environmental Science & Technology, 2011, 45(21): 9339-9346.

[187] Tao Z, Li W, Croué J P. A non-acid-assisted and non-hydroxyl-radical-related catalytic ozonation with ceria supported copper oxide in efficient oxalate degradation in water [J]. Applied Catalysis B Environmental, 2012, 121-122: 88-94.

[188] Dong Y, He K, Zhao B, et al. Catalytic ozonation of azo dye active brilliant red X-3B in water with natural mineral brucite [J]. Catalysis Communications, 2007, 8(11): 1599-1603.

[189] 孔欠欠. 非均相催化臭氧氧化反应机制 [J]. 中国石油和化工标准与质量, 2018, 38(14): 150-151.

[190] 刘亚蓓. 臭氧多相催化氧化法处理垃圾渗滤液反渗透浓缩液 [J]. 山东工业技术, 2016, (14): 22-22.

[191] 蒋宝军. 生活垃圾渗滤液吸附降解及催化氧化技术的研究 [D]. 哈尔滨: 哈尔滨工业大学, 2011.

[192] 秦航道, 董清芝, 陈洪林, 等. Ce/AC 催化臭氧化降解垃圾渗滤液中提取的富里酸 [J]. 四川环境, 2015, 34(3): 17-21.

[193] 王永红. 超重力均相催化臭氧化降解酸性硝基苯废水 [D]. 太原: 中北大学, 2017.

[194] 杨培珍. 超重力强化臭氧氧化降解水中硝基苯反应动力学及机理研究 [D]. 太原: 中北大学, 2019.

[195] 魏清. RPB 强化臭氧高级氧化技术处理模拟焦化废水的研究 [D]. 北京: 北京化工大学, 2015.

[196] 曾泽泉. 超重力强化臭氧高级氧化技术处理模拟苯酚废水的研究 [D]. 北京: 北京化工大学, 2013.

[197] 周倍立. 臭氧/过氧化氢/亚铁工艺去除次磷酸盐的效能研究 [D]. 哈尔滨: 哈尔滨工业大学, 2014.

[198] 陈炜鸣, 张爱平, 李民, 等. O_3/H_2O_2 降解垃圾渗滤液浓缩液的氧化特性及光谱解析 [J]. 中国环境科学, 2017, 37(6): 2160-2172.

[199] 郑可, 周少奇, 叶秀雅, 等. 臭氧氧化法处理反渗透浓缩垃圾渗滤液 [J]. 环境工程学报, 2012, 6(2): 467-470.

[200] 童少平, 张志峰, 马淳安. O_3/H_2O_2 高级氧化技术 H_2O_2 加入量的简易控制方法 [J]. 环境工程学报, 2006, 7(12): 46-49.

[201] 赵光宇. 紫外-微臭氧工艺去除饮用水中新兴污染物研究 [D]. 南京: 东南大学, 2015.

[202] 胡兆吉, 孙洋, 陈建新, 等. UV/O_3 高级氧化工艺深度处理垃圾渗滤液的研究 [J]. 工业水处理, 2017, 37(11): 42-45.

[203] 童少平, 王梓, 马淳安. O_3/UV 降解水中有机物机理研究 [J]. 环境科学, 2007, 28(2): 342-345.

[204] 金晓玲, 马力强, 李彦博, 等. UV/H_2O_2、UV/O_3 和 O_3 体系中自由基产生效率的比较研究 [J]. 环境工程, 2012 (s2): 412-416.

[205] 曹海欧. 电化学联合臭氧处理阿莫西林废水的作用效能与机理研究 [D]. 哈尔滨: 哈尔滨工业大学, 2015.

[206] 李兆欣. 电化学原位产 H_2O_2 协同 O_3 处理垃圾渗滤液反渗透浓缩液 [D]. 昆明: 昆明理工大学, 2014.

[207] 袁鹏飞. 混凝-催化臭氧组合工艺处理渗滤液膜滤浓缩液的研究[D]. 郑州: 郑州大学, 2020.

[208] Khuntia S, Majumder S K, Ghosh P. Quantitative prediction of generation of hydroxyl radicals from ozone microbubbles [J]. Chemical Engineering Research and Design, 2015, 98: 231-239.

[209] Malpass G R P, Miwa D W, Mortari D A, et al. Decolorisation of real textile waste using electrochemical techniques: Effect of the chloride concentration [J]. Water Research, 2007, 41(13): 2969-2977.

[210] Wang H, Wang Y N, Li X, et al. Removal of humic substances from reverse osmosis (RO) and nanofiltration (NF) concentrated leachate using continuously ozone generation-reaction treatment equipment [J]. Waste Management, 2016, 56: 271-279.

[211] Vogel F, Harf J, Hug A, et al. The mean oxidation number of carbon (MOC) - A useful concept for describing oxidation processes [J]. Water Research, 2000, 34(10): 2689-2702.

[212] Vogel F, Harf J, Hug A, et al. The mean oxidation number of carbon (MOC)—a useful concept for describing oxidation processes [J]. Water Research, 2000, 34(10): 2689-2702.

[213] Zhou M, He J. Degradation of azo dye by three clean advanced oxidation processes: Wet oxidation, electrochemical oxidation and wet electrochemical oxidation—A comparative study [J]. Electrochimica Acta, 2007, 53(4): 1902-1910.

[214] Perego C, Carati A, Ingallina P, et al. Production of titanium containing molecular sieves and their application in catalysis [J]. Applied Catalysis A: General, 2001, 221(1-2): 63-72.

[215] Wang K, Li W, Gong X, et al. Spectral study of dissolved organic matter in biosolid during the composting process using inorganic bulking agent: UV-vis, GPC, FTIR and EEM [J]. International Biodeterioration & Biodegradation, 2013, 85: 617-623.

[216] Oulego P, Collado S, Laca A, et al. Impact of leachate composition on the advanced oxidation treatment [J]. Water Research, 2016, 88: 389-402.

[217] Tizaoui C, Bouselmi L, Mansouri L, et al. Landfill leachate treatment with ozone and ozone/hydrogen peroxide systems [J]. Journal of Hazardous materials, 2007, 140(1-2): 316-324.

[218] Riaño B, Coca M, García-González M C. Evaluation of Fenton method and ozone-based processes for colour and organic matter removal from biologically pre-treated swine manure [J]. Chemosphere, 2014, 117: 193-199.

[219] Ye Z, Zhang H, Zhang X, et al. Treatment of landfill leachate using electro- chemically assisted UV/chlorine process: Effect of operating conditions, molecular weight distribution and fluorescence EEM-PARAFAC analysis [J]. Chemical Engineering Journal, 2016, 286: 508-516.

[220] 郑天龙. 微气泡/臭氧—三维电极反应器深度处理腈纶废水的研究 [D]. 北京: 北京科技大学, 2016.

[221] Takahashi, Masayoshi. ζ Potential of microbubbles in aqueous solutions: electrical properties of the gas-water interface [J]. Journal of Physical Chemistry B, 2005, 109(46): 21858-21864.

[222] Thangaraj A, Speronello B K, Wildman T D. Method and device for the production of an aqueous solution containing chlorine dioxide: US07160484B2[P]. 2001.

[223] Weavers L K, Ling F H, Hoffmann M R. Aromatic compound degradation in water using a combination of sonolysis and ozonolysis [J]. Environmental Science & Technology, 1998, 32(18): 2727-2733.

[224] Li X, Wang Y, Zhao J, et al. Electro-peroxone treatment of the antidepressant venlafaxine: Operational parameters and mechanism [J]. Journal of Hazardous materials, 2015, 300: 298-306.

[225] 毕强. 电化学处理有机废水电极材料的制备与性能研究 [D]. 西安: 西安建筑科技大学, 2014.

[226] Sun W, Yue D, Song J, et al. Adsorption removal of refractory organic matter in bio-treated municipal solid waste landfill leachate by anion exchange resins [J]. Waste Management, 2018, 81: 61-70.

[227] Park H, Vecitis C D, Hoffmann M R. Electrochemical water splitting coupled with organic compound oxidation: The role of active chlorine species [J]. The Journal of Physical Chemistry C, 2009, 113(18): 7935-7945.

[228] Sun J, Guo L, Li Q, et al. Three-dimensional fluorescence excitation–emission matrix (EEM) spectroscopy with regional integration analysis for assessing waste sludge hydrolysis at different pretreated temperatures [J]. Environmental Science and Pollution Research, 2016, 23(23): 24061-24067.

[229] Varanasi L, Coscarelli E, Khaksari M, et al. Transformations of dissolved organic matter induced by UV photolysis, Hydroxyl radicals, chlorine radicals, and sulfate radicals in aqueous-phase UV-Based advanced oxidation processes [J]. Water Research, 2018, 135: 22-30.

[230] Buxton G V, Greenstock C L, Helman W P, et al. Critical review of rate constants for reactions of hydrated electrons, hydrogen atoms and hydroxyl radicals in aqueous solution [J]. Journal of Physical and Chemical Reference Data, 1988, 17(2): 513-886.

[231] Gallard H, von Gunten U. Chlorination of phenols: kinetics and formation of chloroform [J]. Environmental Science & Technology, 2002, 36(5): 884-890.

[232] Weller C, Herrmann H. Kinetics of nitrosamine and amine reactions with NO_3 radical and ozone related to aqueous particle and cloud droplet chemistry [J]. Atmospheric Research, 2015, 151: 64-71.

[233] Chan B, O'Reilly R J, Easton C J, et al. Reactivities of amino acid derivatives toward hydrogen abstraction by Cl· and OH· [J]. The Journal of Organic Chemistry, 2012, 77(21): 9807-9812.

[234] Yuan X, Yan X, Xu H, et al. Enhanced ozonation degradation of atrazine in the presence of nano-ZnO: Performance, kinetics and effects [J]. Journal of Environmental Sciences, 2017, 61(11): 3-13.

[235] Lee Y, Gerrity D, Lee M, et al. Organic contaminant abatement in reclaimed water by UV/H_2O_2 and a combined process consisting of O_3/H_2O_2 followed by UV/H_2O_2: prediction of abatement efficiency, energy consumption, and byproduct formation [J]. Environmental Science & Technology, 2016, 50(7): 3809-3819.

[236] Wang Y, Tian D, Chu W, et al. Nanoscaled magnetic $CuFe_2O_4$ as an activator of peroxymonosulfate for the degradation of antibiotics norfloxacin [J]. Separation and Purification Technology, 2019, 212: 536-544.

[237] 杨一. 无机阴离子对·OH 和 SO_4^-· 降解水中典型有机污染物的影响机制 [D]. 哈尔滨: 哈尔滨工业大学, 2015.

[238] Chen L, Zuo X, Yang S, et al. Rational design and synthesis of hollow $Co_3O_4@Fe_2O_3$ core-shell nanostructure for the catalytic degradation of norfloxacin by coupling with peroxymonosulfate [J]. Chemical Engineering Journal, 2019, 359: 373-384.

[239] Deng J, Xu M, Chen Y, et al. Highly-efficient removal of norfloxacin with nanoscale zero-valent copper activated persulfate at mild temperature [J]. Chemical Engineering Journal, 2019, 366: 491-503.

[240] Guo H, Ke T, Gao N, et al. Enhanced degradation of aqueous norfloxacin and enrofloxacin by UV-activated persulfate: Kinetics, pathways and deactivation [J]. Chemical Engineering Journal, 2017, 316: 471-480.

[241] Ao X, Liu W, Sun W, et al. Medium pressure UV-activated peroxymonosulfate for ciprofloxacin degradation: Kinetics, mechanism, and genotoxicity [J]. Chemical Engineering Journal, 2018, 345: 87-97.

[242] Wang P, He Y-L, Huang C-H. Oxidation of fluoroquinolone antibiotics and structurally related amines by chlorine dioxide: reaction kinetics, product and pathway evaluation [J]. Water Research, 2010, 44(20): 5989-5998.

[243] Jiang C, Ji Y, Shi Y, et al. Sulfate radical-based oxidation of fluoroquinolone antibiotics: Kinetics, mechanisms and effects of natural water matrices [J]. Water Research, 2016, 106: 507-517.

[244] Chen M, Chu W. Photocatalytic degradation and decomposition mechanism of fluoroquinolones norfloxacin over bismuth tungstate: experiment and mathematic model [J]. Applied Catalysis B: Environmental, 2015, 168: 175-182.

[245] Li H, Chen J, Hou H, et al. Sustained molecular oxygen activation by solid iron doped silicon carbide under microwave irradiation: Mechanism and application to norfloxacin degradation [J]. Water Research, 2017, 126: 274-284.

[246] Wu Y, Li Y, He J, et al. Nano-hybrids of needle-like MnO_2 on graphene oxide coupled with peroxymonosulfate for enhanced degradation of norfloxacin: A comparative study and probable degradation pathway [J]. Journal of Colloid and Interface Science, 2020, 562: 1-11.

[247] Zhuang Y, Luan J. Improved photocatalytic property of peony-like InOOH for degrading norfloxacin [J]. Chemical Engineering Journal, 2020, 382: 122770.

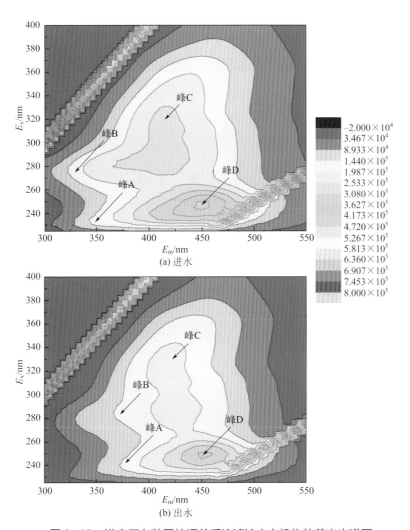

图 2-18　梯度压力装置处理前后渗滤液中有机物的荧光光谱图

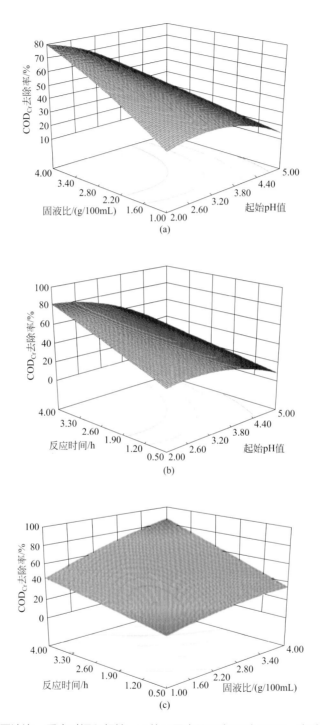

图 3-14　固液比、反应时间和起始 pH 值三因素两两交叉对 COD_Cr 去除率的响应面影响

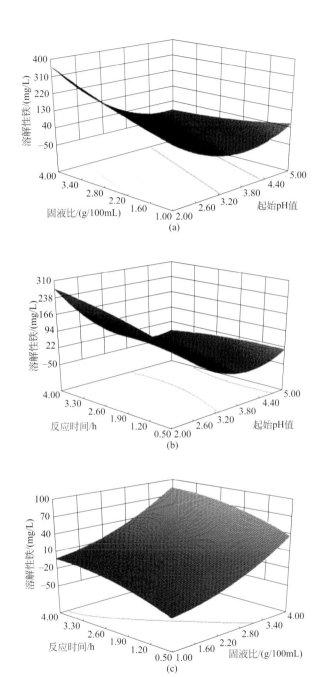

图 3-15　固液比、反应时间和起始 pH 值三因素两两交叉对铁溶出的响应面影响

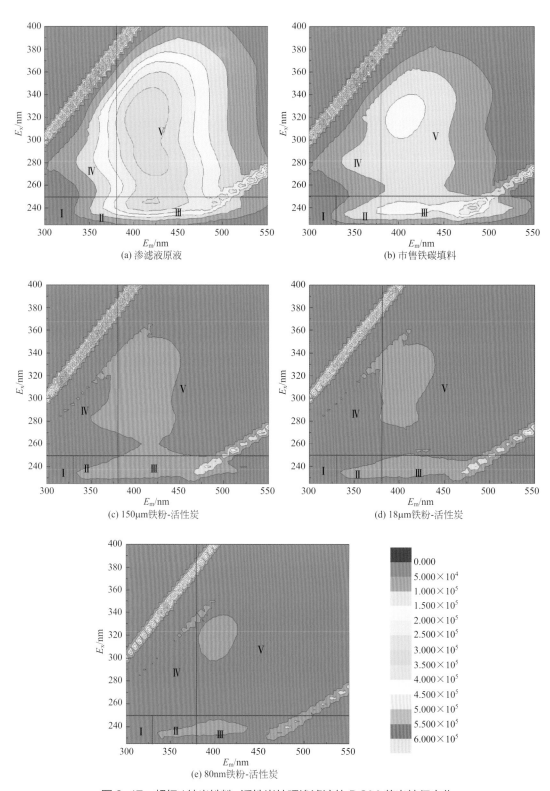

图 3-17 超细／纳米铁粉-活性炭处理渗滤液的 DOM 荧光特征变化

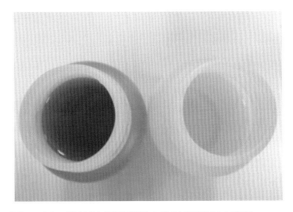

图 3-38　渗滤液经铁碳微电解处理进出水照片

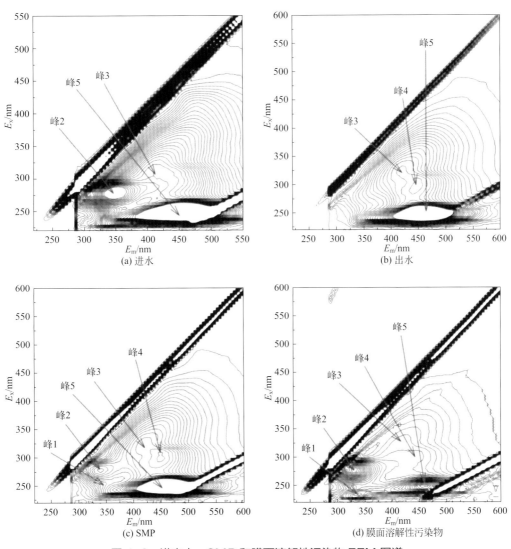

图 4-6　进出水、SMP 和膜面溶解性污染物 EEM 图谱

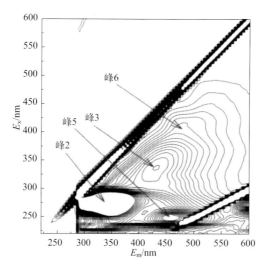

图 4-7 EPS 的 EEM 图谱

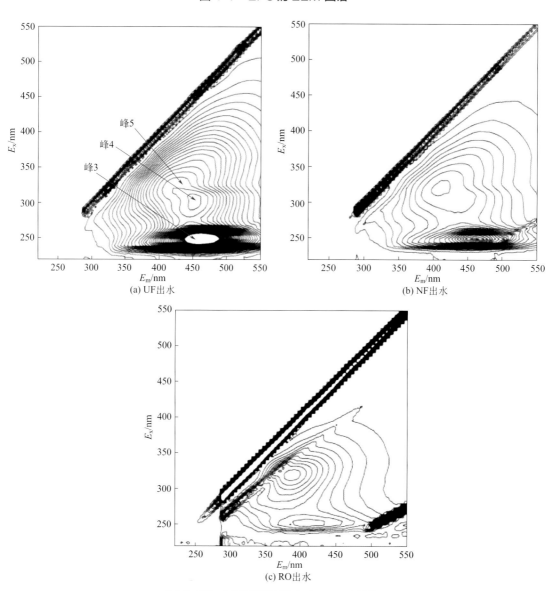

(a) UF出水

(b) NF出水

(c) RO出水

图 4-22 不同反渗透膜出水 EEM 图谱

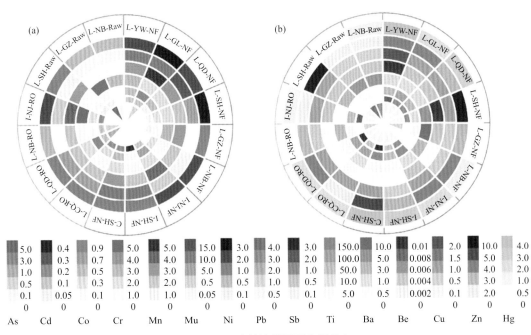

图 5-2　浓缩液样品重金属分布

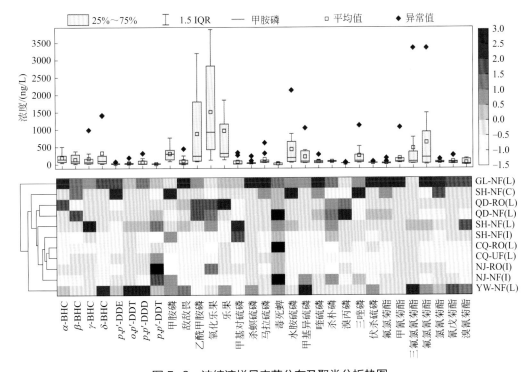

图 5-3　浓缩液样品农药分布及聚类分析热图

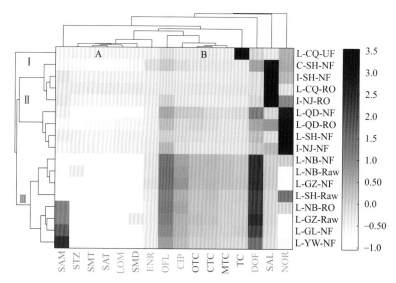

图 5-5　浓缩液样品抗生素聚类分析

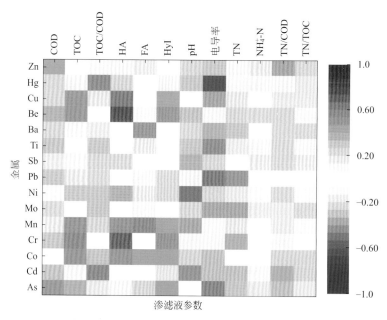

图 5-7　浓缩液中重金属与理化指标相关性

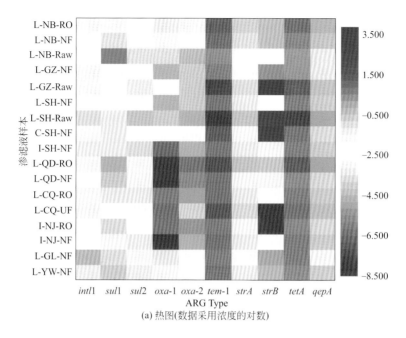

(a) 热图(数据采用浓度的对数)

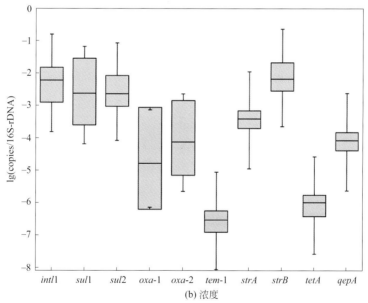

(b) 浓度

图 5-6　浓缩液样品抗性基因分布

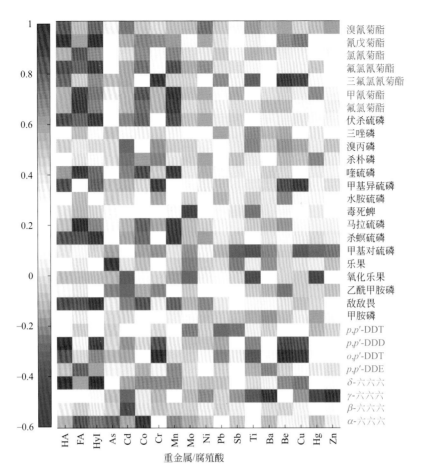

图 5-8　浓缩液中农药与重金属 / 腐殖酸相关关系

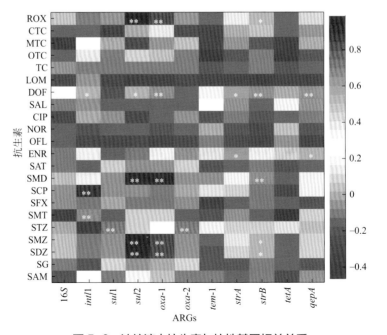

图 5-9　浓缩液中抗生素与抗性基因相关关系

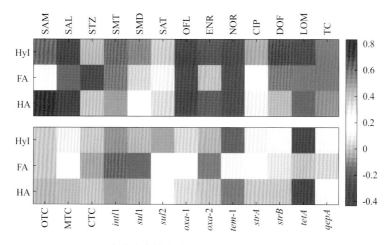

图 5-10　浓缩液中抗生素 / 抗性基因与腐殖酸的相关关系

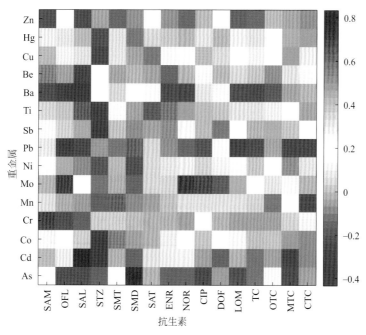

图 5-11　浓缩液中抗生素与重金属相关关系

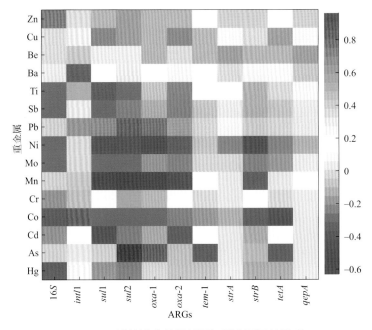

图 5-12　浓缩液中抗性基因与重金属相关关系

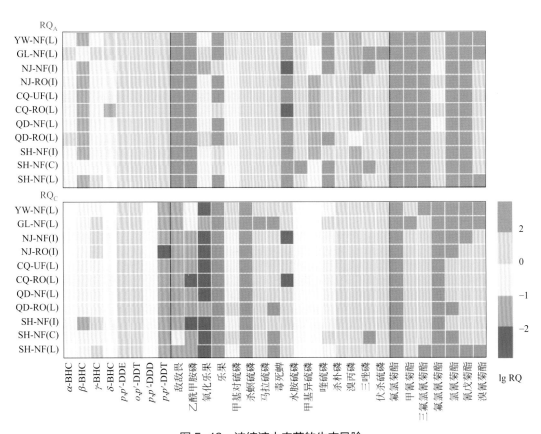

图 5-13　浓缩液中农药的生态风险

（lgRQ_A 和 lgRQ_C 分别为急性毒性和慢性毒性，灰色代表没有在文献中查到相对应的 NOEC 值）

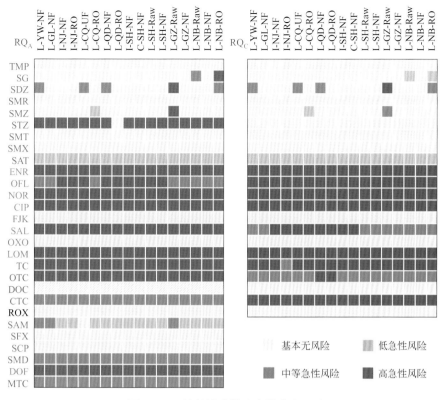

图 5-14　浓缩液中抗生素的生态风险

(RQ_A 和 RQ_C 分别为急性毒性和慢性毒性，灰色代表没有在文献中查到相对应的 EC_{50} 值)

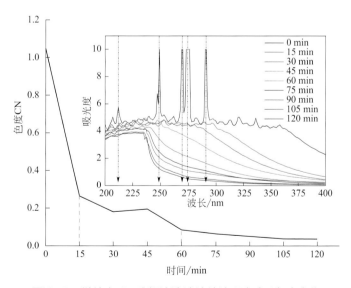

图 8-5　微纳米 O_3 降解渗滤液浓缩液吸光度 / 色度变化

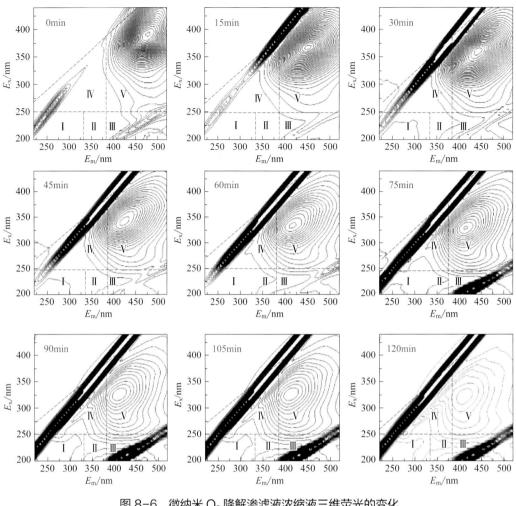

图 8-6 微纳米 O_3 降解渗滤液浓缩液三维荧光的变化

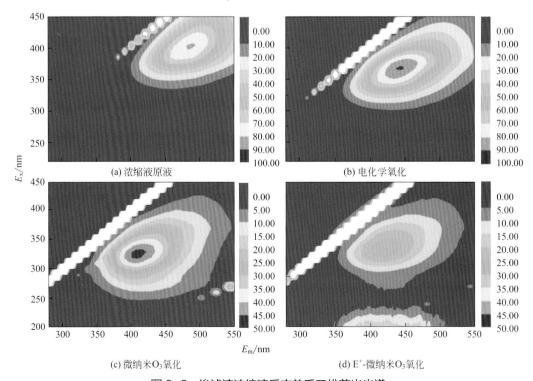

图 9-8 渗滤液浓缩液反应前后三维荧光光谱

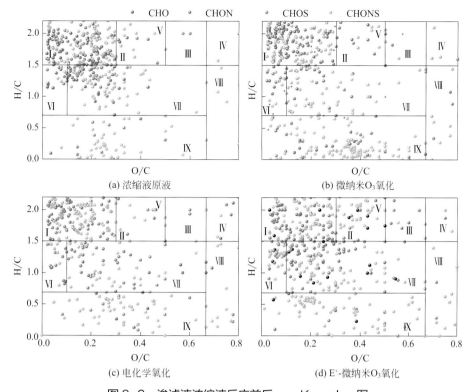

图 9-9 渗滤液浓缩液反应前后 van Krevelen 图

(黑色代表仅含碳氢氧的有机物，红色代表含碳氢氧氮的有机物，蓝色代表
含碳氢氧硫的有机物，绿色代表含碳氢氧氮硫的有机物)

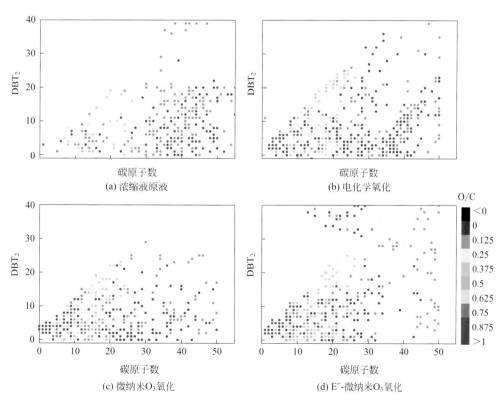

图 9-10 渗滤液浓缩液反应前后等效双键和碳数关系

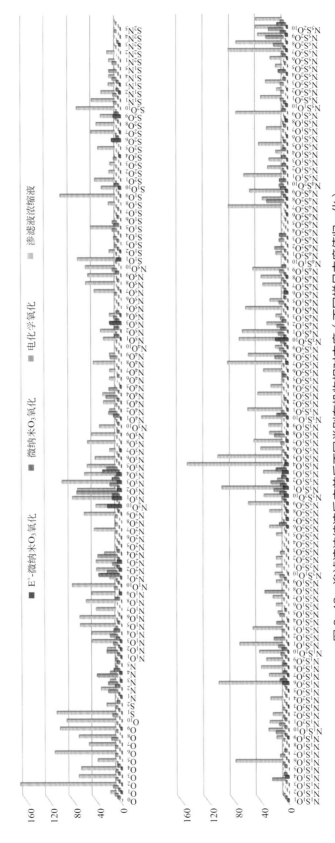

图9-13 渗滤液浓缩液反应前后不同类别有机物相对丰度（不同样品丰度值归一化）